高等学校计算机专业规划教材

计算机组装与维护

赵尔丹 张照枫 编著

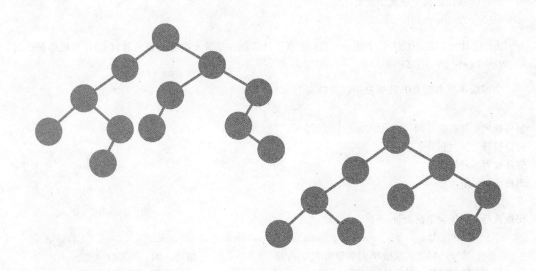

清华大学出版社

北 京

内 容 简 介

本书基于项目引导、任务驱动的方式来讲述如何进行计算机的组装与维护，全书共分为 11 个项目，内容包括认识计算机系统、选购主板、选购 CPU 和内存、选购输入输出设备、选购其他设备、硬件组装、设置 BIOS、外存储器操作、安装软件及系统测试、计算机维护、笔记本电脑保养维护。本书每个项目都配有相应的实训练习及课后习题，便于读者快速掌握。

本书条理清晰、语言通俗易懂、内容深入浅出、可操作性强，做到了理论与实践相结合。本书可作为高等院校计算机应用、网络技术和电子商务等专业的教材，也可作为广大计算机爱好者的参考书。

图书在版编目（CIP）数据

计算机组装与维护/赵尔丹，张照枫编著.--北京：清华大学出版社，2013

高等学校计算机专业规划教材

ISBN 978-7-302-33203-9

Ⅰ．①计…　Ⅱ．①赵…　②张…　Ⅲ．①电子计算机－组装－高等学校－教材 ②计算机维护－高等学校－教材　Ⅳ．①TP30

中国版本图书馆 CIP 数据核字（2013）第 163217 号

责任编辑： 龙启铭　顾　冰
封面设计： 常雪影
责任校对： 时翠兰
责任印制： 宋　林

出版发行： 清华大学出版社
　　　　　　网　　　址：http://www.tup.com.cn，http://www.wqbook.com
　　　　　　地　　　址：北京清华大学学研大厦 A 座　　　　　邮　　编：100084
　　　　　　社 总 机：010-62770175　　　　　　　　　　　邮　　购：010-62786544
　　　　　　投稿与读者服务：010-62776969，c-service@tup.tsinghua.edu.cn
　　　　　　质量反馈：010-62772015，zhiliang@tup.tsinghua.edu.cn
印　刷　者： 北京富博印刷有限公司
装　订　者： 北京市密云县京文制本装订厂
经　　　销： 全国新华书店
开　　本： 185mm×260mm　　**印　张：** 18.25　　　　　**字　数：** 421 千字
版　　次： 2013 年 8 月第 1 版　　　　　　　　　　　　　**印　次：** 2013 年 8 月第 1 次印刷
印　　数： 1～2500
定　　价： 34.50 元

产品编号：050206-01

前言

随着社会的发展,信息技术的普及运用,计算机已经渗透到生活中的方方面面。大多数用户已经能够利用计算机完成相应的工作,但是在购买计算机、管理计算机时,特别是计算机在出现故障后,往往束手无策。本书是基于项目引导、任务驱动的方式来讲述如何进行计算机的组装与维护的。本书讲解了计算机组装与计算机维护方面的内容,旨在使读者学完本书后能够熟练地进行计算机的组装及计算机的日常维护工作。

本书基于项目引导、任务驱动的方式,每个项目都包括项目学习目标、案例情景、项目需求、实施方案、项目小结、实训练习和课后习题。本书内容丰富、结构清晰。在编写过程中注意难点分散、重点突出。在案例选取方面注重了实用性和代表性。

本书共介绍了 11 个项目,内容包括认识计算机系统、选购主板、选购CPU 和内存、选购输入输出设备、选购其他设备、硬件组装、设置 BIOS、外存储器操作、安装软件及系统测试、计算机维护和笔记本电脑保养维护。

本书建议采用 36 学时授课,分为理论教学和实训教学两部分,理论与实训教学比例达到 1∶1。

项 目	理论学时	实训学时	总学时
项目 1　认识计算机系统	2	0	2
项目 2　选购主板	2	2	4
项目 3　选购 CPU 和内存	2	2	4
项目 4　选购输入输出设备	2	2	4
项目 5　选购其他设备	2	2	4
项目 6　硬件组装	2	2	4
项目 7　设置 BIOS	1	1	2
项目 8　外存储器操作	1	1	2
项目 9　安装软件及系统测试	2	2	4
项目 10　计算机维护	1	2	3
项目 11　笔记本电脑保养维护	1	2	3
合　　计	18	18	36

为方便教学，本书提供了最新的教学课件、课后习题答案等教学资源，任课教师可以登录清华大学出版社网站，免费下载使用。

本书由赵尔丹、张照枫担任主编，其中赵尔丹编写项目1、7～11，张照枫编写项目2～6，全书由赵尔丹统稿。

本书作者长期从事计算机类的教学工作，拥有丰富的教学经验与维修计算机的实践经验。希望本书能够给大家提供计算机组装与维修方面的帮助。由于时间仓促，加之编者水平有限，书中难免存在纰漏，恳请广大读者批评指正。

编　者

2013 年 5 月

目录

项目 10　计算机维护　　/238

项目 11　笔记本电脑保养维护　　/267

项目 1

认识计算机系统

项目学习目标

- 了解计算机系统的组成；
- 认识计算机各组成部件；
- 熟悉计算机各组成部件。

案例情景

某学院软件和计算机博物馆藏品征集公告：某学院软件和计算机博物馆是经学院批准建设的专题博物馆，是为了展示学院信息技术建设发展的重大文化工程，体现学院特色办学。为加快推进计算机和软件博物馆建设，确保藏品征集工作的顺利进行，现制定藏品征集工作实施方案……

征集范围：反映、记录信息产品发展各个不同历史阶段的代表性实物；有关信息技术硬件和软件的文献资料；有关信息技术硬件和软件的音像资料；有关信息技术硬件和软件的专利技术实物和相关资料；有关信息技术硬件和软件的生产工艺；有关信息技术硬件和软件商标广告等具有标志和典型意义的物质和非物质形态物品；信息产品发展各个阶段相关的所有硬件……

项目需求

根据征集公告，通过搜集和整理文献资料，掌握微型计算机的发展状况，掌握衡量计算机性能的重要指标及计算机的配置方案，懂得计算机的工作原理和基本结构及各功能部件的功能，掌握计算机系统的硬件产品种类及相互的连接、软件的分类等知识。

实施方案

(1) 深入了解计算机的发展；
(2) 根据计算机的系统构成，认识计算机硬件；
(3) 认识掌握计算机软件系统；
(4) 准备组装计算机。

任务 1.1　了解计算机的发展

任务描述

介绍微型计算机的组成和计算机软硬件的基础知识，了解计算机的工作原理及其特点和用途,掌握计算机的结构组成。

实施过程

(1)了解计算机的特点;

(2)了解计算机的发展阶段及发展方向;

(3)认识计算机系统。

由于微型计算机价格低廉,用途广泛,在政府管理、军事、工业、商业、教育、科研以及服务业等已达到了"无处不在"的地步。特别是连入了因特网后,使人们与世界的联系、交流方式发生了根本性的变革,人们会越来越多地使用计算机,是否能够透彻地了解计算机,熟练地组装、操作和维护、维修计算机成为衡量一个人计算机水平的重要标志。

1.1.1　了解计算机的特点

计算机是一种能够快速、高效地完成信息处理的数字化电子设备,它能按照人们编写的程序对原始输入数据进行加工处理、存储、传送并输出信息,使用计算机可以提高社会生产效率、改善人们的生活质量,因此可以说计算机是现代化社会的重要标志。

1. 计算机的特点

计算机系统正朝着巨型化、微型化、网络化和智能化等方向更深入地发展,作为一种智能工具,它具有以下几个特点。

1)运算速度快

电子计算机的运算速度从最初的每秒几千次提高到了现在的每秒几百亿次。

2)运算精度高

使用计算机进行数值计算可以精确到小数点后几十位、几百位甚至更多位。数值在计算机内部是用二进制数编码的,精度可以由数值的二进制码的位置数量来决定,可以通过增加数值的二进制位数来提高精度,位数越高,精度就越高。

3)存储记忆功能

计算机的外部存储器可以存储大量的数据和计算机程序。计算机存储设备的存储容量不断增大,可以存储的信息量也越来越大。

4)逻辑判断功能

计算机在程序执行过程中会根据上一步的执行情况,运用逻辑判断方法自动确定下一步的执行命令。正是因为这种逻辑判断能力,使得计算机不仅能解决数值计算问题,而且能解决非数值计算问题。

5)自动执行程序

计算机可以在程序控制下自动连续地高速运算,采用存储程序控制的方式,首先输入编制好的程序,启动计算机后就能自动地执行程序完成任务。

6)可靠性高

随着微电子技术和计算机技术的发展,现代计算机连续无故障运行时间可达到几十万小时以上,具有极高的可靠性。计算机应用在管理中也具有很高的可靠性,而人却很容易因疲劳而出错。另外,计算机对于不同的问题,只是执行的程序不同,因而具有很强的稳定性和通用性。用同一台计算机能解决各种问题，应用于不同的领域。

计算机除了具有上述特点外，还具有体积小、重量轻、耗电少、维护方便、可靠性高、易操作和功能强等特点。

2. 计算机的分类

计算机按照规模可以分为微型机、小型机、中型机、大型机以及巨型机。微型计算机是最常见的，另外由于其他机型的硬件各部件没有标准化，运行的软件也有很大差异，普通用户极少接触，因此本书只针对微型计算机介绍组装与维护的知识。

微型计算机可以分为台式机、笔记本电脑、服务器及工作站、嵌入式微型计算机。

1）台式机

台式机就是广泛使用的普通微型计算机，也称为桌面型微型计算机、PC。台式机的硬件各部件接口完全标准化，软件丰富且相互通用，生产和开发的厂家众多，市场规模巨大，产品价格低廉，既有整机的销售，也有计算机各部件的散件销售。普通用户可以很方便地买到台式机的软、硬件产品，并能自己动手进行硬件组装、软件安装及相关设置和调试，称为 Do It Yourself(DIY)。

2）笔记本电脑

笔记本电脑是一种体积极小、重量极轻，但功能很强的微型计算机。其特点是可移动性且能适应各种环境，便于随身携带。笔记本电脑的硬件各部件一般是专门设计的，软件则与台式机相互通用。笔记本电脑通常都是品牌机，价格相对较贵。

3）服务器及工作站

服务器是在多机环境，即网络环境中存放共享资源及提供运算能力的计算机。工作站则用于一些专门的设计、处理领域。这类计算机要求运算能力强，存储容量大，处理输入输出数据的速度快，其内部的总线结构和接口控制是专门设计的，且采用了多 CPU、磁盘阵列及热插拔等技术，使用的软件也是专用的，一般都是品牌机，价格昂贵。

4）嵌入式微型计算机

嵌入式微型计算机即单片机或单板机，也称为嵌入式系统。所谓单片机是指利用大规模集成电路工艺将计算机的三大组成部分 CPU、内存和 I/O 接口电路集成在一块芯片上。而单板机是指将计算机的 CPU、内存、I/O 接口电路多个芯片安装在一块印制电路板上。它们主要用于工控机、智能化仪器仪表和家用电器中。此外，也广泛应用于计算机专业教学及实验。嵌入式微型计算机的硬件各部件及软件都是专用的。

在上面的叙述中还涉及了两个概念：品牌机和组装机。品牌机是指计算机生产商把各部件组装、调试好，并已安装了一些基本软件的计算机。由于各部件的兼容性很好，因而相关性能平衡，稳定性高，维修维护也有保障，但价格较高。与之相对的是组装机，也称为兼容机，用户可以自己选择各部件，委托销售商或自己亲手组装。由于可以根据自己需要选择性价比高或性能高的部件，因而更能适应自己的要求，也方便将来的性能升级、扩充，并且价格较低。

1.1.2　了解计算机的发展阶段及发展方向

1. 计算机的发展阶段

1）第一代计算机（1946—1958 年）

1946 年，第一台计算机在美国宾夕法尼亚大学研制成功，名为 ENIAC（电子数字积分计算机）。第一代计算机也称为电子管计算机，其硬件以电子管为基本逻辑电路元件，主存储器采用延迟线或磁鼓，外存储器采用磁带存储器。第一代计算机的主要特点是体积庞大、功耗大、可靠性差、价格昂贵。

2）第二代计算机（1959—1964 年）

第二代计算机也称为晶体管计算机，其硬件以晶体管为基本逻辑电路元件，主存储器全部采用磁芯存储器，外存储器采用磁鼓和磁带。计算机的体系结构也从第一代的以运算器为中心改为以存储器为中心，从而使计算机的速度提高、体积减小、功耗降低、可靠性增强。

3）第三代计算机（1965—1971 年）

第三代计算机也称为集成电路计算机，其硬件采用中、小规模集成电路为主要逻辑电路元件，主存储器从磁芯存储器逐步过渡到半导体存储器，使得计算机体积进一步减小，运算速度、运算精度、存储容量以及可靠性等主要性能指标大幅度提升。

4）第四代计算机（1971 年至今）

计算机进入超大规模集成电路时代，其硬件采用大规模和超大规模集成电路，主存储器采用半导体存储器，提供虚拟能力，计算机外围设备多样化、系列化。其软件实现了软件固化技术，出现了面向对象的程序设计思想，并广泛采用了数据库技术、计算机网络技术。其发展过程中最重要的成就之一表现在微处理器技术上，微处理器是一种超小型化的电子器件，它把计算的运算器、控制器等核心部件集成在一个集成电路芯片上。微处理器的出现为微型计算机的诞生奠定了基础。

随着大规模、超大规模集成电路的广泛应用，计算机在存储容量、运算速度和可靠性等方面都得到了很大的提高。目前计算机尝试使用光电子元件、超导电子元件和生物电子元件等来替代传统的电子元件，制造出在某种程度上具有模仿人的学习、记忆、联想和推理功能的新一代智能计算机。

2. 计算机的发展方向

1）巨型化

巨型化是指其高速运算、大存储容量和强功能的巨型计算机。其运算能力一般在每秒百亿次以上，内存容量在几百兆字节以上。巨型计算机主要用于尖端科学技术和军事国防系统的研究开发。

巨型计算机的发展集中体现了计算机科学技术的发展水平，推动了计算机系统结构、硬件和软件的理论和技术、计算数学以及计算机应用等多个科学分支的发展。

2）微型化

微型化是指利用微电子技术和超大规模集成电路技术，把计算机的体积进一步缩小，价格进一步降低。20 世纪 70 年代以来，由于大规模和超大规模集成电路的飞速发展，微处理器芯片连续更新换代,微型计算机价格不断降低,再配合丰富的软件和外部设备,操作简单,使微型计算机很快普及到社会各个领域,并且走进了千家万户。

随着微电子技术的进一步发展,微型计算机将发展得更加迅速,其中笔记本型、掌上型等微型计算机必将以更优的性能价格比受到人们的欢迎。计算机的微型化已经成为计算机发展的重要方向。

3) 网络化

网络化是指利用通信技术和计算机技术把分布在不同地点的计算机互联起来,按照网络协议相互通信,以达到所有用户都可共享软件、硬件和数据资源的目的。网络技术可以更好的管理网上的资源,可以把整个互联网虚拟成为一台空前强大的一体化系统,犹如一台巨型机。在这个动态变化的网络环境中,实现计算资源、存储资源、数据资源、信息资源、知识资源和专家资源的全面共享,从而让用户享受可灵活控制的、智能的、协作式的信息服务,并获得前所未有的使用方便性。现在,计算机网络在交通、金融、企业管理、教育、邮电和商业等各行各业中得到广泛的应用。

目前各国都在开发三网合一的系统工程,即将计算机网、电信网和有线电视网合为一体。将来通过网络能更好地传送数据、文本资料、声音、图形和图像,用户可随时随地在全世界范围拨打可视电话或收看任意国家的电视和电影。

4) 智能化

计算机智能化是指计算机具有模拟人的感觉和思维过程的能力,也是第五代计算机要实现的目标。智能化的研究包括模拟识别、物形分析、自然语言的生成和理解、博弈、定理自动证明、自动程序设计、专家系统、学习系统和智能机器人等。目前以研制出多种具有人的部分智能的机器人,可以代替人在一些危险的工作岗位上工作。

展望未来,计算机的发展必然要经历很多新的突破。从目前的发展趋势来看,未来的计算机将是微电子技术、光学技术、超导技术和电子仿生技术相互结合的产物。第一台超高速全光数字计算机已由欧盟的英国、法国、德国、意大利和比利时等国的 70 多名科学家和工程师合作研制成功,光子计算机的运算速度比电子计算机快 1000 倍。在不久的将来,超导计算机、神经网络计算机等全新的计算机也会诞生。届时计算机将发展到一个更高、更先进的水平。

1.1.3　认识计算机系统

计算机具有体积小、使用方便灵活、价格便宜等优点,受到用户的广泛欢迎。实际上,从逻辑上讲,个人微型计算机和大型计算机系统没有区别。计算机外观如图 1.1 所示。

计算机系统通常由软件系统和硬件系统组成。根据功能的不同,可以对计算机系统进行细致的划分,如图 1.2 所示。仅仅只有硬件的计算机称为裸机,其实不能做任何事情。硬件与软件相互配合才能实现计算机所能完成的各种任务。信息的存储、传输和处理等操作都是在软件的控制下,通过硬件实现的。

图 1.1　计算机外观图

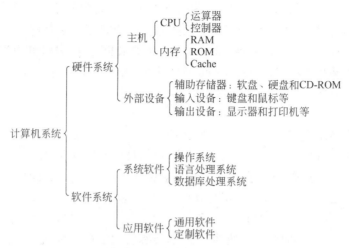

图 1.2　计算机系统的组成

1. 计算机硬件系统

计算机硬件指的是组成一台计算机的各种物理装置,包括计算机系统中由电子、机械和光电元件等组成的各种部件和设备,它们由各种实在的器件所组成,是计算机进行工作的物质基础。计算机的主要组成部分有 CPU、存储器、输入输出设备和其他外围设备等。CPU 和内存储器合起来被称为计算机的主体,外存储器和输入输出设备统称为外部设备。

1）硬件种类及特点

现代计算机产业把计算机的 5 大功能部件进行了模块化和标准化,形成了各类集成电路芯片或者布有芯片的电路板等产品。这些产品包括 CPU、主板、内存、硬盘、光驱、显示器、键盘、鼠标及接口卡等。既可将其中某几个功能部件做成一个产品,也可将一个功能部件做成多种产品。因此,计算机的功能部件与其产品部件并非一一对应。

连接有 CPU 和内存的主板称为最小硬件系统。最小硬件系统通电后,计算机就能工作,执行程序了。事实上,最小硬件系统就是计算机的主机,其他部件都是计算机的外部设备,属于最小系统的扩展。CPU 是计算机的核心部件,内存是 CPU 能直接访问的存储器,而所有计算机部件都是通过主板连接起来的。内存产品是半导体大规模集成芯片,其特点是存取速度快,但所存储的信息在断电后会自动消失,内存芯片成本高且容量有限。

外部设备包括外部存储器、输入设备和输出设备。外存是作为后备存储器使用的,产品种类很多,其特点是存取速度相对较慢,但信息可以长期保存。一般来说,外存容量大,单位容量价格低,其中很多便于携带。输入设备能把其他介质上的信息转换成电信号,输出设备则反之。另外,也可以把外存认为既是输入设备,也是输出设备。

2）硬件的连接

从图 1.1 中可以看到,计算机的外观包括主机、显示器、键盘和鼠标等部件。主机箱里的部件主要有主板、硬盘、光驱及电源。主板上面连接着 CPU、内存、适配卡和硬盘等。机箱里的电源将外来 220V 交流电源转换成直流电,给主板、硬盘和光驱等部件供电。

主机箱背部有许多插孔,用于连接各种外部设备。计算机的基本外设如显示器、键盘、鼠标及打印机都通过各自信号线与主机相连。同样,其他外设(如音箱、调制解调器、移动硬盘、U 盘、扫描仪、摄像头和数码相机等)也有相应的信号线,如音频线、网线、USB信号线与主机相连。另外,主机以及某些外设都有电源线插在电源插座上,因此一台计算机的主机箱背部会有密密麻麻的连线,不过这些连线接插口一般不同,因此接错的可能性很小。

2. 计算机软件系统

计算机软件指的是在硬件设备上运行的各种程序、数据以及有关的资料。程序实际上是用于指挥计算机执行各种动作以便完成指定任务的指令集合。一般分为系统软件和应用软件,包括操作系统、开发工具、实用工具和管理系统等程序,以及文字、数据库、图像、音频和视频等类型数据文档。

1) 系统软件

系统软件通常由计算机硬件的设计制造者或专门的软件公司提供,是为了让计算机正常运行,并有效管理和使用计算机的各种资源,方便人们监控和操作的程序;或用于为其他程序调用、服务的程序;以及用于开发其他程序的程序。它包括操作系统、计算机各部件的驱动程序、主板上的 BIOS 设置程序和开机引导程序、开发应用系统的工具或平台等。

2) 应用软件

应用软件是由各种软件公司或个人,利用开发工具或平台,设计编制的用来解决用户各种实际问题的程序,例如办公类软件、Web 浏览器、解压缩工具、音视频播放器、图形图像处理软件、防杀毒软件、网站设计软件、财务软件、购物系统、政务系统、生产控制系统、管理信息系统、教育课件和游戏软件等应用系统。目前,大部分计算机用户是通过各类应用软件来使用计算机的。

任务 1.2　认识计算机的硬件

任务描述

计算机系统是由硬件系统和软件系统组成的,硬件系统中单独的电子元器件是不能独立完成工作的。作为 IT 专业人员,应当明确计算机是一种现代化智能电子设备,掌握计算机硬件系统的组成是认识和学习计算机的基础。

实施过程

(1) 了解计算机的硬件体系结构;

(2) 认识计算机的基本硬件;

(3) 深入认识主机箱内的部件;

(4) 认识外围设备。

1.2.1 了解计算机的硬件体系结构

1. 冯·诺依曼型体系结构

计算机中的数据和指令都是以二进制数为基础进行编码来表示的,每位二进制数(即0或1)在机器中可以用各种介质的两种状态来表示,比如电平的高低、触发器的闭合、磁化的正反、光线的两种反射角度等。这些不同状态都可以采用相应设备与电流信号相互转换,通过导线可以高速传输电信号,通过设计不同的逻辑电路可以实现信号的变换,各种运算、处理规则即对应不同变换规则。这就是信息的电子化表示、传输和处理原理。

计算机的硬件体系结构是由冯·诺依曼于 1946 年提出的经典设计,如图 1.3 所示,这种设计思想的要点是:

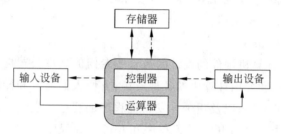

图 1.3 冯·诺依曼型计算机体系结构

(1) 计算机由运算器、控制器、存储器、输入设备和输出设备五大基本部件组成。

(2) 数据和程序以二进制代码形式不加区别地存放在存储器中。

(3) 计算机由存放在存储器中的指令序列即程序来控制并完成各项任务。控制器能自动取出指令并执行;它具有判别能力,能按照执行的结果选择不同的动作流程;它也能响应外部设备信号而执行对应的中断服务程序。

2. 计算机硬件体系结构

目前,计算机的组成和工作原理同冯·诺依曼型体系结构设计思想一样,其功能部件也可以分为五大部件。由于生产技术和生产工艺的不断提高,五大部件有所变化。

首先,将运算器和控制器集成为一块芯片,称为中央处理器(CPU)。运算器是执行算术运算与逻辑运算的部件,控制器通过读取指令并译码来控制运算器的运算和处理、存储器的读或写、输入设备的数据及命令输入、输出设备的结果输出等操作。

其次,存储器包括内存储器和外存储器。1946 年,外存储器还没有应用,所以冯·诺依曼体系结构中的存储器指的是内存储器。随着用户对数据存储需求的不断升级,外存储器虽然发生了翻天覆地的变化,但是主要发展阶段是在 20 世纪 90 年代以后。在理论上,内存储器是计算机的必要组成部分,属于冯·诺依曼型体系结构中的存储器;外存储器较为复杂,可以属于冯·诺依曼型体系结构中的输入设备,也可以属于冯·诺依曼型体系结构中的输出设备。

再次,输入设备和输出设备的划分界限变得模糊。早期,键盘和鼠标是主要的输入设备,显示器是主要的输出设备。目前有些设备既是输入设备也是输出设备,如硬盘。

1.2.2　认识计算机的基本硬件

目前,计算机的硬件主要由主机、输入设备、输出设备和存储设备组成。整个硬件系统采用总线结构,各部分之间通过总线相连,从而组成一个有机整体。用户可以直观地看到计算机主机、显示器、键盘和鼠标。

1. 主机

主机(见图1.4)是控制计算机工作的中心,它由许多部件组成,这些部件都封闭在机箱内。机箱内部包括主板、CPU、电源、硬盘驱动器、光盘驱动器和插在总线扩展槽上的各种系统功能扩展卡。

2. 显示器

显示器是微型计算机不可缺少的输出设备。显示器可显示程序的运行结果,显示输入的程序或数据等。显示器主要有以阴极射线管为核心的 CRT 显示器和液晶显示器。目前计算机上配备的显示器大部分是液晶显示器,虽然 CRT 显示器的价格比液晶显示器便宜很多,但是 CRT 显示器已经被淘汰。液晶显示器如图1.5所示,CRT 显示器如图1.6所示。

图 1.4　主机

图 1.5　液晶显示器

图 1.6　CRT 显示器

3. 键盘

键盘(见图1.7)是计算机最重要的输入设备。用户的各种命令、程序和数据都可以通过键盘输入计算机。计算机的标准键盘是101键,目前市场上有101键键盘、102键键盘、104键键盘和107键键盘等。

4. 鼠标

鼠标(见图1.8)是计算机在窗口界面中操作必不可少的输入设备。鼠标是一种屏幕标定装置,不能直接输入字符和数字。在图形处理软件的支持下,在屏幕上使用鼠标处理

图 1.7　键盘

图 1.8　鼠标

图形要比键盘方便得多。鼠标有机械式鼠标、光电式鼠标和无线鼠标等,目前市场上的鼠标以光电鼠标和无线鼠标为主。

1.2.3 深入认识主机箱内的部件

主机的内部含有主板、硬盘驱动器、光盘驱动器、电源和各种多媒体功能卡,如图 1.9 所示。

1. 主板

主板称为主机板或系统板(System Board)、母板。它是一块多层印制电路板,按其结构分为 AT 主板和 ATX 主板,按其大小分为标准板、Baby 和 Micro 板等几种。主板上装有中央处理器(CPU)、CPU 插座、只读存储器(ROM)、随机存储器(RAM)或 RAM 插座、一些专用辅助电路芯片、输入输出扩展槽、键盘接口以及一些外围接口和控制开关等。

通常把不插 CPU、内存条、控制卡的主板称为裸板,如图 1.10 所示。主板是计算机系统中最重要的部件之一。

图 1.9　主机内部　　　　　　　　　　　　图 1.10　主板

2. 硬盘驱动器

硬盘驱动器是计算机系统中最主要的外部存储设备,是系统装置中重要的组成部分。普通的机械硬盘如图 1.11 和图 1.12 所示,新型的固态硬盘如图 1.13 和图 1.14 所示。

图 1.11　机械硬盘　　　　图 1.12　机械硬盘内部　　　　图 1.13　固态硬盘

3. 光盘驱动器

光盘驱动器和光盘一起构成计算机的外存。光盘的存储容量很大,但目前计算机上配备的光驱通常是只读的,即只能从光盘上读取信息,而不能把信息写到光盘上,也可以配备可读写的刻录机。目前 DVD 光盘驱动器是市场的主流,如图 1.15 所示。

图 1.14　连接在主板的固态硬盘

图 1.15　DVD 光盘刻录机

4. 系统功能扩展卡

系统功能扩展卡也称为适配器、功能卡。计算机的功能卡一般有显示卡、声卡和网卡等。

1) 声卡

声卡是负责处理和输出声音信号的,安装了声卡,计算机才能发出声音。声卡如图 1.16 所示。

2) 显示卡

显示卡也称为显卡,是负责向显示器输出显示信号的,显卡的性能决定了显示器所能显示的颜色数和图像的清晰度。显卡如图 1.17 所示。

图 1.16　声卡

3) 网卡

网卡是工作在链路层的网络组件,是局域网中连接计算机和传输介质的接口,不仅能实现与局域网传输介质之间的物理连接和电信号匹配,还涉及帧的发送与接收、帧的封装与拆封、介质访问控制、数据的编码与解码,以及数据缓存的功能等。网卡如图 1.18 所示。

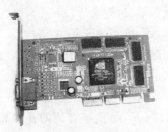

图 1.17　显示卡

图 1.18　网卡

5. 电源

电源是安装在一个金属壳体内的独立部件,它的作用是为系统装置的各种部件和键盘提供工作所需的电源。机箱中的电源有两种:老式的 AT 电源和新型的 ATX 电源。ATX 电源如图 1.19 所示。

6. 内存

内存是计算机的主存储器，但它只有临时存储数据的功能。在计算机工作时，它存放着计算机运行所需要的数据，关机后，内存中的数据将全部消失。而硬盘和光盘则是永久性的存储设备，关机后，它们保存的数据仍然存在。内存如图1.20所示。

图 1.19　电源

图 1.20　内存

7. CPU

CPU 负责整个计算机的运算和控制，它是计算机的大脑，它决定着计算机的主要性能和运行速度。CPU 如图1.21和图1.22所示。

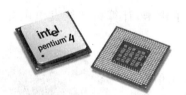

图 1.21　Intel CPU

图 1.22　AMD CPU

1.2.4　认识外围设备

1. 机箱

机箱由金属体和塑料面板组成，分卧式和立式两种。一般来说，立式机箱通风散热稍好一些，此外两者之间没有本质的区别。上述所有系统装置的部件均安装在机箱内部，面板上一般配有各种工作状态指示灯和控制开关，机箱后面有电源插口、键盘插口和 USB 口。

从内部结构来看，机箱又可分为 AT 和 ATX 两种，AT 机箱属于旧式结构，ATX 机箱在 AT 机箱的基础上改进了部件布局。一般来说，AT 机箱需安装 AT 主板、电源，而ATX 机箱需要安装 ATX 主板、电源，两者互不通用。机箱内部如图1.23所示。

机箱正面面板如图1.24所示，能够看到的开关和指示灯有：电源开关，用于接通或关闭电源；硬盘指示灯，灯亮表示硬盘正在进行读写操作；电源指示灯，灯亮表示电源接通；reset 开关，在不关闭电源的情况下重新启动计算机，也称为冷启开关；前置 USB 接口，方便用户插拔 USB 设备；前置音频接口。

机箱背部如图1.25所示。机箱背部一般留有不同形状的端口，方便用户连接不同的设备，主要包括视频插座端

图 1.23　机箱内部

口、键盘插座端口、鼠标插座端口、并行端口、串行端口、电源插座端口、多媒体功能卡端口、USB插座端口、音响插座端口、线路输入插座端口和麦克风插座端口。

2. 扫描仪

扫描仪(见图1.26)是一种计算机外部仪器设备,通过捕获图像并将之转换成计算机可以显示、编辑、存储和输出的数字格式文件,是主要的输入设备之一。扫描仪可以帮助用户将一幅画或一张相片转换成图形文件加以存储,然后进行相应的处理。

图 1.24　机箱前面板

图 1.25　机箱背部

图 1.26　扫描仪

3. 打印机

打印机(见图1.27)是计算机的输出设备之一,用于将计算机处理结果打印在相关介质上。用户可以使用打印机打印结构图、输出图像、图形、票据和文字等。打印机的种类有针式打印机、喷墨打印机和激活打印机。

4. 音箱

音箱(见图1.28)是多媒体计算机中不可缺少的组成部分,和声卡配合使用,用于播放音乐,是多媒体计算机中不可缺少的硬件设备。

5. 数码相机

数码相机(见图1.29)是一种利用电子传感器把光学影像转换成电子数据的照相机,是集光学、机械、电子一体化的产品。数码相机集成了影像信息的转换、存储和传输等部件,具有数字化存取模式,与计算机交互处理和实时拍摄等特点。

图 1.27　打印机

图 1.28　音箱

图 1.29　数码相机

6. USB便携设备

1) USB无线网卡

无线网卡是终端无线网络的设备,是无线局域网的无线覆盖下通过无线连接网络进行上网使用的无线终端设备。USB无线网卡直接接在计算机的USB接口上,具体来说无线网卡就是使用户的计算机可以利用无线来上网的一个装置,但是有了无线网卡也还需要一个可以连接的无线网络。USB 无线网卡如图 1.30 所示。

2）U 盘

图 1.30　USB 无线网卡

U 盘，全称为 USB 闪存驱动器，是一种使用 USB 接口的无需物理驱动器的微型高容量移动存储产品，如图 1.31 所示。它通过 USB 接口与计算机连接，实现即插即用。U 盘的称呼最早来源于朗科科技生产的一种新型存储设备，朗科公司称之为"优盘"，使用 USB 接口进行连接。U 盘连接到计算机的 USB 接口后，U 盘的资料可与计算机交换。由于朗科已进行专利注册，因此之后生产的类似技术的设备不能再称为"优盘"，而改称其谐音"U 盘"。后来，U 盘这个称呼因其简单易记而广为人知，是移动存储设备之一。

3）USB 便携式刻录机

随着技术进步，如今笔记本电脑一方面性能越来越强劲，而另一方面体积也做得越来越小，很多小尺寸的笔记本为了成就小体积而往往省略了光驱或刻录机。对于需要移动办公的用户来说，一般都会选用轻便小巧的笔记本产品，以及选择一个轻便、实用的便携式刻录机。便携式刻录机的工作原理与机箱内的普通刻录机是一样的，只是接口类型不同，一般便携式刻录机使用 USB 接口与计算机连接。便携式刻录机必须轻薄小巧，如图 1.32 和图 1.33 所示。

图 1.31　U 盘

图 1.32　较大的便携式刻录机

图 1.33　小巧的便携式刻录机

4）移动硬盘

移动硬盘是以硬盘为存储介质，能够与计算机交换大容量数据，强调便携性的存储产品。市场上大部分的移动硬盘都是以 2.5 英寸硬盘为基础的，很少部分是以 1.8 英寸硬盘和固态硬盘为核心，但价格因素决定着主流移动硬盘还是以标准笔记本硬盘为基础。移动硬盘多采用 USB、IEEE1394 等传输速度较快的接口，可以较高的速度与系统进行数据传输。移动硬盘如图 1.34 和图 1.35 所示。

图 1.34　固态硬盘核心移动硬盘

图 1.35　普通移动硬盘

任务 1.3　认识计算机软件

任务描述

计算机软件是用户与硬件之间的接口界面。用户主要是通过计算机软件与计算机进行交流。计算机软件是计算机系统设计的重要依据。为了方便用户,为了使计算机系统具有较高的总体效用,在设计计算机系统时,应当考虑软件与硬件的结合,以及用户的要求和软件的要求。

实施过程

在计算机系统中,硬件是物质基础,而各种软件则提供了计算机的操作平台、使用界面与应用技术。计算机软件是相对于计算机硬件而言的,是对计算机硬件系统性能的扩充和完善,计算机硬件必须在计算机软件的支持下才能发挥其作用。

一般来说,软件是程序、程序运行时所需要的数据,以及关于程序的设计、功能和使用等说明文档的全部。软件可以被分为若干层次,如图 1.36 所示。不同层次的软件是对底层计算机的完善和扩充,而最底层的软件是对计算机硬件的完善和扩充。

从应用的角度,计算机软件分为系统软件和应用软件两大类,如图 1.37 所示。

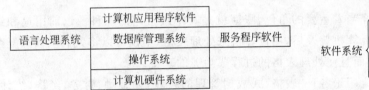

图 1.36　计算机软件的层次

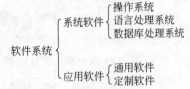

图 1.37　计算机软件分类

1. 系统软件

系统软件泛指那些为整个计算机所配置的、不依赖于特定应用的通用软件,是使用和管理计算机的基本软件,是支持应用软件运行的平台。系统软件的主要功能是对整个计算机的硬件和软件系统进行调度、管理、监视及提供服务,使系统资源得到有效的利用。

系统软件包括操作系统、语言处理系统、数据库管理系统和常用服务程序等。其中,操作系统是系统硬件平台上设置的第一层软件,是系统软件的核心,其他软件在操作系统的控制下才能运行。

在整个计算机系统中,操作系统具有特殊的地位,它能对计算机的硬件、软件资源和数据资源进行有效的管理,对计算机的工作流程进行合理的组织,为用户提供功能更强、使用更方便的操作环境。所以说,操作系统是用户和计算机之间的接口。

常用的操作系统有 Windows 系列、UNIX、Linux 和 Net Ware 等。

2. 应用软件

应用软件是指用于解决不同具体应用问题的专门软件。根据开发方式和适用范围,应用软件又可分为通用应用软件和定制应用软件。

随着计算机应用的日益广泛深入,各种应用软件的数量不断增加,质量日趋完善,使用更加灵活方便,通用性也越来越强,用户只要略加学习一些基础知识和基本方法,就可以利用某一类应用软件进行数据处理、文字处理和辅助设计等。

1) 文字处理软件

文字处理由来已久,所谓文字处理软件就是在计算机上实现对文字进行输入、编辑、排版和打印等操作的软件。文字处理软件可使用户在日常文字处理中摆脱纸与笔的束缚,从大量费时费力的重复劳动中解脱出来,提高文字处理的效率。所以,文字处理软件又被称为电子秘书,它在办公自动化方面发挥着巨大作用。

文字处理软件按功能大致分为三类。

(1) 简单的文本编辑程序。一类简单的编辑纯文本文件的软件,例如 Windows 中的"记事本"。这类软件没有格式处理能力,不能设置诸如字体大小、行距和字符间距等格式。

(2) 具有较完备功能的文字处理软件。这类软件使用较为广泛,目前常用的文字处理软件有 Microsoft Word 和 WPS 等。文字处理软件的主要功能基本相同,掌握了一种软件的使用方法,也就不难使用其他的相似软件。

(3) 专业印刷排版系统。这是一类适用于印刷出版行业的通用软件,例如 PageMaker 软件和方正桌面排版系统等。

2) 表格处理软件

表格在社会各领域充当着重要的角色,账簿就是其中最常用的一种。以前用笔和纸来处理表格,费时费力;计算机普及后,用计算机来处理表格,不仅可以将人们从烦琐复杂的表格处理中解放出来,而且使处理表格的过程成为美的享受。

表格处理软件广泛应用于各种"表格"式数据管理的领域,如金融、财务、经济、统计、审计和行政等领域。目前,常用的表处理软件有 Microsoft 公司推出的 Excel 等。

3) 其他应用软件

常见的应用软件还有以下几种:

① 各种信息管理软件;

② 办公自动化系统;

③ 各种文字处理软件;

④ 各种辅助设计软件以及辅助教学软件;

⑤ 各种软件包,如数值计算程序库、图形软件包等。

任务 1.4　准备组装计算机

任务描述

组装机与品牌机相比较,一是配件选择比较灵活,可以按照用户个人的需要组装具有独特个性的计算机;二是所选择的配件扩展性比较好,能够进行一次以上的升级行为。因此,对计算机知识比较了解的用户,可以利用自己掌握的知识自行配置组装一台高性价比的、配置相对比较合理均匀、适合自己需要的计算机。

实施过程

1. DIY

DIY(Do It Yourself，自己动手做)在本书中指的是组装计算机。DIY爱好者根据自己的喜好购买计算机组件，然后自己动手组装，热衷于DIY的计算机爱好者被称为DIYer。

计算机和其他普通家用电器不同，它的配件很多，每种配件又有不同的品牌和不同的性能，这些配件有着各种各样不同的搭配。用户可以根据自己的实际需求和市场行情，在最佳时间选购自己最喜爱的配件，组装成最适合自己的、物美价廉的计算机。而且在DIY的过程中，不但可以了解计算机内部的一些架构关系和学习计算机的基本知识，而且可以锻炼实际动手能力。如果在使用过程中，计算机出现什么故障或计算机组件需要升级，也能够自己独立动手解决一般性问题。

2. 计算机的选购原则

计算机的选购除了需要一定专业知识外，还需要很多其他方面的学问。组装计算机前一定要做好充分的准备，购买时也要细心、谨慎，应当特别注意以下几点。

(1) 要做好充分准备，切忌盲目、急躁。组装计算机的最大原则是够用、好用、实用。因此，在组装计算机前一定要考虑清楚计算机最主要的用途是什么，然后围绕这个目的选择计算机的配置，要充分满足自己最主要的用途，适当考虑一些较少用到的用途，而对自己没有用的或者极少用的一定不要买，要严格控制预算。

电子技术的高速发展促进了电子产品各项性能指标不断提高，而成本越来越低。著名的摩尔定律指出，集成电路的复杂性(性能)大约每隔18个月提高一倍，成本则下降一半。摩尔定律反映出电子类产品更新换代速度让人眼花缭乱，追逐高价所带来的高档次体验持续时间很短。因此，在选购计算机时不要一味追求高档次、高配置而造成某些功能目前用不上，过了一段时间后因过时与新产品又不兼容。确定计算机的用途，就是要明确根据自己的需要，哪些功能是必需的，哪些是不必要的，选择最合适的就是最好的。一般而言，可以将计算机的用途分为以下三种，用户可以据此确定相应的选型。

① 用于文字处理、办公系统、上网、家政管理等，这类计算机虽然属于市场的中低端产品，但性价比很高。

② 用于各类平面、三维图形图像和动画设计，属于市场的高端产品。

③ 用于专业广告制作、视频编辑、电脑游戏，属于市场的顶级产品。

(2) 某方面强并不是好事。计算机系统是一个复杂的系统，需要各个部件相互协调工作来发挥其作用。因此，计算机选购中要求各个部件要搭配合适，不要购买个别性能特别强的部件，因为在其他配件性能一般时，性能高的部件也发挥不了作用。

3. 组装计算机的准备工作

计算机组装是一件要求有一定专业知识的工作，必须做好充分的准备工作。特别是对于第一次组装计算机的新手，应注意以下几点：

(1) 选择一个合适的安装环境。组装计算机时，大大小小的部件、工具比较多，因此应该选择光线充足、整齐干净、空间够大的场地,以免零件散落一地,不好寻找。

(2)准备好各种工具。尽量把可能用到的工具都备齐,以免安装时,又临时急急忙忙到处寻找。

(3)胆大心细。第一次组装计算机时不要太过担心,应放手去做。一般只要不是发生一些致命错误,安装好的计算机即使不能马上正常运作,也不至于损坏。但同时也要心细,计算机有许多精密的电子器件和细小的配件,这些东西都需要细心放置,避免丢失一些重要的零件,或摔坏设备。还有各种接线按说明小心接好,避免因接错线而损坏设备。

(4)回收有用部件。计算机组装完成后,并不是所有剩下的没有安装上去的东西都是垃圾,还有很多东西是相当重要的,必须妥善保存好,如说明书、保证书、各种螺丝钉和驱动程序盘等。

项 目 小 结

计算机已经在人们工作、生活和学习的各个方面得到了广泛应用,并且出现了台式机、笔记本电脑、一体机和平板电脑等多种形式。本项目对计算机的发展、特点及其相关配件进行了介绍。

实 训 练 习

深入市场调查,分别给出办公、家用、图形图像与动画设计、游戏发烧友的计算机的当前配置清单。

课 后 习 题

(1)计算机软件和硬件有什么关系?

(2)组装一台多媒体计算机一般应配置哪些硬件?

(3)请解释 DIY 的含义。

(4)请比较品牌机与组装机的区别。

(5)冯·诺依曼结构的计算机要点是什么?

选 购 主 板

项目学习目标

- 熟悉主板的组成；
- 了解主板的分类；
- 熟悉主板芯片组；
- 能够识别主板的核心元件及各种接口；
- 能够根据用户需求选购合适的主板。

案例情景

张先生是一家室内装饰设计公司的设计人员，在日常工作中需要经常使用计算机进行室内装饰效果图的制作，但是张先生对计算机的组装并不是十分熟悉，所以张先生到计算机公司请销售人员帮忙。张先生想选购一台适合使用 Photoshop、3ds Max 等软件的计算机。第一步，计算机公司的销售人员帮张先生选购主板。

项目需求

主板是计算机中最基本、最重要的部件之一。计算机通过主板将 CPU 等各种器件和外部设备有机地结合起来组成一套完整的系统。计算机的整体运行速度和稳定性在一定程度上取决于主板的性能。主板的性能和质量对整个计算机系统有着直接和重要的影响。张先生应当充分掌握主板的分类情况以及结构组成，了解主板的维护知识，学会如何选购主板。

实施方案

(1) 深入了解主板；
(2) 选购主板；
(3) 排除主板故障。

任务 2.1　深入了解主板

任务描述

为了满足张先生的装机需求，销售人员向张先生介绍主板的分类、构成，以及主板的主要术语。

实施过程

(1) 认识主板；

(2) 了解主板的构成；

(3) 了解主板的主要术语；

(4) 了解主板芯片组。

2.1.1 认识主板

1. 什么是主板

主板又叫主机板(Main Board)、系统板(System Board)或母板(Mother Board)，它安装在机箱内，是计算机最基本也是最重要的部件之一。主板是整个计算机内部结构的基础，不管是 CPU、内存、显示卡还是鼠标、键盘、声卡、网卡都要通过主板来连接并协调工作。如果把 CPU 看成是计算机的大脑，那么主板就是计算机的身躯。当拥有了一个性能优异的大脑(CPU)后，同样也需要一个健康强壮的身体(主板)来运作。

2. 主板的分类

1) 按照 CPU 分类

主要分为支持 INTEL CPU 的主板和支持 AMD CPU 的主板。如果按照具体的 CPU 型号，还可以进行细分，这里不再详细描述。

2) 按照芯片组分类

芯片组是主板的核心组成部分。在主板分类方面，芯片组实际指的是北桥芯片。

3) 按照功能分类

可以分为即插即用主板、免跳线主板等。

4) 其他分类

按印制电路板的工艺分类，又可分为双层结构板、四层结构板、六层结构板等。以四层结构板的产品为主。

按元件安装及焊接工艺分类，又有表面安装焊接工艺板和 DIP 传统工艺板。

按是否即插即用分类，如 PnP 主板、非 PnP 主板等。

按生产厂家分类，如华硕主板、技嘉主板等。

2.1.2 主板的构成

主板一般为矩形电路板，上面安装了组成计算机的主要电路系统，一般有 BIOS 芯片、I/O 控制芯片、键盘和面板控制开关接口、指示灯插接件、扩充插槽、主板及插卡的直流电源供电接插件等元件。

主板使用的印刷电路板一般采用四层板或六层板。相对而言，为节省成本，低档主板多为四层板：主信号层、接地层、电源层、次信号层，而六层板则增加了辅助电源层和中信号层。因此六层 PCB 的主板抗电磁干扰能力更强，主板也更加稳定。

下面以华硕 P8H61 主板为例介绍一下主板的结构，如图 2.1 所示。

图 2.1　华硕 P8H61 主板

华硕 P8H61 主板由一个 PCI-E X16 2.0 插槽、两个 PCI-E X1 插槽、三个 PCI 插槽、两个 DDR3 DIMM 内存插槽、一个 PS/2 鼠标接口、一个 PS/2 键盘接口、一个串行接口、一个并行接口、一个 RJ45 网卡接口、10 个 USB 接口、音频接口、4 个 SATA 接口、一个 CPU 插槽、可擦写 BIOS 和控制芯片组等组成。

1．主板芯片

加装散热片的北桥芯片如图 2.2 所示。取下散热片，裸露的 H61 芯片如图 2.3 所示。

2．内存插槽

内存插槽是指主板上所采用的内存插槽类型和数量。主板所支持的内存种类和容量都由内存插槽来决定。应用于主板上的内存插槽有 SIMM 插槽、DIMM 插槽、DDR2 DIMM 插槽、DDR3 DIMM 插槽和 RIMM 插槽。华硕 P8H61 主板有两个 DDR3 DIMM 内存插槽，如图 2.4 所示。

图 2.2　覆盖有散热片的北桥芯片

图 2.3　H61 北桥芯片

图 2.4　DDR3 DIMM 插槽

3．扩展插槽

扩展插槽是主板上用于固定扩展卡并将其连接到系统总线上的插槽，也叫扩展槽、扩充插槽。扩展槽是一种添加或增强计算机特性及功能的方法。例如，不满意主板整合显卡的性能，可以添加独立显卡以增强显示性能；不满意板载声卡的音质，可以添加独立声卡以增强音效；不支持 USB3.0 或 IEEE1394 的主板可以通过添加相应的 USB3.0 扩展卡或 IEEE1394 扩展卡以获得该功能等。扩展插槽的种类主要有 ISA、PCI、AGP、CNR、AMR、ACR 和 PCI-E 等。目前主流扩展插槽是 PCI 和 PCI-E 插槽。华硕 P8H61 主板有

一个 PCI-E X16 2.0 插槽、两个 PCI-E X1 插槽和三个
PCI 插槽,如图 2.5 所示。

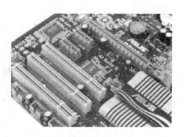

4. SATA 接口

SATA(Serial ATA,串行 ATA)是一种完全不同于
并行 ATA 的新型硬盘接口类型,由于采用串行方式传
输数据而得名。SATA 总线使用嵌入式时钟信号,具备
了更强的纠错能力,与以往相比其最大的区别在于能对
传输指令(不仅仅是数据)进行检查,如果发现错误会自

图 2.5　扩展插槽

动矫正,这在很大程度上提高了数据传输的可靠性。串行接口还具有结构简单、支持热插
拔的优点。华硕 P8H61 主板有 4 个 SATA 接口,如图 2.6 所示。

5. 传感器芯片

板载的 Nuvoton NCT6776F 传感器芯片可以监控主板电压、温度和风扇转速等参
数,如图 2.7 所示。

6. 板载网卡芯片

板载的 Realtek RTL8111e 芯片如图 2.8 所示,属于千兆级的网卡。

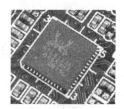

图 2.6　SATA 接口　　　　图 2.7　传感器芯片　　　　图 2.8　RTL8111E 芯片

7. 扩展接口

扩展接口是主板上用于连接各种外部设备的接口。通过这些扩展接口,可以把打印
机、外置 Modem、扫描仪、闪存盘、MP3 播放机、DC、DV、移动硬盘、手机和写字板等外部
设备连接到计算机上。而且通过扩展接口还能实现计算机间的互连。华硕 P8H61 主板
有一个 PS/2 鼠标接口、一个 PS/2 键盘接口、一个串行接口、一个并行接口、一个 RJ45 网
卡接口、10 个 USB 接口和音频接口,如图 2.9 所示。

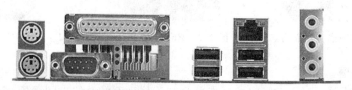

图 2.9　主板扩展接口

常见的扩展接口有串行接口(Serial Port)、并行接口(Parallel Port)、通用串行总线接
口(USB)和 IEEE 1394 接口等。

① 串行接口。简称串口,也就是 COM 接口,是采用串行通信协议的扩展接口。串
口的出现是在 1980 年前后,数据传输率是 115～230kbps。串口一般用来连接鼠标和外

置 Modem 以及老式摄像头和写字板等设备,目前部分新主板已开始取消该接口。

② 并行接口。简称并口,也就是 LPT 接口,是采用并行通信协议的扩展接口。并口的数据传输率比串口快 8 倍,标准并口的数据传输率为 1MBps,一般用来连接打印机、扫描仪等。所以并口又被称为打印口。另外,串口和并口都能通过直接电缆连接的方式实现双机互连,在此方式下数据只能低速传输。串口、并口不仅速度有限,而且在使用上很不方便,不支持热插拔。

③ PS/2 接口。目前最常见的鼠标键盘接口,最初是 IBM 公司的专利,俗称“小口”,是一种 6 针的圆形接口。鼠标只使用其中的 4 针传输数据和供电,其余两个为空脚。PS/2 接口的传输速率比 COM 接口稍快一些,而且是 ATX 主板的标准接口,不支持热插拔。在 BTX 主板规范中,是即将被淘汰掉的接口。在连接 PS/2 接口鼠标时不能错误地插入键盘 PS/2 接口。一般情况下,符合 PC99 规范的主板,鼠标的接口为绿色、键盘的接口为紫色,另外也可以从 PS/2 接口的相对位置来判断:靠近主板 PCB 的是键盘接口,其上方的是鼠标接口。

④ USB。USB(Universal Serial Bus,通用串行总线)是在 1994 年年底由 Intel、康柏、IBM 和 Microsoft 等多家公司联合提出的。USB1.1 的最高数据传输率为 12MBps,USB2.0 提高到 480Mbps,USB3.0 最高到 5.0GBps。数据传输率上的差别完全由 PC 的 USB host 控制器以及 USB 设备决定。USB 可以通过连接线为设备提供最高 5V,500mA 的电力。目前的主板一般都采用支持 USB 功能的控制芯片组,主板上也安装有 USB 接口插座,而且除了背板的插座之外,主板上还预留有 USB 插针,可以通过连线接到机箱前面作为前置 USB 接口以方便使用。USB 具有传输速度快,使用方便,支持热插拔,连接灵活,独立供电等优点,可以连接鼠标、键盘、打印机、扫描仪、摄像头、闪存盘、MP3、手机、数码相机、移动硬盘、外置光驱、USB 网卡、ADSL Modem 和 Cable Modem 等,几乎所有的外部设备。华硕 P8H61 主板有 10 个 USB 接口,用户在图 2.9 中只看到了 4 个 USB 接口,另外 6 个 USB 接口是主板上预留的三组 USB 插针,如图 2.10 所示。

图 2.10 USB 插针

2.1.3 主板的主要术语

1. 适用类型

主板适用类型是指该主板所适用的应用类型。针对不同用户的不同需求、不同应用范围,主板被设计成各不相同的类型,一般分为台式机主板和服务器/工作站主板。

台式机主板,或者称为普通主板,板型是 ATX 或 Micro ATX 结构,使用普通的机箱电源,采用的是台式机芯片组,只支持单 CPU。存储设备接口也是采用 IDE 或 SATA 接口,某些高档产品会支持 RAID。显卡接口多半都是采用 PCI-Express 接口,比较旧的产品也会采用 AGP 接口。扩展接口也比较丰富,有多个 USB2.0/1.1、IEEE1394、串口和并口等接口以满足用户的不同需求。扩展插槽的类型和数量也比较多,有多个 PCI 等插槽适应用户的需求。部分带有整合的网卡芯片,有低档的 10/100MBps 自适应网卡,也有高档的千兆网卡。

服务器/工作站主板则是专用于服务器/工作站的主板产品，板型为较大的 ATX、EATX 或 WATX，使用专用的服务器机箱电源。其中，某些低端的入门级产品会采用高端的台式机芯片组；而中高端产品则都会采用专用的服务器/工作站芯片组。对服务器/工作站主板而言，最重要的是高可靠性和稳定性，其次才是高性能。因为大多数的服务器都要满足每天 24 小时、每周 7 天的满负荷工作要求。由于服务器/工作站数据处理量很大，需要采用多 CPU 并行处理结构，即一台服务器/工作站中安装 2、4、8 等多个 CPU；对于服务器而言，多处理器可用于数据库处理等高负荷高速度应用；而对于工作站，多处理器系统则可以用于三维图形制作和动画文件编码等单处理器无法实现的高处理速度应用。为适应长时间、大流量的高速数据处理任务，在内存方面，服务器/工作站主板能支持高达十几 GB 甚至几十 GB 的内存容量。服务器主板在存储设备接口方面，中高端产品也多采用 SCSI 接口，并且支持 RAID 方式以提高数据处理能力和数据安全性。在显示设备方面，服务器与工作站有很大不同，服务器对显示设备要求不高，一般多采用整合显卡的芯片组；而图形工作站对显卡的要求非常高。在扩展插槽方面，服务器/工作站主板与台式机主板也有所不同，例如 PCI 插槽，台式机主板采用的是标准的 33MHz 的 32 位 PCI 插槽，而服务器/工作站主板则多采用 64 位的 PCI X-66 甚至 PCI X-133，其工作频率分别为 66MHz 和 133MHz，数据传输带宽得到了极大的提高，并且支持热插拔，其电气规范以及外形尺寸都与普通的 PCI 插槽不同。在网络接口方面，服务器/工作站主板也与台式机主板不同，服务器主板大多配备双网卡，甚至是双千兆网卡以满足局域网与 Internet 的不同需求。

2. 芯片组

芯片组（Chipset）是主板的核心组成部分。对于主板而言，芯片组几乎决定了这块主板的功能，进而影响到整个计算机系统性能的发挥，芯片组是主板的灵魂。芯片组性能的优劣决定了主板性能的好坏与级别的高低。

主板芯片组几乎决定着主板的全部功能，其中 CPU 的类型、主板的系统总线频率、内存类型、容量和性能、显卡插槽规格是由芯片组中的北桥芯片决定的；而扩展槽的种类与数量、扩展接口的类型和数量等是由芯片组的南桥决定的。还有些芯片组由于纳入了 3D 加速显示、AC97 声音解码等功能，还决定着计算机系统的显示性能和音频播放性能等。

到目前为止，能够生产芯片组的厂家有 Intel、VIA、SiS、AMD、NVIDIA 和 ATI 等为数不多的几家，其中以 Intel 和 VIA 的芯片组最为常见。

3. 主板结构

主板结构就是根据主板上各元器件的布局排列方式、尺寸大小、形状和所使用的电源规格等制定出的通用标准，所有主板厂商都必须遵循。主板结构分为 AT、Baby-AT、ATX、Micro ATX、LPX、NLX、Flex ATX、EATX 以及 WATX 等结构。其中，AT 和 Baby-AT 是多年前的老主板结构，现在已经淘汰；LPX、NLX、Flex ATX 是 ATX 的变种；EATX 和 WATX 多用于服务器/工作站主板；ATX 是目前市场上最常见的主板结构，扩展插槽较多，大多数主板都采用此结构；Micro ATX 又称为 Mini ATX，是 ATX 结构的简化版，俗称"小板"，扩展插槽较少，多用于品牌机并配备小型机箱。

4. 北桥芯片

北桥芯片(North Bridge)是主板芯片组中起主导作用的最重要的组成部分,也称为主桥(Host Bridge)。一般来说,芯片组的名称就是以北桥芯片的名称来命名的。北桥芯片负责与CPU的联系并控制内存、AGP数据在北桥内部传输,提供对CPU的类型和主频、系统的前端总线频率、内存的类型和最大容量、AGP插槽、ECC纠错等支持,整合型芯片组的北桥芯片还集成了显示核心。北桥芯片就是主板上离CPU最近的芯片,这主要是考虑到北桥芯片与CPU之间的通信最密切,为了提高通信性能而缩短传输距离。因为北桥芯片的数据处理量非常大,发热量也越来越大,所以现在的北桥芯片都覆盖着散热片用来加强北桥芯片的散热,有些主板的北桥芯片还会配合风扇进行散热。因为北桥芯片的主要功能是控制内存,而内存标准与CPU一样变化比较频繁,所以不同芯片组中北桥芯片是肯定不同的,当然这并不是说所采用的内存技术就完全不一样,而是不同的芯片组北桥芯片间肯定在一些地方有差别。

5. 南桥芯片

南桥芯片(South Bridge)是主板芯片组的重要组成部分,一般位于主板上离CPU插槽较远的下方,PCI插槽的附近。这种布局是考虑到它所连接的I/O总线较多,离CPU远一点有利于布线。相对于北桥芯片来说,其数据处理量并不算大,所以南桥芯片一般都没有覆盖散热片。南桥芯片不与CPU直接相连,而是通过一定的方式与北桥芯片相连。南桥芯片负责I/O总线之间的通信,如PCI总线、USB、LAN、ATA、SATA、音频控制器、键盘控制器、实时时钟控制器和高级电源管理等,这些技术一般相对来说比较稳定,所以不同芯片组中可能南桥芯片是一样的,不同的只是北桥芯片。所以现在主板芯片组中北桥芯片的数量要远远多于南桥芯片。目前,南桥芯片集成了更多的功能,例如网卡、RAID、IEEE 1394,甚至WI-FI无线网络等。

6. 显示芯片

显示芯片是指主板所板载的显示芯片,有显示芯片的主板不需要独立显卡就能实现普通的显示功能,以满足一般的家庭娱乐和商业应用,节省用户购买显卡的开支。板载显示芯片可以分为两种类型:整合到北桥芯片内部的显示芯片以及板载的独立显示芯片,市场中大多数板载显示芯片的主板都是前者;而后者则比较少见,独立显示芯片还需要独立显存。

7. 网卡芯片

主板网卡芯片是指整合了网络功能的主板所集成的网卡芯片,与之相对应,在主板的背板上也有相应的网卡接口(RJ-45),该接口一般位于音频接口或USB接口附近。在使用相同网卡芯片的情况下,板载网卡与独立网卡在性能上没有什么差异,而且相对与独立网卡,板载网卡也具有独特的优势。首先是降低了用户的采购成本;其次可以节约系统扩展资源,不占用独立网卡需要占用的PCI插槽或USB接口等;再次,能够实现良好的兼容性和稳定性,不容易出现独立网卡与主板兼容不好或与其他设备资源冲突的问题。板载网卡芯片以速度来分可分为10/100MBps自适应网卡和千兆网卡,以网络连接方式来分可分为普通网卡和无线网卡,以芯片类型来分可分为芯片组内置的网卡芯片和主板所附加的独立网卡芯片。部分高档家用主板、服务器主板还提供了双板载网卡。

8. 板载音效

声卡是一台多媒体计算机的主要设备之一,现在的声卡一般有板载声卡和独立声卡之分。在早期的计算机上并没有板载声卡,计算机要发声必须通过独立声卡来实现。随着主板整合程度的提高以及 CPU 性能的日益强大,同时主板厂商降低用户采购成本的考虑,板载声卡出现在越来越多的主板中,目前板载声卡几乎成为主板的标准配置了,没有板载声卡的主板反而比较少了。

板载声卡一般有软声卡和硬声卡之分。这里的软硬之分指的是板载声卡是否具有声卡主处理芯片之分,一般软声卡没有主处理芯片,只有一个解码芯片,通过 CPU 的运算来代替声卡主处理芯片的作用。而板载硬声卡带有主处理芯片,很多音效处理工作就不再需要 CPU 参与了。

1）板载声卡分类

- AC97。AC97（Audio CODEC'97）是由 Intel、雅玛哈等多家厂商联合研发并制定的一个音频电路系统标准。它并不是一个实实在在的声卡种类,只是一个标准。现在市场上能看到的声卡大部分的 CODEC 都是符合 AC97 标准。厂商也习惯用符合 CODEC 的标准来衡量声卡,因此很多的主板产品,不管采用的是何种声卡芯片或声卡类型,都称为 AC97 声卡。
- HD Audio。HD Audio（High Definition Audio,高保真音频）是 Intel 与杜比（Dolby）公司合力推出的新一代音频规范。HD Audio 的制定是为了取代 AC97 音频规范。它与 AC97 有许多共通之处,某种程度上可以说是 AC97 的增强版,但并不能向下兼容 AC97 标准。它在 AC97 的基础上提供了全新的连接总线,支持更高品质的音频以及更多的功能。与 AC97 相比,HD Audio 具有数据传输带宽大、音频回放精度高、支持多声道阵列麦克风音频输入、CPU 的占用率更低和底层驱动程序可以通用等特点。

2）板载声卡的优缺点

因为板载软声卡没有声卡主处理芯片,在处理音频数据的时候会占用部分 CPU 资源,在 CPU 主频不太高的情况下会略微影响到系统性能。目前 CPU 主频早已用 GHz 来进行计算,而音频数据处理量却增加的并不多,对系统性能的影响也微乎其微了,几乎可以忽略。

"音质"问题也是板载软声卡的一大弊病,比较突出的就是信噪比较低,其实这个问题并不是因为板载软声卡对音频处理有缺陷造成的,主要是因为主板制造厂商设计板载声卡时的布线不合理,以及用料做工等方面,过于节约成本造成的。

而对于板载的硬声卡,则基本不存在以上两个问题,其性能基本能接近并达到一般独立声卡,完全可以满足普通家庭用户的需要。

集成声卡最大的优势就是性价比,而且随着声卡驱动程序的不断完善,主板厂商的设计能力的提高,以及板载声卡芯片性能的提高和价格的下降,板载声卡越来越得到用户的认可。

板载声卡的劣势却正是独立声卡的优势,而独立声卡的劣势又正是板载声卡的优势。独立声卡从几十元到几千元有着各种不同的档次,从性能上讲集成声卡完全不输给中低端的独立声卡,在性价比上集成声卡又占尽优势。在中低端市场,在追求性价的用户中,集成声卡是不错的选择。

2.1.4 主板芯片组

1. 芯片组的功能

芯片组可以说是主板的灵魂,它决定着主板的性能。评定主板的性能首先要看它选用什么样的芯片组,因为它决定了主板使用什么样的外部频率;可以使用的内存有多少,是什么种类;Cache 能对内存提供多大的缓冲;支持的 Cache 数量;各种主要总线以及输出模式等。

2. 常见芯片组

(1) Intel 公司:X79、Z68、Z77、P67、H67、H61、H55、P55、X58、P45、P43;

(2) AMD 公司:A55、A75、990FX、890FX、890GX、880G、870、790GX、770;

(3) NVIDIA 公司:MCP68、MCP78、MCP7A。

3. 芯片组相关术语

1) 支持 CPU 个数

支持 CPU 个数是指芯片组理论上所能支持的 CPU 个数以及最大个数。对于普通的台式机和笔记本芯片组而言,其支持的 CPU 个数一般都是 1 个;而对于服务器和工作站芯片组而言,由于其必须面对大量的多任务应用以及多线程程序,单 CPU 系统无法胜任工作,必须采用 SMP 的形式,所以其支持的 CPU 个数可以达到 2 个、4 个、8 个甚至更多。在主板上也不一定会有与芯片组所支持的 CPU 个数对应数量的 CPU 插槽,在实际生产制造主板时,主板厂商会根据自己对市场的判断和定位以及客户的实际需求来决定主板支持几个 CPU。

2) 内存模组

主板芯片组的内存模组可以理解为芯片组所能支持的标准内存插槽数量。由于每款芯片组对于内存芯片的数据深度和数据宽度支持程度不同,实际上也就决定了每个内存 BANK 的最大容量,进而也就决定了芯片组所能支持的内存 BANK 数量。而内存 BANK 数量就决定了标准内存插槽的数量,一般来说,每个内存插槽支持两个内存 BANK。在实际的主板产品中,实际内存插槽数量与芯片组的标准内存插槽数量可能会有所不同。

3) 多显卡技术

多显卡技术是让两块或者多块显卡协同工作,是指芯片组支持能提高系统图形处理能力或者满足某些特殊需求的多显卡并行技术。要实现多显卡技术,一般来说需要主板芯片组、显示芯片以及驱动程序三者的支持。多显卡技术的出现是为了有效解决日益增长的图形处理需求和现有显示芯片图形处理能力不足的矛盾。

4) 南桥 PCI-E 通道数

南桥 PCI-E 通道数是指芯片组中的南桥部分理论上所能支持的 PCI Express Lanes 的最大数量。南桥中的 PCI-E 通道可以用来连接扩展插槽以及其他的设备,而且具有许多灵活性。更大的南桥 PCI-E 通道数显然具有更大的扩展能力和灵活性。

5）PCI 插槽最大数量

PCI 插槽最大数量是衡量芯片组扩展能力的一个重要参数，是指芯片组理论上所能支持的 PCI 扩展插槽的最大数量。芯片组能支持的 PCI 插槽最大数量只是最大理论数量，在实际的主板上可能会被主板制造商根据自己的产品定位和对市场需求的判断以及客户的要求减少一些。

任务 2.2　选 购 主 板

任务描述

张先生搜集相关资料，掌握选购主板的关键点。

实施过程

主板是计算机上最大的一块线路板，是整个计算机的组织和控制核心。计算机上的所有部件不是直接安装在主板上，就是通过线缆连接到主板上，因此主板在整个计算机系统中扮演着举足轻重的角色。主板的类型和档次决定着整个计算机系统的类型和档次，主板的性能影响着整个计算机系统的性能。在选购主板时，除了主板的相关参数外，还应当注意以下几点。

1. 支持 CPU 类型

芯片组支持的 CPU 类型是指能在使用此芯片组的主板上所采用的 CPU 类型。CPU 的发展速度相当快，不同时期 CPU 的类型是不同的，而主板支持某类型 CPU 就代表着属于此类的 CPU 大多能在该主板上运行（在主板所能支持的 CPU 频率限制范围内）。CPU 类型从早期的 386、486、Pentium、K5、K6、K6-2、Pentium Ⅱ、Pentium Ⅲ 等，到 Pentium 4、Pentium D、Duron、AthlonXP、至强（XEON）、Athlon 64、Sempron 等，经历了很多代的改进。每种类型的 CPU 在针脚、主频、工作电压、接口类型和封装等方面都有差异，尤其在速度性能上差异很大。而主板是否支持某种 CPU，主要取决于主板的芯片组是否支持这种 CPU，只有购买与主板支持 CPU 类型相同的 CPU，二者才能配套工作。

2. CPU 插槽类型

CPU 需要通过插槽与主板连接才能进行工作。CPU 经过这么多年的发展，采用的接口方式有引脚式、卡匣式、触点式和针脚式等。CPU 的接口要对应到主板上的插槽类型。不同类型的 CPU 具有不同的 CPU 插槽，因此选择 CPU，就必须选择带有与之对应插槽类型的主板。主板 CPU 插槽类型不同，在插孔数、体积、形状方面都有变化，不能互相接插。

3. 是否集成显卡

集成显卡是指主板芯片组内集成显示芯片，使用这种芯片组的主板可以在不需要独立显卡的情况下实现普通的显示功能，以满足一般的家庭娱乐和商业应用，节省用户购买显卡的开支。集成的显卡不带有显存，使用系统的一部分主内存作为显存，具体的数量一般是系统根据需要自动动态调整的。显然，如果使用集成显卡运行需要大量占用显存的程序,对整个系统的影响会比较明显。此外,系统内存的频率通常比独立显卡的显存低很多,因此集成显卡的性能比独立显卡差很多。

4. 支持内存类型

支持内存类型是指主板所支持的具体内存的类型。不同的主板所支持的内存类型是不相同的。一般情况下,一块主板只支持一种内存类型,是因为其电气规范和工作电压是不同的,混用会引起内存损坏和主板损坏的问题。

5. 支持内存传输标准

内存传输标准是指主板所支持的内存传输带宽大小或主板所支持的内存的工作频率。不同类型的内存,其传输标准是不相同的。主板支持内存传输标准决定着主板所能采用最高性能的内存规格,是选择购买主板的关键之一。

6. 支持内存最大容量

主板所能支持内存的最大容量是指最大能在该主板上插入多大容量的内存条,超过容量的内存条即便插在主板上,主板也不支持。主板支持的最大内存容量理论上由芯片组所决定,北桥决定了整个芯片所能支持的最大内存容量。但在实际应用中,主板支持的最大内存容量还受到主板上内存插槽数量的限制,主板制造商出于设计、成本上的需要,可能会在主板上采用较少的内存插槽,此时即便芯片组支持很大的内存容量,但主板上并没有足够的内存插槽供使用,就没法达到理论最大值。

7. 是否 CPU 自动检测

推荐购买具有 CPU 温度检测报警功能的主板。CPU 温度过高会导致系统工作不稳定或者死机,甚至损坏 CPU 等,所以对 CPU 的温度检测是很重要的。它会在 CPU 温度超出安全范围时发出警告检测。温度的探头有两种:一种集成在 CPU 之中,依靠 BIOS 的支持;另一种是外置的,在主板上面可以见到,通常是一颗热敏电阻。它们都是通过温度的改变来改变自身的电阻值,让温度检测电路探测到电阻的改变,从而改变温度数值。

8. 是否硬件错误侦测

由于硬件的安装错误、不兼容或硬件损坏等原因,容易引起硬件错误,从而导致轻则运行不正常,重则系统无法工作的故障。碰到此类情况,以前只能通过 POST 自检时的 BIOS 报警提示音,硬件替换法或通过 DEBUG 卡来查找故障原因。但这些方法使用起来很不方便,而且对用户的专业知识也要求较高,对普通用户并不适用。针对此问题,有些主板厂商增加了许多人性化的设计,以方便用户快速、准确地判断故障原因。有些主板特别设计了硬件加电自检故障的语言播报功能,这个功能可以监测 CPU 电压、CPU 风扇转速、CPU 温度、机壳风扇转速、电源风扇是否失效、机箱入侵警告等,当系统有某个设备出故障时,会用语音提醒该配件出了故障。有些主板则使用几支 LED 来反映主板的故障所在。

9. 主板插槽数量

在选购主板产品时,扩展插槽的种类和数量的多少是决定购买的一个重要指标。有多种类型和足够数量的扩展插槽就意味着今后有足够的可升级性和设备扩展性,反之则会在今后的升级和设备扩展方面碰到巨大的障碍。例如不满意整合主板的游戏性能,想升级为独立显卡,却发现主板上没有 PCI-E 插槽;想添加一块视频采集卡,却发现使用的

PCI 插槽都已插满等。但扩展插槽也并非越多越好,过多的插槽会导致主板成本上升,从而加大用户的购买成本,而且过多的插槽对许多用户而言并没有作用,例如一台只需要做文本处理和上网的办公计算机却配有 6 个 PCI 插槽,而且配有独立显卡,这就是一种典型的资源浪费。在具体产品的选购上要根据自己的需要来选购,符合自己的才是最好的。

任务 2.3　排除主板故障

任务描述

主板在出现故障后大多数情况会出现错误提示,并且一般是由于设置不当造成的。如果开机后没有任何画面,则需要排除主板相关故障。

实施过程

主板是整个计算机的关键部件,在计算机中起着至关重要的作用。主板产生故障将会影响到整个计算机系统的工作。下面介绍主板在使用过程中最常见的故障。

1. 开机无显示

计算机开机无显示,首先要检查的就是 BIOS。主板的 BIOS 中储存着重要的硬件数据,同时 BIOS 也是主板中比较脆弱的部分,极易受到破坏,一旦受损就会导致系统无法运行,出现此类故障一般是因为主板 BIOS 被 CIH 病毒破坏造成(当然也不排除主板本身故障导致系统无法运行)。一般 BIOS 被病毒破坏硬盘里的数据将全部丢失,所以可以通过检测硬盘数据是否完好来判断 BIOS 是否被破坏。如果硬盘数据完好无损,那么还有如下三种原因会造成开机无显示的现象。

(1) 因为主板扩展槽或扩展卡有问题,导致插上诸如声卡等扩展卡后主板没有响应而显示。

(2) 免跳线主板在 CMOS 里设置的 CPU 频率不对,也可能会引发不显示故障。对此,只要清除 CMOS 即可予以解决。清除 CMOS 的跳线一般在主板的锂电池附件,其默认位置一般为 1、2 短路,只要将其改为 2、3 短路几秒钟即可解决问题。对于以前的老主板,如果用户找不到该跳线,只要将电池取下,待开机显示进入 CMOS 设置后再关机,将电池安装上即达到 CMOS 放电的目的。

(3) 主板无法识别内存、内存损坏或者内存不匹配也会导致开机无显示的故障。某些老的主板比较挑剔内存,一旦插上主板无法识别的内存,主板就无法启动,甚至某些主机不给任何故障提示。当然,有时为了扩充内存以提高系统性能,结果插上不同品牌、类型的内存同样会导致此类故障的出现,因此在检修时应多加注意。

2. CMOS 设置不能保存

此类故障一般是由于主板电池电压不足造成的,对此予以更换即可。但有的主板电池更换后同样不能解决问题,此时有如下两种可能。

(1) 主板电路问题,对此要找专业人员维修。

(2) 主板 CMOS 跳线问题。有时候因为错误地将主板上的 CMOS 跳线设为清除选项,或者设置成外接电池,使得 CMOS 数据无法保存。

3. 计算机频繁死机,在进行 CMOS 设置时也会出现死机现象

在 CMOS 里发生死机现象,一般为主板或 CPU 有问题,如若按下面的方法不能解决故障,那就只有更换主板或 CPU 了。

出现此类故障一般是由于主板 Cache 有问题或主板设计散热不良引起的。在计算机死机后触摸 CPU 周围主板元件,发现其非常烫手。在更换大功率风扇之后,死机故障得以解决。对于 Cache 有问题的故障,可以进入 CMOS 设置,将 Cache 禁止后即可顺利解决问题。当然,Cache 禁止后速度肯定会受到影响。

项 目 小 结

本项目对主板的组成结构、相关技术、主要性能指标和选购技巧等做了比较详细的讲解。计算机系统中其他部件的选购都是围绕主板而搭建的,因此必须了解主板的组成结构、主要性能指标是主板选购时应重点考虑的因素。

实 训 练 习

(1)目前,市场上的主板使用哪些芯片组?和不同厂商的 CPU 如何搭配?

(2)选择某主板,读懂说明书,掌握跳线的方法。

(3)通过市场调查,了解不同主板的型号、价格等信息,能够根据不同的应用要求或者价格档次选购合适的主板。

课 后 习 题

(1)简述主板的结构。

(2)什么是南桥芯片?什么是北桥芯片?它们的作用是什么?

(3)选购主板时应注意哪些事项?

项目 3

选购 CPU 和内存

项目学习目标

- 了解 CPU 的发展历程、性能指标；
- 能够选购 CPU 及散热片；
- 了解内存的分类、主要性能指标；
- 熟悉内存的物理结构、内存芯片的封装方式；
- 能够选购合适的内存。

案例情景

在前一个项目中,张先生已经选好了主板,接着销售人员帮助张先生选购 CPU 和内存。

项目需求

CPU 是计算机系统最重要的部件,主要由运算器和控制器组成。CPU 是决定一台计算机性能最关键和最具代表性的部件,一般会用 CPU 的档次来判定计算机的档次。内存是计算机系统中非常重要的组成部分,是标志计算机系统性能的重要标准之一。张先生应当充分掌握 CPU 的相关性能指标、内存的相关性能指标,学会如何选购 CPU 和内存。

实施方案

(1) 了解 CPU,选购 CPU;
(2) 了解内存,选购内存。

任务 3.1   选购 CPU

任务描述

CPU 采用了超大规模集成电路技术及先进的封装技术将运算器、控制器、内部寄存器、高速缓存集成为一块芯片,它是计算机的核心部件,也是计算机中相对技术含量最高的一个部件。

实施过程

(1) 深入了解 CPU；

(2) 选购 CPU；

(3) 选购 CPU 散热片；

(4) 更新或升级 CPU。

CPU(Central Processing Unit)，也称为中央处理器，是计算机的运算核心和控制核心。其功能主要是解释计算机指令以及处理计算机软件中的数据。CPU 由运算器、控制器和寄存器及实现它们之间联系的数据、控制及状态的总线构成。

3.1.1 深入了解 CPU

1. 基本结构

CPU 包括运算逻辑部件、寄存器部件和控制部件等。

1) 运算逻辑部件

运算逻辑部件可以执行定点或浮点算术运算操作、移位操作以及逻辑操作，也可执行地址运算和转换。

2) 寄存器部件

寄存器部件包括通用寄存器、专用寄存器和控制寄存器。通用寄存器又可分为定点数和浮点数两类，它们用来保存指令执行过程中临时存放的寄存器操作数和中间（或最终）的操作结果。通用寄存器是中央处理器的重要组成部分，大多数指令都要访问到通用寄存器。通用寄存器的宽度决定计算机内部的数据通路宽度，其端口数目往往可影响内部操作的并行性。专用寄存器是为了执行一些特殊操作所用的寄存器。

3) 控制部件

控制部件主要是负责对指令译码，并且发出为完成每条指令所要执行的各个操作的控制信号。其结构有两种：一种是以微存储为核心的微程序控制方式；一种是以逻辑硬布线结构为主的控制方式。微存储中保持微码，每一个微码对应于一个最基本的微操作，又称微指令；各条指令是由不同序列的微码组成，这种微码序列构成微程序。中央处理器在对指令译码以后，即发出一定时序的控制信号，按给定序列的顺序以微周期为节拍执行由这些微码确定的若干个微操作，即可完成某条指令的执行。简单指令是由 3～5 个微操作组成，复杂指令则要由几十个微操作甚至几百个微操作组成。

2. 基本工作原理

CPU 运行的过程是把存储器中预先编制、保存的指令一条一条地取出来，译码后根据不同指令和不同寻址方式，从指定位置取得（或直接得到）操作数，完成指定的运算，并将结果放到指定位置。

一条指令通常分成操作码和操作数两大部分。操作码表示计算机执行什么操作，操作数表示参加操作的数本身或操作数所在的地址。CPU 能直接执行的指令以二进制编码形式表示，称为机器指令。为了便于记忆和理解，用助记符（英语单词的某种缩写形式）代替操作码，操作数也按规定的寻址方式，这样形成的指令称为汇编语言指令，即机器指令与汇编指令是一一对应的。进而用更接近自然的语言来代替一条或数条汇编指令,这样就形成了高级编程语言。但无论任何语言编制的程序都必须翻译成处理器能识别的二进制编码才能执行。

CPU 中包含有算术逻辑单元(ALU)、寄存器和控制电路等部件。存储器中的指令经外部总线读到指令队列缓冲器中,经译码后产生相应的控制信号,控制 ALU 完成相应的算术运算、逻辑运算、移位运算和判断转移等操作。寄存器用于存放各操作所需数据或数据地址、中间结果、状态标志信号。

3. 接口标准

由于生产 CPU 时,生产厂商使用的封装技术不同,CPU 的接口标准也就有所差异。常见的 CPU 接口有卡匣式、针脚式和触点式。

卡匣式即单边接触连接(Single Edge Contact Connector,SECC),SECC 封装方式在 Pentium Ⅱ 时期使用较多,CPU 使用 528 针脚的 PLGA(网格阵列)封装,并焊接在 PCB 板上。最特殊的是 PCB 板上不单单是 CPU,而且还焊接有 TAG RAM(L2 Cache 的管理和控制芯片)以及 L2 Cache PU,和二级缓存之间靠一条高速的总线连接,从而提高了 CPU 的性能。整体封装在一个有金属外壳的单边接触盒中,另外还有一个散热风扇。CPU 在插槽里插拔时,类似于一块接口卡在扩展槽里插拔,需要用力插紧或拔出。

针脚式采用零阻力拉杆(Zero Insertion Force,ZIF),拉杆抬起时,CPU 可轻松放入插座或取出,把拉杆按下时即能紧固。CPU 接口类型的命名习惯用针脚数量来表示。针脚是处理器接口的一种形式。

触点式是将 CPU 上的金属触点正确压在插座上露出来的具有弹性的触须上,用一个安装扣架固定,取时则要解开扣架。随着 CPU 频率的上升和功能的增加,CPU 的针脚也随之增加。但当处理器频率增加到一定程度,针脚增加到一定数量时,处理器运行在高频时会产生大量信噪,造成信号干扰,而这些干扰会影响到 CPU 的正常工作。为了有效克服针脚接触造成的信号干扰,Intel 发布了 Socket 775 接口的处理器。Socket 775 接口处理器的底部没有传统的针脚,而代之以 775 个触点,通过与对应的主板上的 Socket 775 插槽内的 775 根触针接触来传输信号,这样一来干扰少了,CPU 可以设计得更强劲,频率也更高了。

4. CPU 分类

(1) 按 CPU 的生产厂商分类:Intel CPU 和 AMD CPU。

(2) 按 CPU 的核心数量分类:单核心 CPU、双核心 CPU、四核心 CPU 和多核 CPU。

(3) 按 CPU 的应用分类:桌面式 CPU、服务器 CPU 和移动 CPU。

5. 发展历史

计算机的发展主要表现在其核心部件——CPU 的发展上,每当一款新型的 CPU 出现时,就会带动计算机系统的其他部件的相应发展,如计算机体系结构的进一步优化,存储器存取容量的不断增大、存取速度的不断提高,外围设备的不断改进以及新设备的不断出现等。根据 CPU 的字长和功能,可将其发展划分为以下几个阶段。

1) 第 1 阶段(1971—1973 年)

第 1 阶段是 4 位和 8 位低档微处理器时代,通常称为第 1 代,其典型产品是 Intel 4004

和 Intel 8008 微处理器以及分别由它们组成的 MCS-4 和 MCS-8 微机。基本特点是采用
PMOS 工艺,集成度低(4000 个晶体管/片),系统结构和指令系统都比较简单,主要采用
机器语言或简单的汇编语言,指令数目较少(20 多条指令),基本指令周期为 $20\sim50\mu s$,用
于简单的控制场合。

Intel 在 1969 年着手开发第一款微处理器,为一系列可程式化计算机研发多款晶片。
最终,Intel 在 1971 年 11 月 15 日向全球市场推出 4004 微处理器。Intel 4004 是 Intel 的
第一款微处理器,含有 2300 个晶体管,时钟频率为 1MHz,用于计算器上。它的功能不
全、实用价值不大,但为微型计算机的发展开辟了一条崭新的途径。

2) 第 2 阶段(1974—1977 年)

第 2 阶段是 8 位中高档微处理器时代,通常称为第 2 代,其典型产品是 Intel8080/
8085、Motorola 公司、Zilog 公司的 Z80 等。它们的特点是采用 NMOS 工艺,集成度提高
约 4 倍,运算速度提高约 $10\sim15$ 倍(基本指令执行时间为 $1\sim2\mu s$),指令系统比较完善,
具有典型的计算机体系结构和中断、DMA 等控制功能。软件方面除了汇编语言外,还有
BASIC、FORTRAN 等高级语言和相应的解释程序和编译程序,在后期还出现了操作
系统。

1974 年,Intel 推出 8080 处理器,并作为 Altair 个人计算机的运算核心,Intel 8080 晶
体管数目约为 6000 个。

3) 第 3 阶段(1978—1984 年)

第 3 阶段是 16 位微处理器时代,通常称为第 3 代,其典型产品是 Intel 公司的 8086/
8088,Motorola 公司的 M68000,Zilog 公司的 Z8000 等微处理器。其特点是采用 HMOS
工艺,集成度(20 000~70 000 晶体管/片)和运算速度(基本指令执行时间是 $0.5\mu s$)都比
第 2 代提高了一个数量级。指令系统更加丰富、完善,采用多级中断、多种寻址方式、段式
存储机构、硬件乘除部件,并配置了软件系统。

1978 年 6 月,Intel 公司推出了 16 位微处理器 Intel 8086,如图 3.1 所示。1979 年
6 月,Intel 公司推出了 Intel 8088,内含 29 000 个晶
体管,主频为 4.77MHz,它的内部数据总线为 16 位,
外部数据总线为 8 位,属于准 16 位微处理器,地址总
线为 20 位,寻址范围为 1MB 内存。1981 年,IBM 公
司用 Intel 8088 芯片首先推出准 16 位 IBM PC,开创
了全新的计算机时代。

图 3.1 Intel 8086 处理芯片

1982 年,Intel 公司推出全 16 位微处理器芯片 Intel 80286,内含 13.4 万个晶体管。
80286 芯片内部和外部数据总线都为 16 位,地址总线 24 位,可寻址 16MB 内存,时钟频
率为 6~20M。1984 年,IBM 公司以 Intel 80286 芯片为 CPU,推出 IBM-PC/AT。

4) 第 4 阶段(1985—1992 年)

第 4 阶段是 32 位微处理器时代,又称为第 4 代,其典型产品是 Intel 公司的 80386/
80486,Motorola 公司的 M69030/68040 等。其特点是采用 HMOS 或 CMOS 工艺,集成
度高达 100 万个晶体管/片,具有 32 位地址线和 32 位数据总线。每秒钟可完成 600 万条
指令(Million Instructions Per Second,MIPS)。微型计算机的功能已经达到甚至超过超

级小型计算机,完全可以胜任多任务、多用户的作业。同期,其他一些微处理器生产厂商(如 AMD、TEXAS 等)也推出了 80386/80486 系列的芯片。

1985 年 10 月,Intel 公司推出全 32 位微处理器芯片 Intel 80386,如图 3.2 所示,内含 27.5 万个晶体管。80386 内部和外部数据总线都为 32 位,地址总线也是 32 位,可寻址 4GB 内存,时钟频率为 12.5～33M。这款 32 位处理器首次支持多任务设计,能同时执行多个程序。

1989 年 4 月,Intel 公司推出 Intel 80486,如图 3.3 所示,内含 120 万个晶体管。32 位微处理器,时钟频率为 25～50M,带有 8K 的 L1 Cache 及浮点运算单元。

图 3.2　Intel 80386

图 3.3　Intel 80486

5) 第 5 阶段(1993—2005 年)

第 5 阶段是奔腾(Pentium)系列微处理器时代,通常称为第 5 代,典型产品是 Intel 公司的奔腾系列芯片及与之兼容的 AMD 的 K6 系列微处理器芯片。内部采用了超标量指令流水线结构,并具有相互独立的指令和数据高速缓存。随着 MMX 微处理器的出现,使微型计算机的发展在网络化、多媒体化和智能化等方面跨上了更高的台阶。

1993 年,Intel 公司推出 Intel Pentium,采用 0.8um 制造工艺,早期 Pentium 工作在与系统总线相同的 66M 和 60M 频率下,没有倍频设置。

1994 年,Intel 公司推出 Intel Pentium Pro,含 550 万个晶体管,时钟频率为 133MHz。首次将二级缓存整合到 CPU 上,工作频率与 CPU 时钟频率相同,一级缓存为 16KB,8KB 用于数据,8KB 用于指令,二级缓存为 256KB,系统总线为 60/66M,$0.35\mu m$ 制造工艺,支持所有以前的 Pentium 指令。

1997 年 1 月 8 日,Intel 公司推出 Intel Pentium MMX,如图 3.4 所示,含 450 万个晶体管。它支持 MMX 多媒体新指令集,在 x86 指令集中加入了 57 条新指令,用于高效的处理图形、视频、音频数据,内部 Cache 为 32KB,$0.35\mu m$ 制造工艺,采用双电压设计,内核电压为 2.8V,系统 I/O 电压为 3.3V,时钟频率为 166～233M,总线频率为 66M。

图 3.4　Intel Pentium MMX

1997 年 4 月 2 日,AMD 抢在 Intel 发布 PⅡ CPU 之前推出 AMD K6 处理器,由于其性能与 PⅡ 不相上下,而价格却比 PⅡ 低了不少,因而获得了极大成功。

1997 年 5 月 7 日,Intel 公司推出 Intel PentiumⅡ,如图 3.5 所示。750 万个晶体管,带有 MMX 指令,采用 SECC 卡匣式封装,内建了高速快取记忆体,核心电压为 2.0V,

0.25μm 制造工艺,采用 Slot1 架构,工作在 66/100M 外频,频率为 233～450M。

1999 年 2 月 22 日,AMD 发布 K6-Ⅲ 400MHz CPU,如图 3.6 所示,集成 2300 万个晶体管,采用 Socket 7 结构。

图 3.5 Intel Pentium Ⅱ

图 3.6 K6-Ⅲ

1999 年 2 月 26 日,Intel 公司推出了 Pentium Ⅲ CPU 芯片,它的集成度达到 800 万个晶体管,0.18μm 制造工艺。Pentium Ⅲ 处理器加入 70 个新指令,加入网际网络串流 SIMD 延伸集,称为 MMX,能大幅提升先进影像、3D、串流音乐、影片、语音辨识等应用的性能。Pentium Ⅲ CPU 有两种:一种是为了能够让 Pentium Ⅱ 的用户直接升级到 Pentium Ⅲ,采用 Slot1 架构的 CPU,如图 3.7 所示;另一种是用户可以直接使用的,采用 Socket 架构的 CPU,如图 3.8 所示。

图 3.7 Slot1 架构的 Pentium Ⅲ

图 3.8 Socket 架构的 Pentium Ⅲ

1999 年 6 月 23 日,AMD 推出 AMD Athlon(K7)处理器,如图 3.9 所示,其超标量浮点单元及 200MHz 系统总线使其性能达到了以前 x86 处理器从未达到的水平。

2000 年 6 月,Intel 公司又推出了 Pentium 4 CPU 芯片,Netburst 结构的 Pentium 4 起始频率为 1.4GHz。

2001 年 8 月 20 日,AMD 公司推出 Athlon 4 及 Duron 芯片系列的新产品,Duron 处理器如图 3.10 所示。

图 3.9 AMD Athlon

图 3.10 Duron

2001 年 8 月 28 日，Intel 正式发布了代号为 Willamette 的 P4 CPU，最高频率为 2GHz，采用 0.18μm 制造工艺。

2001 年 10 月 8 日，AMD 宣布推出 AthlonXP 处理器系列，它采用专业 3D Now! 指令集，在封装上采用 OPGA（有机管脚阵列），在性能和性价比方面都超过同频率的 Intel 处理器。

2002 年 1 月 7 日，Intel 正式发布了代号为 Northwood 的 P4 CPU，起始频率为 2GHz，采用 0.13μm 铜制造工艺。

2002 年 3 月，AMD 公司正式展示其基于 Thoroughbred 核心的 AthlonXP2800＋处理器，采用 0.13μm 制造工艺。

2003 年 9 月，AMD 公司发布了 Athlon 64 位处理器。AMD Athlon 64 FX 处理器既可以确保 32 位应用程序能够发挥卓越的性能，也可以支持 64 位软件，是可以同时支持 32 位及 64 位计算的个人计算机处理器。

6）第 6 阶段（2005 年至今）

第 6 阶段是酷睿（core）系列微处理器时代，通常称为第 6 代。"酷睿"是一款领先节能的新型微架构，设计的出发点是提供卓然出众的性能和能效，提高每瓦特性能，也就是所谓的能效比。早期的酷睿是基于笔记本处理器的。酷睿 2（Core 2 Duo）是 Intel 在 2006 年推出的新一代基于 Core 微架构的产品体系统称，于 2006 年 7 月 27 日发布。酷睿 2 是一个跨平台的构架体系，包括服务器版、桌面版和移动版三大领域。其中，服务器版的开发代号为 Woodcrest，桌面版的开发代号为 Conroe，移动版的开发代号为 Merom。

酷睿 2 处理器的 Core 微架构是 Intel 的以色列设计团队在 Yonah 微架构基础之上改进而来的新一代 Intel 架构。最显著的变化在于在各个关键部分进行强化。为了提高两个核心的内部数据交换效率，采取共享式二级缓存设计，两个核心共享高达 4MB 的二级缓存。

SNB（Sandy Bridge）是 Intel 在 2011 年年初发布的新一代处理器微架构，这一构架的最大意义莫过于重新定义了"整合平台"的概念，与处理器"无缝融合"的"核芯显卡"终结了"集成显卡"的时代。这一创举得益于全新的 32nm 制造工艺。由于 Sandy Bridge 构架下的处理器采用了比之前的 45nm 工艺更加先进的 32nm 制造工艺，理论上实现了 CPU 功耗的进一步降低，以及其电路尺寸和性能的显著优化，这就为将整合图形核心（核芯显卡）与 CPU 封装在同一块基板上创造了有利条件。此外，第二代酷睿还加入了全新的高清视频处理单元。视频转解码速度的高与低跟处理器是有直接关系的，由于高清视频处理单元的加入，新一代酷睿处理器的视频处理时间比老款处理器至少提升了 30％。

在 2012 年 4 月 24 日下午北京天文馆，Intel 正式发布了 ivy bridge（IVB）处理器。22nm Ivy Bridge 会将执行单元的数量翻一番，达到最多 24 个，带来了性能上的进一步跃进。Ivy Bridge 会加入对 DX11 支持的集成显卡。另外，新加入的 XHCI USB 3.0 控制器则共享其中 4 条通道，从而提供最多 4 个 USB 3.0，从而支持原生 USB3.0。CPU 的制作采用 3D 晶体管技术，耗电量会减少一半。

6. 性能指标

CPU 主要的性能指标有以下几项。

1）频率

① 主频。是 CPU 内核运行时的时钟频率，即 CPU 的时钟频率。一般来说，主频越高，CPU 的速度就越快，但并不成正比。CPU 的运算速度与其内部架构、缓存、指令集、超线程技术等多种因素有关。

② 外频。又称为外部时钟频率，是 CPU 及主板总线的基准频率。外频越高，CPU 的运算速度越快。外频是制约系统性能的重要指标。

③ 前端总线频率 FSB。是 CPU 和北桥芯片之间的通道，负责 CPU 与北桥芯片之间的数据传输。在 AMD 的雷鸟系列 CPU 发布以前，CPU 的外频和前端总线保持一致。目前，为了提高 CPU 与内存之间的数据传输，FSB 频率能够达到物理工作频率（即外频）的整数倍。

④ 倍频。指 CPU 的主频和系统总线（外频）间相差的倍数。由于 CPU 的工作频率比主板频率高得多，因此采用了倍频技术，使 CPU 主频为外频的数倍。倍频越高，主频就越高。

在 286 时代还没有倍频的概念，CPU 的主频和系统总线的速度一样。随着计算机技术的发展，内存、主板和硬盘等硬件设备逐渐跟不上 CPU 速度的发展，而 CPU 的速度理论上可以通过倍频无限提升，CPU 主频＝外频×倍频。

⑤ 超频。在倍频一定的情况下，要提高 CPU 的运行速度，只能通过提高 CPU 外频来实现。在外频一定的情况下，提高倍频也可以提高计算机的运行速度。所谓的"超频"，就是通过提高外频或倍频实现的。CPU 超频就是提高 CPU 的工作频率，也就是 CPU 的主频。在产品印记上（或说明书中）可以查到 CPU 的主频，它是在出厂前用专门工具测试出来的稳定工作的频率（保存于芯片内部的 CPUID 数据中），称为额定频率。为保证质量可靠，额定频率一般比能承受的最高频率要低。CPU 的主频实际上由主板上的基准时钟脉冲控制，在 CPU 内通过倍频器将基准频率提高若干倍，使 CPU 运行在很高的主频上，这就是前面谈到的主频与外频的关系，即主频＝倍频×外频，这里"倍频"即 CPU 倍频器改变的频率倍数，外频即主板上的基准频率。因此，可以通过提高外频或者倍频来提高 CPU 主频。

2）高速缓存

高速缓存（Cache）是指在 CPU 与内存之间设置的缓冲存储器，由结构复杂的静态 RAM 组成，存取速度极快，基本与 CPU 读写速度同步。由于 CPU 的运行频率远高于内存，在 CPU 与内存交换数据时，CPU 大部分时间处于等待状态，设置了高速缓存就能大大加快 CPU 与内存之间传输数据的速度，从而大大提高 CPU 的运行效率。

CPU 会将首次访问的内存某单元及其相邻单元的数据块（称为活动块）放在高速缓存中，而 CPU 要存取的下一批数据往往（可能性一般在 90% 以上）就在这些单元中，这样只须访问高速缓存即可，不用访问速度较慢的内存。若高速缓存中没有 CPU 要访问的目标单元，则把高速缓存的内容写回内存原处，再把新的数据块放在高速缓存中。高速缓存又分为 L1、L2 及 L3 三级缓存。L1 和 L2 的容量和工作速率对提高计算机速度起关键作用。

① L1 Cache（一级缓存）。CPU 的第一层高速缓存，分为数据缓存和指令缓存。内

置 L1 的容量和结构对 CPU 的性能影响较大。由于高速缓存一般由静态 RAM 组成,结构复杂,在 CPU 体积不能太大的情况下,L1 的容量不可能做得太大,一般用 Kb 作为衡量单位。

② L2 Cache(二级缓存)。CPU 的第二层高速缓存,分为内部和外部两种芯片。内部芯片的运行速度与主频相当,而外部的二级缓存则只有主频的一半。L2 的容量也会影响 CPU 的性能,原则是越大越好,目前用 MB 作为衡量单位。

③ L3 Cache(三级缓存)。分为两种,早期的是外置的,目前基本上都是内置的。L3 的应用可以进一步降低内存延迟,同时提升大数据量计算时处理器的性能。L3 其实只起到了一个辅助的作用,除了服务器外,对普通用户的作用不大。但如果运行大型程序或游戏,三级缓存就显得重要了。

3) 字长

字长指 CPU 一次能同时处理的二进制数的位数,是由 CPU 内部算术逻辑单元的位数、通用寄存器位数、总线位数及指令长度决定的。字长越长,则一次能处理的数据位数越长(或数据个数越多),寻址空间越大,且指令编码位越宽(指令种类多)。从 80386 开始,CPU 字长达到 32 位。目前 Intel 和 AMD 公司采用各自的 64 位技术实现了 64 位字长的 CPU。

4) 生产工艺

通常可以在 CPU 性能列表上看到生产工艺一项,生产工艺指的是在生产 CPU 过程中,要加工各种电路和电子元件,制造导线连接各个元器件,生产的精度以微米或纳米表示,以此来体现集成电路中导线的宽度。生产工艺的数据越小,表明 CPU 的生产技术越先进,可以拥有密度更高、功能更复杂的电路设计,在同样的材料中可以制造更多的电子元件,连接线也越细,提高 CPU 的集成度,CPU 的功耗也越小。

提高处理器的制造工艺具有重大的意义,因为更先进的制造工艺会在 CPU 内部集成更多的晶体管,使处理器实现更多的功能和更高的性能;更先进的制造工艺会使处理器的核心面积进一步减小,也就是说在相同面积的晶圆上可以制造出更多的 CPU 产品,直接降低了 CPU 的产品成本,从而最终会降低 CPU 的销售价格使广大消费者得利;更先进的制造工艺还会减少处理器的功耗,从而减少其发热量,解决处理器性能提升的障碍。处理器自身的发展历史也充分说明了这一点,先进的制造工艺使 CPU 的性能和功能一直增强,而价格则一直下滑,也使得计算机从以前大多数人可望而不可即的奢侈品变成了现在所有人的日常消费品和生活必需品。

5) 多核心 CPU

多核心 CPU 是指把多个处理器核心整合入一个 CPU 中。由于单纯提高主频对提高 CPU 运算速度的效果越来越不明显,且高功耗带来的散热问题难以解决,Intel 和 AMD 都不约而同地投向了多核心的发展方向。多核心 CPU 相当于多个 CPU 同时工作,提高了处理数据的吞吐量,使 CPU 处理数据的能力明显提升。

与此相关的是超线程技术(Hyper Threading,HT),就是利用特殊的硬件指令,把两个逻辑内核模拟成两个物理芯片,让单个处理器都能使用线程级并行计算,进而兼容多线程操作系统和软件,减少了 CPU 的闲置时间,提高了 CPU 的运行效率。超线程技术实际上使一个处理器同时执行两个独立的指令流,相当于把一个处理器模拟成两个。

6) 扩展指令集

CPU 的指令来自计算和控制系统,每款 CPU 在设计时就规定了一系列与其硬件电路相配合的指令系统。指令的种类多、功能强,可以大幅提高 CPU 运行效率,特别是某些专门的任务,包括财务、工程方面的高精度浮点数操作;多媒体处理方面的音频、视频压缩格式的播放;图形图像处理方面的 3D 图形及动画制作;Internet 上的流媒体在线播放等。指令的强弱也是 CPU 的重要指标,指令集是提高微处理器效率的最有效工具之一。

从现阶段的主流体系结构讲,指令集可分为复杂指令集和精简指令集两部分。而从具体运用看,Intel 的 MMX、SSE、SSE2、SSE3、SSE4 系列和 AMD 的 3DNow! 等都是 CPU 的扩展指令集,分别增强了 CPU 的多媒体、图形图像和 Internet 等的处理能力。另外,EM64T(Extended Memory 64 Technology)和 x86-64(也称为 AMD64)是支持 64 位指令和 64 位运算的指令集。

通常会把 CPU 的扩展指令集称为"CPU 的指令集"。SSE3 指令集是规模最小的指令集,MMX 包含有 57 条命令,SSE 包含有 50 条命令,SSE2 包含有 144 条命令,SSE3 包含有 13 条命令。

(1) MMX。Intel 公司开发的多媒体扩充指令集,共有 57 条指令,该技术一次能处理多个数据。通常用于动画再生、图像加工和声音合成等处理。

(2) 3DNOW!。AMD 公司在 K6-2、K6-Ⅲ 和 K7 处理器中采用的技术,也是为了处理多媒体而开发的。3DNOW!技术实际上是指一组机器码级的扩展指令集(共 21 条指令)。这些指令仍然以 SIMD(单指令多数据技术)的方式实现一些浮点运算、整数运算、数据预取等功能。而这些运算类型(尤其是浮点运算)是从成百上千种运算类型中精算出来的,在 3D 处理中最常用。

(3) SSE。SSE(Streaming SIMD Extensions)指令集指 Intel 在 Pentium Ⅲ 处理器中添加的 70 条新的指令,又称为"MMX 2 指令集"。它可以增强三维和浮点运算能力,并让原来支持 MMX 的软件运行得更快。SSE 指令可以兼容以前所有的 MMX 指令,新指令还包括浮点数据类型的 SIMD,CPU 会并行处理指令,因而在软件重复做某项工作时可以发挥很大优势。

(4) SSE2。SSE 2 指令集集成在 Intel 的 Pentium 4 中,以加快 3D、浮点以及多媒体程序代码的运算性能。该指令集内包括 144 条指令,这些指令提高了应用程序的运行性能。Intel 是从 Willamette 核心的 Pentium 4 开始支持 SSE2 指令集的,而 AMD 则是从 K8 架构的 SledgeHammer 核心的 Opteron 开始才支持 SSE2 指令集的。

(5) SSE3。SSE3 指令集是 Intel 公司在 SSE2 指令集的基础上发展起来的。相对于 SSE2,SSE3 在 SSE2 的基础上又增加了 13 个额外的 SIMD 指令。SSE3 中 13 个新指令的主要目的是改进线程同步和特定应用程序领域。这些新增指令强化了处理器在浮点转换至整数、复杂算法、视频编码、SIMD 浮点寄存器操作以及线程同步 5 个方面的表现,最终达到提升多媒体和游戏性能的目的。Intel 是从 Prescott 核心的 Pentium 4 开始支持 SSE3 指令集的,而 AMD 则是从 2005 年下半年 Troy 核心的 Opteron 开始才支持 SSE3 的。但是需要注意的是,AMD 所支持的 SSE3 与 Intel 的 SSE3 并不完全相同,主要是删除了针对 Intel 超线程技术优化的部分指令。

（6）SSE4。SSE4 指令集实际包括 SSE4.1 和 SSE4.2 指令集。SSE4.1 版本的指令集有 47 条指令，主要针对向量绘图运算、3D 游戏加速、视频编码加速及协同处理的加速。SSE4.2 是在 SSE4.1 指令集的基础上新增的 7 组指令，主要针对加快处理器的多媒体处理，字符串和文本处理指令应用。SSE4 的两个子集 SSE4.1 和 SSE4.2 共包含 54 条指令，主要分为两类：矢量化编译器和媒体加速器，以及高效加速字符串和文本处理。矢量化编译器和媒体加速器可提供高性能的编译器函数库。此外，它还包括高度优化的媒体相关运算。矢量化编译器和媒体加速器指令可改进音频、视频和图像编辑应用、视频编码器、3D 应用和游戏的性能。高效加速字符串和文本处理包含多个压缩字符串比较指令，允许同时运行多项比较和搜索操作。

7）封装

封装是指安装半导体集成电路芯片用的外壳，通过芯片上的接点用导线连接到封装外壳的引脚上，这些引脚又通过印刷电路板上的插槽与其他器件相连接。它起着安装、固定、密封、保护芯片及增强电热性能等方面的作用，而且是沟通芯片内部与外部电路的桥梁，其复杂程度很大程度上决定了处理器的结构特性。

8）虚拟化技术

虚拟化是一个广义的术语，在计算机方面通常是指计算元件在虚拟的基础上而不是真实的基础上运行。CPU 的虚拟化技术可以单 CPU 模拟多 CPU 并行，允许一个平台同时运行多个操作系统，并且应用程序都可以在相互独立的空间内运行而互不影响，从而显著提高计算机的工作效率。

虚拟化技术与多任务以及超线程技术是完全不同的。多任务是指在一个操作系统中多个程序同时并行运行，而在虚拟化技术中则可以同时运行多个操作系统，而且每一个操作系统中都有多个程序运行，每一个操作系统都运行在一个虚拟的 CPU 或者是虚拟主机上；而超线程技术只是单 CPU 模拟双 CPU 来平衡程序运行性能，这两个模拟出来的 CPU 是不能分离的，只能协同工作。

CPU 的虚拟化技术是一种硬件方案，支持虚拟技术的 CPU 带有特别优化过的指令集来控制虚拟过程，通过这些指令集很容易提高性能，相比软件的虚拟实现方式会在很大程度上提高性能。虚拟化技术可提供基于芯片的功能，借助兼容虚拟机软件能够改进纯软件解决方案。由于虚拟化硬件可提供全新的架构，支持操作系统直接在上面运行，从而无需进行二进制转换，减少了相关的性能开销。CPU 的虚拟化技术除支持广泛的传统操作系统之外，还支持 64 位客户操作系统。虚拟化技术是一套解决方案。完整的情况需要 CPU、主板芯片组、BIOS 和软件的支持。

7. 主流产品

全球微型机 CPU 的生产厂家主要是美国的 Intel 公司和 AMD 公司。另外，曾经占有相当市场份额的 Cyrix 公司已被我国台湾的威盛公司收购，其 CPU 产品主要应用于嵌入式计算机、便携式计算机及游戏机。

Intel 公司的主流产品系列：酷睿 i7 系列、酷睿 i5 系列、酷睿 i3 系列、奔腾双核系列、赛扬双核系列、酷睿 2 双核系列、酷睿 2 四核系列……。

AMD 公司的主流产品系列：FX 系列、速龙 Ⅱ X4 系列、A8 系列、羿龙 Ⅱ 四核系列、速龙 Ⅱ X2 系列、A6 系列、速龙双核系列、A4 系列、羿龙 Ⅱ X6 系列、速龙 Ⅱ X3 系列、羿龙 Ⅱ X2 系列、闪龙系列、羿龙三核系列、……

3.1.2 选购 CPU

台式机 CPU 的生产厂家很少，目前只有 Intel 和 AMD 两大公司品牌。其中 Intel 以品牌、稳定性和兼容性取胜，AMD 以性能高、价格低取胜。

由于两家公司的 CPU 商品名称及型号很多，可以根据前面所述的 CPU 性能指标值和新产品趋势来比较、判断其特性。需要注意的是，CPU 某些性能的发挥需要配套的软硬件环境，包括配套的主板、内存等硬件和操作系统软件。对于需要配套的硬件各部件，一般先确定 CPU、内存条和显卡等，最后再选择、确定主板。用户选购 CPU 应当注意以下几点。

1. 适用类型

CPU 适用类型是指该处理器所适用的应用类型，针对不同用户的不同需求、不同应用范围，CPU 被设计成各不相同的类型，即分为嵌入式和通用式、微控制式。嵌入式 CPU 主要用于运行面向特定领域的专用程序，配备轻量级操作系统，其应用极其广泛，像手机、DVD 和机顶盒等都是使用嵌入式 CPU。微控制式 CPU 主要用于汽车空调、自动机械等自控设备领域。而通用式 CPU 追求高性能，主要用于高性能个人计算机系统（即 PC）、服务器（工作站）以及笔记本三种。

在选购整机尤其是有特定功能的计算机时，需要注意 CPU 的适用类型，选用不适合的 CPU 类型，一方面会影响整机的系统性能，另一方面会加大计算机的维护成本。单独选购 CPU 时也要注意 CPU 的适用类型，建议按照具体应用的需求来购买 CPU。

2. 系列型号

CPU 厂商会根据 CPU 产品的市场定位来给属于同一系列的 CPU 产品确定一个系列型号，以便于分类和管理。一般而言，系列型号可以说是用于区分 CPU 性能的重要标识。

早期的 CPU 系列型号并没有明显的高低端之分。随着 CPU 技术的发展，Intel 和 AMD 两大 CPU 生产厂商出于细分市场的目的，都不约而同地将自己旗下的 CPU 产品细分为高低端，从而以性能高低来细分市场。而高低端 CPU 系列型号之间的区别一般表现在二级缓存容量、外频、前端总线频率、支持的指令集以及支持的特殊技术等几个重要方面，用户也可以认为低端 CPU 产品就是高端 CPU 产品的简化版。

在购买 CPU 产品时需要注意的是，以系列型号来区分 CPU 性能的高低也只对同时期的产品才有效，任何事物都是相对的，今天的高端就是明天的中端、后天的低端。用户购买时不用盲目地追求高端。一般情况下，应选购性价比高且属于市场主流的产品。除非是有专门需求，否则一般不宜选购高端产品。另外，对于处于市场低端、即将淘汰的产品，其相应配套部件在市场上也很难找到，考虑以后的维修维护问题，建议原则上不选购。

3.1.3 选购 CPU 散热片

散热对于 CPU 的正常工作至关重要。随着 CPU 性能的不断提高,其功耗也不断增大,由此带来的发热问题会造成系统不稳定、死机,甚至烧毁 CPU。高温也会缩短电子元器件的寿命。曾经是 CPU 三大品牌之一的 Cyrix 就是由于无法解决 CPU 的发热问题而淘汰出局。发热问题成为发展更高主频 CPU 的瓶颈。

解决的方法分为两方面:一方面是降低 CPU 功耗,主要靠降低 CPU 核心电压及节能技术,这在很大程度上体现了生产商的工艺和技术,事实上从 CPU 的工作电压上就可

以看出其性能,即电压越低,产品越新,性能也越高。另一方面是外部散热,主要靠安装散热片和风扇,如图 3.11 所示。散热片主要采用风冷方式,一般来说其底座越厚越好,可以吸收更多的热量。新兴的热管技术是在散热片底座里加入铜管,将热量通过管道带走,如图 3.12 所示。热管技术结合风冷散热,能够达到很好的散热效果,如图 3.13 所示。此外,还有一些用户对 CPU 散热效果要求比较高,使用了水冷散热系统进行 CPU 散热处理,如图 3.14 所示。

图 3.11　CPU 散热片及风扇

用户如果使用水冷散热系统,应当注意水冷系统占用的空间比较多。另外,安装和使用时一定要注意不要损伤水管,一旦水管爆裂,将会损伤硬件。

图 3.12　热管散热器

图 3.13　带有风扇的热管散热器

购买 CPU 时都带有原装散热器,一般是风扇＋散热片。有些硬件经销商为了牟取利润,在用户不仔细观察的情况下浑水摸鱼,将原装散热器更换为劣质散热器,所以用户购买时应仔细查看标签进行核对。计算机使用时间较长,用户不及时清理除尘,CPU 散热器积攒大量灰尘,严重的会导致风扇无法工作,如图 3.15 所示,用户应当更换 CPU 散

图 3.14　CPU 水冷散热系统

图 3.15　积满灰尘的散热器

热器。目前,选购 CPU 散热器以风扇＋散热片为主,购买时主要应考虑风扇的功率(转速)、排风量及噪音、散热片的材质(以铜、铝为主)等指标。

3.1.4 更新或升级 CPU

CPU 的更换与升级主要应考虑 CPU 的接口标准和主板芯片组的支持。另外也应考虑与其他部件性能指标的匹配。

所谓接口标准就是新的 CPU 必须与主板的 CPU 插槽标准一致。但即使其接口和插槽一致,如果主板的芯片组不支持,CPU 也无法正常工作。而且,即使更换或升级的 CPU 可以使系统运行,若其 FSB 频率与主板支持的 FSB 频率、内存的工作频率相差过大,也只能按较低的 FSB 频率运行,这样就不能发挥其特性,造成浪费。

任务 3.2 选 购 内 存

任务描述

内存通常采用大规模及超大规模集成电路工艺制造,具有密度大、体积小、重量轻、存取速度快等特点,是 CPU 可以直接访问的存储器。

实施过程

(1) 深入了解内存;

(2) 选购内存;

(3) 排除内存故障。

存储器可分为主存储器(Main Memory,主存)和辅助存储器(Auxiliary Memory,辅存)。主存储器又称为内存储器(简称内存),辅助存储器又称为外存储器(简称外存)。

3.2.1 深入了解内存

1. 主存储器的分类

主存储器泛指计算机系统中存放数据与指令的半导体存储单元,包括 RAM (Random Access Memory,随机存取存储器)、ROM (Read Only Memory,只读存储器)和 Cache (高速缓冲存储器)等。因为 RAM 是其中最主要的存储器,整个计算机系统的内存容量主要由它的容量决定,所以人们习惯将 RAM 直接称为内存,而后两种仍称为 ROM 和 Cache。在本书中,如果没有特别说明,内存指的是 RAM。

1) ROM

ROM 是计算机厂商用特殊的装置把内容写在芯片中,只能读取,不能随意改变内容的一种存储器,一般用于存放固定的程序,如 BIOS、ROM 中的内容不会因为掉电而丢失。ROM 又分为一次性写入 ROM 和可改写 ROM(Erasable Programmable ROM, EPROM)。ROM 中的信息只能被读出,而不能被操作者修改或删除。与一般的 ROM 相比,EPROM 可以用特殊的装置擦除和重写它的内容。

（1）EPROM

EPROM 芯片上有一个透明窗口，用特殊的装置向芯片写入完毕后，用不透明的标签贴住。如果要擦除 EPROM 中的内容，揭掉标签，用紫外线照射 EPROM 的窗口，EPROM 中的内容就会丢失。

（2）EEPROM（Electrically Erasable Programmable ROM，电擦除可编程只读存储器）

它与 EPROM 非常相似，EEPROM 中的信息也同样可以被抹去，也同样可以写入新的数据。EEPROM 可以用电来对其进行擦写，而不需要紫外线。

（3）Flash Memory（闪速存储器）

主要特点是在不加电的情况下能长期保存存储的信息。就其本质而言，Flash Memory 属于 EEPROM 类型。它既有 ROM 的特点，又有很高的存取速度，而且易于擦除和重写，功耗很小。由于 Flash Memory 的独特优点，可以将 BIOS 存储在其中，使得 BIOS 升级非常方便。

2）RAM

RAM 就是平常所说的内存。系统运行时，将所需的指令和数据从外部存储器（如硬盘、光盘等）调入内存中，CPU 再从内存中读取指令或数据进行运算，并将运算结果存入内存中。RAM 的存储单元根据具体需要可以读出，也可以写入或改写。RAM 只能用于暂时存放程序和数据，一旦关闭电源或发生断电，其中的数据就会丢失。根据其制造原理不同，现在的 RAM 多为 MOS 型半导体电路，分为静态和动态两种。

（1）静态 RAM（Static RAM，SRAM）

SRAM 的一个存储单元的基本结构是一个双稳态电路，由于读、写的转换由写电路控制，所以只要写电路不工作，电路有电，开关就保持现状，不需要刷新，因此 SRAM 又叫静态 RAM。由于这里的开关实际上是由晶体管代替，而晶体管的转换时间一般都小于 20ns，所以 SRAM 的读写速度很快，一般比 DRAM 快 2～3 倍。计算机的外部高速缓存（External Cache）就是 SRAM。但是，这种开关电路需要的元件较多，在实际生产时一个存储单元须由 4 个晶体管和 2 个电阻组成，这样一方面降低了 SRAM 的集成度，另一方面也增加了生产成本。

（2）动态 RAM（Dynamic RAM，DRAM）

DRAM 就是通常所说的内存，它是针对静态 RAM 来说的。SRAM 中存储的数据只要不断电就不会丢失，也不需要进行刷新，而 DRAM 中存储的数据是需要不断地进行刷新的，因为一个 DRAM 单元由一个晶体管和一个小电容组成。

晶体管通过小电容的电压来保持断开、接通的状态，当小电容有电时，晶体管接通表示 1；当小电容没电时，晶体管断开表示 0。但是充电后的小电容上的电荷很快就会丢失，所以需要不断地进行"刷新"。

所谓刷新，就是给 DRAM 的存储单元充电。在存储单元刷新的过程中，程序不能访问它们，在本次访问后，下次访问前，存储单元又必须进行刷新。

所谓内存具有多少纳秒（ns），就是指它的刷新时间。由于电容的充、放电需要时间，所以 DRAM 的读写时间远远慢于 SRAM，其平均读写时间在 60～120ns。但由于它结构简单,所用的晶体管数仅是 SRAM 的 1/4,实际生产时集成度很高,成本也大大低于 SRAM,所以 DRAM 的价格也低于 SRAM,适合作大容量存储器。所以主内存通常采用动态 DRAM,而高速缓冲存储器则使用 SRAM。

DRAM 还应用于显卡、声卡及 CMOS 等设备中,用于充当设备缓存或保存固定的程序及数据。

3)　Cache

高速缓冲存储器的原始意义是指存取速度比内存快的一种 RAM,使用昂贵但速度快的 SRAM 技术。在计算机系统中,介于中央处理器和主存储器之间的高速小容量存储器。高速缓冲存储器和主存储器之间信息的调度和传送是由硬件自动进行的。具体讲解参看本书任务 3.1。

2.　内存的单位

1)　内存的单位

存储器是具有"记忆"功能的设备,它用具有两种稳定状态的物理器件来表示二进制数码 0 和 1,这种器件称为记忆元件或记忆单元。记忆元件可以是磁芯、半导体触发器、MOS 电路或电容器等。位(bit)是二进制数的最基本单位,也是存储器存储信息的最小单位,8 位二进制数称为一个字节(Byte),可以由一个字节或若干个字节组成一个字(Word),字长等于运算器的位数。若干个记忆单元组成一个存储单元,大量的存储单元的集合组成一个存储体(Memory Bank)。为了区分存储体内的存储单元,必须将它们逐一进行编号,称为地址。地址与存储单元之间一一对应,且是存储单元的唯一标志。应注意存储单元的地址和它里面存放的内容完全是两回事。

(1)　位(bit)

位(常用 b 表示)是二进制数的最基本单位,也是存储器存储信息的最小单位。如十进制中的 14 在计算机中就是用 1110 来表示,1110 中的一个 0 或一个 1 就是一位。

(2)　节(Byte)

8 位二进制数称为一个字节(B),内存容量即是指具有多少字节,字节是计算机中最常用的单位。一个字节等于 8 位,即 1B=8b。

存储器可以容纳的二进制信息量称为存储量。在计算机中,凡是涉及数据量的多少时,用的单位都是字节,内存也不例外。不过在数量级方面与普通的计算方法有所不同,1024 字节为 1KB,而不是通常的 1000 为 1K。更高数量级用 1GB=1024MB 表示。目前而言,一般计算机的内存大小都以 MB(有时也省略 B)作为基本的计数单位。

2)　内存的单位换算

计算机的内存容量都很大,一般都以千字节、百万字节、十亿字节或更大的单位来表示。常用的内存单位及其换算如下:

千字节(Kilo Byte,Kb):1KB=1024B

兆字节 (Mega Byte,MB):1MB=1024KB

吉字节(Giga Byte,GB):1GB=1024MB

太字节(Tera Byte,TB):1TB=1024GB

各个单位的关系如下:

$$1TB = 1024GB$$
$$= 1024 \times 1024MB$$
$$= 1024 \times 1024 \times 1024KB$$
$$= 1024 \times 1024 \times 1024 \times 1024B$$
$$= 1024 \times 1024 \times 1024 \times 1024 \times 8b$$

3. 内存的构成

完整的内存是由 PCB 板、SPD 芯片和内存颗粒构成的。

1) PCB 板

PCB(Printed Circuit Board)板,又称为印刷电路板或印制电路板,是电子元器件电气连接的提供者。常见的内存通常采用四层板或六层板。六层板与四层板的区别是在中间,即地线层和电源层之间多了两个内部信号层,比四层板厚一些。

2) SPD

SPD (Serial Presence Detect) 是一个 8 针的 EEPROM 芯片,如图 3.16 所示。容量一般为 256 字节,里面主要保存了该内存条的相关资料,如容量、芯片的厂商、内存模组的厂商、工作速度、是否具备 ECC 校验等。SPD 的内容一般由内存模组制造商写入。支持 SPD 的主板在启动时自动检测 SPD 中的资料,并以此设定内存的工作参数,使之以最佳状态工作,更好地确保系统的稳定。

3) 内存颗粒

内存颗粒,也称为内存芯片或内存晶片,是内存重要的组成部分,如图 3.17 所示。内存颗粒将直接关系到内存容量的大小和内存质量的好坏。因此,一个好的内存必须有良好的内存颗粒作保证。

图 3.16 SPD 芯片

图 3.17   内存颗粒

4. 内存颗粒的封装

内存颗粒封装其实就是内存芯片所采用的封装技术类型,封装就是将内存芯片包裹起来,以避免芯片与外界接触,防止外界对芯片的损害。空气中的杂质和不良气体,乃至水蒸气都会腐蚀芯片上的精密电路,进而造成电学性能下降。不同的封装技术在制造工序和工艺方面差异很大,封装后对内存芯片自身性能的发挥也起到至关重要的作用。

随着光电、微电制造工艺技术的飞速发展,电子产品向更小、更轻、更便宜的方向发展,因此芯片元件的封装形式也不断得到改进。芯片的封装技术多种多样,有 DIP、POFP、TSOP、BGA、QFP 和 CSP 等,经历了从 DIP、TSOP 到 BGA 的发展历程。芯片的封装技术已经历了几代的变革,性能日益先进,芯片面积与封装面积之比越来越接近,适用频率越来越高,耐温性能越来越好,以及引脚数增多,引脚间距减小,重量减小,可靠性提高,使用更加方便。

1) DIP 封装

20 世纪 70 年代,芯片封装基本都采用 DIP(Dual ln-line Package,双列直插式封装)方式,特点是在当时具有适合 PCB(印刷电路板)穿孔安装,布线和操作较为方便等特点。DIP 封装的结构形式多种多样,包括多层陶瓷双列直插式 DIP、单层陶瓷双列直插式 DIP 和引线框架式 DIP 等。但 DIP 封装形式的封装效率是很低的,其芯片面积和封装面积之比为 1:1.86,这样封装产品的面积较大,内存条 PCB 板的面积是固定的,封装面积越大在内存上安装芯片的数量就越少,内存条容量也就越小。同时较大的封装面积对内存频率、传输速率、电器性能的提升都有影响。DIP 封装如图 3.18 所示。

2) TSOP 封装

20 世纪 80 年代,内存第二代的封装技术 TSOP(Thin Small Outline Package,薄型小尺寸封装)出现。TSOP 内存是在芯片的周围做出引脚,采用 SMT 技术(表面安装技术)直接附着在 PCB 板的表面。TSOP 封装外形尺寸时,寄生参数(电流大幅度变化时引起输出电压扰动)减小,适合高频应用,操作比较方便,可靠性也比较高。TSOP 封装具有成品率高、价格便宜等优点。

TSOP 封装方式中,内存芯片是通过芯片引脚焊接在 PCB 板上的,焊点和 PCB 板的接触面积较小,使得芯片向 PCB 板传热就相对困难,而且 TSOP 封装方式的内存在超过 150MHz 后会产生较大的信号干扰和电磁干扰。TSOP 封装如图 3.19 所示。

图 3.18　DIP 封装

图 3.19　TSOP 封装

3) BGA 封装

20 世纪 90 年代,随着技术的进步,芯片集成度不断提高,I/O 引脚数急剧增加,功耗也随之增大,对集成电路封装的要求也更加严格。为了满足发展的需要,BGA 封装(Ball Grid Array Package,球栅阵列封装)开始被应用于生产。

采用 BGA 技术封装的内存,可以使内存在体积不变的情况下内存容量提高 2～3 倍,BGA 与 TSOP 相比,具有更小的体积,更好的散热性能和电性能。BGA 封装技术使每平方英寸的存储量有了很大提升,采用 BGA 封装技术的内存产品在相同容量下,体积只有 TSOP 封装的 1/3;另外,与传统 TSOP 封装方式相比,BGA 封装方式有更加快速和有效的散热途径。BGA 封装的 I/O 端子以圆形或柱状焊点按阵列形式分布在封装下面,BGA 技术的优点是 I/O 引脚数虽然增加了,但引脚间距并没有减小,反而增加了,从而提高了组装成品率;虽然它的功耗增加,但 BGA 能用可控塌陷芯片法焊接,从而可以改善它的电热性能;厚度和重量都较以前的封装技术有所减少;寄生参数减小,信号传输延迟小,使用频率大大提高;组装可用共面焊接,可靠性高。

比较典型的 BGA 封装是 Kingmax 公司的专利 TinyBGA(Tiny Ball Grid Array,小型球栅阵列封装)技术,属于 BGA 封装技术的一个分支。是 Kingmax 公司于 1998 年 8 月开发成功的,其芯片面积与封装面积之比不小于 1∶1.14,可以使内存容量在体积不变的情况下提高 2～3 倍,与 TSOP 封装产品相比,其具有更小的体积、更好的散热性能和电性能。采用 TinyBGA 封装技术的内存产品在相同容量情况下体积只有 TSOP 封装的 1/3。TSOP 封装内存的引脚是由芯片四周引出的,而 TinyBGA 则是由芯片中心方向引出。这种方式有效地缩短了信号的传导距离,信号传输线的长度仅是传统 TSOP 技术的 1/4,因此信号的衰减也随之减少。这样不仅大幅提升了芯片的抗干扰、抗噪性能,而且提高了电性能。采用 TinyBGA 封装芯片可抗高达 300MHz 的外频,而采用传统 TSOP 封装技术最高只可抗 150MHz 的外频。TinyBGA 封装的内存其厚度也更薄(封装高度小于 0.8mm),从 PCB 板到散热体的有效散热路径仅有 0.36mm。因此,TinyBGA 内存拥有更高的热传导效率,非常适用于长时间运行的系统,稳定性极佳。TinyBGA 封装如图 3.20 所示。

图 3.20　TinyBGA 封装

4) BLP

BLP(Bottom Leaded Plastic,底部引出塑封技术)的芯片面积与封装面积之比大于 1∶1.1,符合 CSP(Chip Size Package)封装规范。不仅高度和面积极小,而且电气特性得到了进一步的提高。BLP 封装技术采用逆向电路,由底部直接伸出引脚,其优点就是能节省约 90% 电路,使封装尺寸电阻及芯片表面温度大幅下降,芯片面积与封装面积之比大于 1∶1.1,明显小很多,不仅高度和面积极小,而且电气特性得到了进一步的提高,制造成本也不高。BLP 封装与 TINY-BGA 封装比较相似,BLP 的封装技术使得电阻值大幅下降,芯片温度也大幅下降,可稳定工作的频率更高。

5) CSP 封装

CSP(Chip Scale Package,芯片级封装)可以让芯片面积与封装面积之比超过 1∶1.14,已经相当接近 1∶1 的理想情况,绝对尺寸也仅有 32mm²,约为普通 BGA 的 1/3,仅仅相当于 TSOP 内存芯片面积的 1/6。与 BGA 封装相比,同等空间下 CSP 封装可以将存储容量提高三倍。

CSP 封装内存不但体积小,同时也更薄,PCB 到散热体的最有效散热路径仅有 0.2mm,大大提高了内存芯片在长时间运行后的可靠性,线路阻抗显著减小,芯片速度也随之得到大幅度提高。CSP 封装如图 3.21 所示。

CSP 封装内存芯片的中心引脚形式有效地缩短了信号的传导距离,其衰减随之减少,芯片的抗干扰、抗噪性能也能得到大幅提升,这也使得 CSP 的存取时间比 BGA 改善 15％～20％。在 CSP 的封装方式中,内存颗粒是通过一个个

图 3.21　CSP 封装

锡球焊接在 PCB 板上,由于焊点和 PCB 板的接触面积较大,所以内存芯片在运行中所产生的热量可以很容易地传导到 PCB 板上并散发出去。CSP 封装可以从背面散热,且热效率良好,CSP 的热阻为 35℃/W,而 TSOP 的热阻为 40℃/W。

5.内存的发展阶段

根据计算机系统的使用情况,内存的发展可以分为以下几个阶段。

1) FPMRAM(Fast Page Mode RAM,随机存取存储器)

FPMRAM 是较早的计算机系统普遍使用的内存,它每三个时钟脉冲周期传送一次数据,速度基本上在 60ns 以上,现已被淘汰。

2) EDORAM(Extended Data Out RAM,扩展数据输出随机存取存储器)

EDORAM 内存取消了主板与内存两个存储周期之间时间间隔,每两个时钟脉冲周期输出一次数据,大大地缩短了存取时间,EDO 一般是 72Pin,速度基本在 40ns 以上。

3) SDRAM(Synchronous Dynamic RAM,同步动态速记存取存储器)

SDRAM 为 168Pin,如图 3.22 所示。CPU 和 RAM 能够共享一个时钟周期,以相同的速度同步工作,每一个时钟脉冲的上升沿便开始传递数据。目前已经被淘汰。一些较老的机器,如 Pentium Ⅲ 还在使用这种内存。

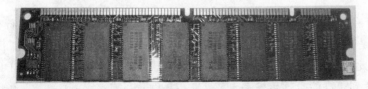

图 3.22　SDRAM

SDRAM 的工作速度是与系统总线速度同步的。与系统总线速度同步,也就是与系统时钟同步,这样就避免了不必要的等待周期,减少数据存储时间。同步还使存储控制器知道在哪一个时钟脉冲期由数据请求使用,因此数据可在脉冲上升期便开始传输。SDRAM 采用 3.3V 工作电压,168Pin 的 DIMM 接口,带宽为 64 位。

4）RDRAM（Rambus DRAM，总线式动态随机存取存储器）

RDRAM 如图 3.23 所示，是 RAMBUS 公司开发的具有芯片到芯片接口设计的 DRAM，它能在很高的频率范围内通过一个简单的总线传输数据。使用低电压信号在同步时钟脉冲的两边沿传输数据。与 DDR 和 SDRAM 不同，它采用了串行的数据传输模式。在推出时，因为其彻底改变了内存的传输模式，无法保证与原有的制造工艺相兼容，而且内存厂商要生产 RDRAM 还必须要缴纳一定专利费用，再加上其本身制造成本，就导致了 RDRAM 从一问世开始，其高昂的价格让普通用户无法接受。而同时期的 DDR 则能以较低的价格，不错的性能，逐渐成为主流，虽然 RDRAM 曾受到 Intel 公司的大力支持，但始终没有成为主流。RDRAM 的数据存储位宽是 16 位，远低于 DDR 和 SDRAM 的 64 位。但在频率方面则远远高于二者，可以达到 400MHz 乃至更高。同样，也是在一个时钟周期内传输两次数据，能够在时钟的上升期和下降期各传输一次数据，内存带宽能达到 1.6GB/s。

5）DDR（DoubleDataRataRageRam）

DDR 内存即"双数据率"SDRAM 内存，是 SDRAM 的更新换代产品，如图 3.24 所示。它允许在时钟脉冲的上升沿和下降沿传输数据，带宽比同频率的 SDRAM 多一倍。另外，为了扩展带宽，DDR 内存的引脚从 SDRAM 内存的 168Pin 增加到 184Pin，主要包含了新的控制、时钟、电源和接地等信号。严格的说，DDR 应该叫 DDR SDRAM，人们习惯称为 DDR。DDR 内存是在 SDRAM 内存基础上发展而来的，仍然沿用 SDRAM 生产体系，因此对于内存厂商而言，只须对制造普通 SDRAM 的设备稍加改进即可实现 DDR 内存的生产，可有效地降低成本。

图 3.23　RDRAM

图 3.24　DDR

SDRAM 在一个时钟周期内只传输一次数据，它是在时钟的上升期进行数据传输；而 DDR 内存则是在一个时钟周期内传输两次数据，它能够在时钟的上升期和下降期各传输一次数据，因此称为双倍速率同步动态随机存储器。DDR 内存可以在与 SDRAM 相同的总线频率下达到更高的数据传输率。

与 SDRAM 相比，DDR 运用了更先进的同步电路，使指定地址、数据的输送和输出主要步骤既独立执行，又保持与 CPU 完全同步。DDR 使用了 DLL（Delay Locked Loop，延时锁定回路，提供一个数据滤波信号）技术，当数据有效时，存储控制器可使用这个数据滤波信号来精确定位数据，每 16 次输出一次，并重新同步来自不同存储器模块的数据。DDR 本质上不需要提高时钟频率就能加倍提高 SDRAM 的速度，它允许在时钟脉冲的上升沿和下降沿读出数据,因而其速度是标准 SDRAM 的两倍。从外形体积上 DDR 与 SDRAM 相比差别并不大。DDR 内存采用的是支持 2.5V 电压的 SSTL2 标准。DDR 内存的频率可以用工作频率和等效频率两种方式表示,工作频率是内存颗粒实际的工作频率,但是由于 DDR 内存可以在脉冲的上升和下降沿都传输数据,因此传输数据的等效频率是工作频率的两倍。

6）DDR2

DDR2 内存是由 JEDEC(电子设备工程联合委员会)进行开发的新生代内存技术标准,与上一代 DDR 内存技术标准最大的不同是采用了在时钟的上升和下降沿同时进行数据传输的基本方式。因此 DDR2 内存拥有两倍于 DDR 内存读取能力。DDR2 内存每个时钟能够以 4 倍外部总线的速度读/写数据,并且能够以内部控制总线 4 倍的速度运行。DDR2 如图 3.25 所示。

7）DDR3

DDR3 是 DDR2 的替代产品,也是目前流行的内存产品,如图 3.26 所示。DDR3 在达到高带宽的同时,其功耗反而可以降低,其核心工作电压从 DDR2 的 1.8V 降至 1.5V。DDR3 与 DDR2 相比,还有以下优势。

① 功耗和发热量较小。吸取了 DDR2 的教训,在控制成本的基础上减小了能耗和发热量,使得 DDR3 更易于被用户和厂家接受。

② 工作频率更高。由于能耗降低,DDR3 可实现更高的工作频率,在一定程度上弥补了延迟时间较长的缺点。

DDR、DDR2 和 DDR3 的外观比较接近,三者的视觉区别如图 3.27 所示。

图 3.25　DDR2

图 3.26　DDR3

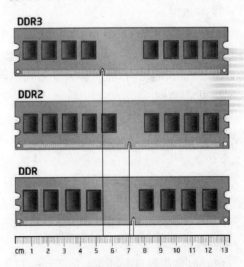

图 3.27　DDR、DDR2 和 DDR3 的区别

6. 内存的主要性能指标

1）主频

内存主频和 CPU 主频一样,习惯上被用来表示内存的速度,它代表着该内存所能达到的最高工作频率。内存主频是以 MHz(兆赫)为单位来计量的。内存主频越高,在一定

程度上代表着内存所能达到的速度越快。内存主频决定着该内存最高能在什么样的频率正常工作。

计算机系统的时钟速度是以频率来衡量的。晶体振荡器控制着时钟速度,在石英晶片上加上电压,其就以正弦波的形式震动起来,这一震动可以通过晶片的形变和大小记录下来。晶体的震动以正弦变化的电流的形式表现出来,这一变化的电流就是时钟信号。而内存本身并不具备晶体振荡器,因此内存工作时的时钟信号是由主板芯片组的北桥或直接由主板的时钟发生器提供的,也就是说内存无法决定自身的工作频率,其实际工作频率是由主板来决定的。DDR 和 DDR2、DDR3 的频率可以用工作频率和等效频率两种方式表示,工作频率是内存颗粒实际的工作频率。但是由于 DDR 内存可以在脉冲的上升和下降沿都传输数据,因此传输数据的等效频率是工作频率的两倍;而 DDR2、DDR3 内存每个时钟能够以 4 倍于工作频率的速度读/写数据,因此传输数据的等效频率是工作频率的 4 倍。

2）内存电压

内存正常工作所需要的电压值,不同类型的内存电压也不同,但各自均有自己的规格,超出其规格容易造成内存损坏。SDRAM 内存一般工作电压都在 3.3V 左右,上下浮动额度不超过 0.3V;DDR SDRAM 内存一般工作电压都在 2.5V 左右,上下浮动额度不超过 0.2V;而 DDR2 内存的工作电压一般在 1.8V 左右,DDR3 内存的工作电压一般在 1.5V 左右。具体到每种品牌、每种型号的内存,生产厂商生产时都会遵循 DDR2 内存 1.8V、DDR3 内存 1.5V 的基本要求,在允许的范围内浮动。略微提高内存电压有利于内存超频,但是同时发热量大大增加,因此有损坏硬件的风险。

3）存取时间

tAC(Access Time from CLK,最大 CAS 延迟时的最大数输入时钟)是以纳秒为单位的,但是与内存时钟周期是完全不同的概念,虽然都是以纳秒为单位。存取时间(tAC)代表着读取、写入的时间,而时钟频率则代表内存的速度。

4）数据宽度

一般指内存一次能处理的数据宽度,也就是一次能处理若干位的数据。30pin 内存的数据带宽是 8 位,72pin 为 32 位,168pin 可达到 64 位。

5）带宽

带宽是指内存的数据传输速率,也称为数据传输率。内存的数据传输率取决于它的工作频率和数据宽度,它们的关系如下:

$$内存带宽(MB/s)＝工作频率(MHs)×数据宽度(b)÷8$$

6）时钟周期(TCK)

内存时钟周期(Clock Cycle Time,TCK)代表了内存可以运行的最大工作频率,数字越小说明内存所能运行的频率越高。时钟周期与内存的工作频率是成反比的,也就是说更小的时钟周期就意味着更高的工作频率。

7）金手指

金手指(Connecting Finger)是内存与内存插槽之间的连接部件,所有的信号都是通过金手指进行传送的。金手指由众多金黄色的导电触片组成,因其表面镀金而且导电触片排列如手指状,所以称为"金手指"。金手指实际上是在覆铜板上通过特殊工艺再覆上一层金,因为金的抗氧化性极强,而且传导性也很强。不过因为金昂贵的价格,目前较多的内存都采用镀锡来代替。从 20 世纪 90 年代开始锡材料就开始普及,目前主板、内存和显卡等设备的"金手指"几乎都采用锡材料,只有部分高性能服务器/工作站的配件接触点才会继续采用镀金的制作方法。内存处理单元的所有数据流、电子流正是通过金手指与内存插槽的接触与 PC 系统进行交换,是内存的输出输入端口,因此其制作工艺对于内存连接相当重要。金手指也称为"线"。

8) 接口类型

接口类型是根据内存金手指上导电触片的数量来划分的,金手指上的导电触片也习惯称为针脚数(Pin)。因为不同的内存采用的接口类型各不相同,而每种接口类型所采用的针脚数各不相同。笔记本内存一般采用 144Pin、200Pin 接口;台式机内存则基本使用 168Pin 和 184Pin 接口。对应于内存所采用的不同的针脚数,内存插槽类型也各不相同。目前台式机系统主要有 SIMM、DIMM 和 RIMM 三种类型的内存插槽,而笔记本内存插槽则是在 SIMM 和 DIMM 插槽基础上发展而来,基本原理并没有变化,只是在针脚数上略有改变。

9) 内存插槽

目前,计算机系统采用单列直插内存模块(Single Inline Memory Module,SIMM)或双列直插内存模块(Dual Inline Memory Module,DIMM)来替代单个内存芯片。早期的 EDO 和 SDRAM 内存使用过 SIMM 和 DIMM 两种插槽,但从 SDRAM 开始,就以 DIMM 插槽为主,而到了 DDR 时代,SIMM 插槽已经很少见了。下边具体的介绍几种常见的内存插槽。

(1) SIMM

内存通过金手指与主板连接,内存正反两面都带有金手指。金手指可以在两面提供不同的信号,也可以提供相同的信号。SIMM 就是一种两侧金手指都提供相同信号的内存结构,它多用于早期的 FPM 和 EDD DRAM,最初一次只能传输 8 位数据,后来逐渐发展出 16 位、32 位的 SIMM 模组,其中 8 位和 16 位 SIMM 使用 30pin 接口,32 位的则使用 72pin 接口。在内存发展进入 SDRAM 时代后,SIMM 逐渐被 DIMM 技术取代。

(2) DIMM

DIMM 与 SIMM 类似,不同的只是 DIMM 的金手指两端不像 SIMM 那样是互通的,它们各自独立传输信号,因此可以满足更多数据信号的传送需要。同样采用 DIMM,SDRAM 的接口与 DDR 内存的接口也略有不同,SDRAM DIMM 为 168Pin DIMM 结构,金手指每面为 84Pin,金手指上有两个卡口,用来避免插入插槽时错误地将内存反向插入而导致烧毁。DDR DIMM 则采用 184Pin DIMM 结构,金手指每面有 92Pin,金手指上只有一个卡口。卡口数量的不同是二者最为明显的区别。DDR2 DIMM 和 DDR3 DIMM 都是 240pin DIMM 结构,金手指每面有 120Pin,与 DDR DIMM 一样金手指上也只有一个卡口,但是卡口的位置与 DDR DIMM 稍微有些不同。

(3) RIMM

RIMM(Rambus Inline Memory Module)是 Rambus 公司生产的 RDRAM 内存所采

用的接口类型，RIMM 内存与 DIMM 的外形尺寸差不多，金手指同样也是双面的。RIMM 也有 184 Pin 的针脚，在金手指的中间部分有两个靠的很近的卡口。RIMM 非 ECC 版有 16 位数据宽度，ECC 版则都是 18 位宽。由于 RDRAM 内存较高的价格，此类内存在市场上很少见到。

7. 内存相关的专业术语

1) ECC 校验

ECC(Error Checking and Correcting) 功能指内存具备错误修正码的功能。它使得内存在传输数据的同时，在每笔资料上增加一个检查位元，以确保资料的正确性。若有错误发生，还可以将它加以修正并继续传输，这样不至于因为错误而中断。

内存是一种电子器件，在其工作过程中难免会出现错误，而对于稳定性要求高的用户来说，内存错误可能会引起致命性的问题。内存错误根据其原因还可分为硬错误和软错误。硬件错误是由于硬件的损害或缺陷造成的，因此数据总是不正确，此类错误是无法纠正的；软错误是随机出现的，例如在内存附近突然出现电子干扰等因素都可能造成内存软错误的发生。

为了能检测和纠正内存软错误，首先出现的是内存"奇偶校验"。内存中最小的单位是位，位只有两种状态，分别以 1 和 0 来标示，每 8 个连续的位叫做一个字节(byte)。不带奇偶校验的内存每个字节只有 8 位，如果其某一位存储了错误的值，就会导致其存储的相应数据发生变化，进而导致应用程序发生错误。而奇偶校验就是在每一字节(8 位)之外又增加了一位作为错误检测位。在某字节中存储数据之后，在其 8 个位上存储的数据是固定的，因为位只能有两种状态 1 或 0。假设存储的数据用位标示为 1、1、1、0、0、1、0、1，那么把每个位相加(1+1+1+0+0+1+0+1=5)，结果是奇数。对于偶校验，校验位就定义为 1，反之则为 0；对于奇校验，则相反。当 CPU 读取存储的数据时，它会再次把前 8 位中存储的数据相加，计算结果是否与校验位相一致，从而一定程度上能检测出内存错误。奇偶校验只能检测出错误而无法对其进行修正，同时虽然双位同时发生错误的概率相当低，但奇偶校验却无法检测出双位错误。

内存的 ECC 校验功能，实际上是在数据位以外的位上存储一个用于数据校验的代码。当数据被写入内存，相应的 ECC 写入代码与此同时也被保存下来。当重新读取刚才存储的数据时，保存下来的 ECC 写入代码就会和读取数据时产生的 ECC 读取代码做比较。如果两个 ECC 代码不相同，他们则会被解码，以确定数据中的哪一位是不正确的。然后这个错误数据位会被抛弃，内存控制器则会重新读取并释放出正确的数据。

使用 ECC 校验的内存会对系统的性能造成不小的影响，不过这种纠错对服务器等应用而言是十分重要的，并且由于带 ECC 校验的内存价格比普通内存要昂贵许多，因此带有 ECC 校验功能的内存绝大多数都是服务器内存。

2) 双通道内存

双通道内存技术其实是一种内存控制和管理技术，它依赖于芯片组的内存控制器发生作用，在理论上能够使两条同等规格内存所提供的带宽增长一倍。双通道内存技术是解决 CPU 总线带宽与内存带宽矛盾的低价、高性能的方案。

普通的单通道内存系统具有一个 64 位的内存控制器，而双通道内存系统则有两个

64 位的内存控制器,在双通道模式下具有 128 位的内存位宽,从而在理论上把内存带宽提高一倍。虽然双 64 位内存体系所提供的带宽等同于一个 128 位内存体系所提供的带宽,但是二者所达到的效果却是不同的。双通道体系包含了两个独立的、具备互补性的智能内存控制器,理论上来说,两个内存控制器都能够在彼此间零延迟的情况下同时运作。比如说两个内存控制器,一个为 A,另一个为 B。当控制器 B 准备进行下一次存取内存的时候,控制器 A 就在读/写主内存,反之亦然。两个内存控制器的这种互补"天性"可以让等待时间缩减 50%。

3) BANK

在内存行业中,Bank 至少有三种意思,用户一定要注意区分。

① 在 SDRAM 内存模组上,"Bank 数"表示该内存的物理存储体的数量。

② Bank 还表示一个 SDRAM 设备内部的逻辑存储库的数量。

③ Bank 还表示 DIMM 或 SIMM 连接插槽或插槽组,例如 Bank 1 或 Bank A。这里的 Bank 是内存插槽的计算单位(也叫内存库),它是计算机系统与内存之间数据总线的基本工作单位。只有插满一个 Bank,计算机才可以正常开机。主板上的 Bank 编号从 Bank0 开始,必须插满 Bank0 才能开机,Bank1 以后的插槽留给日后升级扩充内存用,称做内存扩充槽。

4) 虚拟内存

虚拟内存用硬盘空间做内存来弥补计算机 RAM 空间的缺乏。当实际 RAM 满时(实际上,在 RAM 满之前),虚拟内存就在硬盘上创建了。当物理内存用完后,虚拟内存管理器选择最近没有用过的,低优先级的内存部分写到交换文件上。这个过程对应用是隐藏的,应用把虚拟内存和实际内存看作是一样的。虚拟内存是文件数据交叉链接的活动文件。从速度方面看,CPU 的 L1 和 L2 缓存速度最快,内存次之,硬盘再次之。但是虚拟内存使用的是硬盘的空间,为什么要使用速度最慢的硬盘来做为虚拟内存呢?因为计算机中所有运行的程序都需要经过内存来执行,如果执行的程序很大或很多,就会导致实际内存消耗殆尽。而硬盘空间相对比较充裕,为了解决这个问题,Windows 中运用了虚拟内存技术,拿出一部分硬盘空间来充当内存使用。

3.2.2 选购内存

内存是计算机系统的主要配件之一,内存的性能以及工艺质量将直接影响计算机系统的性能发挥和稳定性。选购内存时除了应当注意内存的容量、存取时间、CL 延迟和带宽等性能参数外,还得从以下几个方面来考察。

1. 容量

内存容量是选购内存时的关键性参数。一般而言,内存容量越大越有利于计算机系统的运行。计算机系统中内存的数量等于插在主板内存插槽上所有内存容量的总和,内存容量的上限一般由主板芯片组和内存插槽决定。不同主板芯片组可以支持的容量不同,此外主板内存插槽的数量也会对内存容量造成限制。因此在选择内存时要考虑主板内存插槽数量,并且可能需要考虑将来有升级的余地。

2. 适用类型

根据内存所应用的主机不同,内存产品也各自具有不同的特点。台式机内存是市场内最为普遍的内存,价格也相对便宜。笔记本内存则对尺寸、稳定性、散热性方面有一定的要求,价格要高于台式机内存。而应用于服务器的内存则对稳定性以及内存纠错功能要求严格,同样稳定性也是着重强调的。

笔记本内存就是应用于笔记本电脑的内存产品。笔记本内存只是使用的环境与台式机内存不同,在工作原理方面并没有什么区别。

3. 传输类型

传输类型指内存所采用的内存类型,不同类型的内存传输类型各有差异,在传输率、工作频率、工作方式和工作电压等方面都有不同。目前市场中主流内存是 DDR3。SDRAM、RDRAM、DDR 和 DDR2 这 4 种处于被淘汰的行列。

4. 传输标准

传输标准代表内存速度方面的标准。不同类型的内存,无论是 SDRAM、DDR SDRAM,还是 RDRAM 都有不同的规格,每种规格的内存在速度上是各不相同的。传输标准是内存的规范,只有完全符合该规范才能说该内存采用了此传输标准。传输标准是选购内存的首要选择条件之一,它代表着内存的速度。

1) SDRAM 传输标准

PC100:代表该内存工作频率可达 100MHz。内存时钟周期,在 100MHz 外频工作时值为 10ns;存取时间小于 6ns。

PC133:133 指的是该内存工作频率可达 133MHz。PC133 SDRAM 的数据传输速率可以达到 1.06GB/s。

2) RDRAM 传输标准

PC600:工作频率为 300 MHz,RDRAM 时钟上升期和下降期都传输数据,因此其等效频率为 600 MHz,所以命名为 PC600。

PC800:工作频率为 400 MHz,等效频率为 800 MHz,所以命名为 PC800。

PC1066:工作频率为 533 MHz,等效频率为 1066 MHz,所以命名为 PC1066。

3) DDR 传输标准

PC1600:如果按照传统习惯传输标准的命名,PC1600(DDR200)应该是 PC200。在当时 DDR 内存正在与 RDRAM 内存进行下一代内存标准之争,此时的 RDRAM 按照频率命名应该叫 PC600 和 PC800。这样对于不是很了解的人来说,自然会认为 PC200 远远落后于 PC600。基于市场竞争的考虑,将 DDR 内存的命名规范进行了调整。传统习惯是按照内存工作频率来命名,而 DDR 内存则以内存传输速率命名。PC1600 的实际工作频率是 100 MHz,而等效工作频率是 200 MHz,它的数据传输率就为"数据传输率=频率×每次传输的数据位数",就是 200MHz×64b=12 800Mb/s,再除以 8 就换算为以 MB 为单位,就是 1600MB/s,从而命名为 PC1600。

4) DDR2 传输标准

DDR2 可以看作是 DDR 技术标准的一种升级和扩展。DDR 的核心频率与时钟频率相等,但数据频率为时钟频率的两倍,也就是说在一个时钟周期内必须传输两次数据。而

DDR2 采用"4 bit Prefetch(4 位预取)"机制,核心频率仅为时钟频率的一半,时钟频率再为数据频率的一半,这样即使核心频率还在 200MHz,DDR2 内存的数据频率也能达到 800MHz,也就是所谓的 DDR2 800。

5)DDR3 传输标准

DDR3 是 DDR2 技术标准的升级,DDR3 核心频率是时钟频率的一半,时钟频率是数据频率的一半。DDR3 与 DDR2 相比,传输标准大幅度提高,带宽提高,同时功耗降低。

6)DDR、DDR2、DDR3 传输标准比较

DDR、DDR2、DDR3 传输标准比较如表 3.1~表 3.3 所示。

表 3.1　DDR 传输标准(184 针,2.5V)

规　格	传输标准	实际频率(MHz)	等效传输频率	数据传输率(MB/s)
DDR200	PC1600	100	200	1600
DDR266	PC2100	133	266	2100
DDR333	PC2700	166	333	2700
DDR400	PC3200	200	400	3200
DDR433	PC3500	216	433	3500
DDR533	PC4300	266	533	4300

表 3.2　DDR2 传输标准(240 针,1.8V)

规　格	传输标准	核心频率	总线频率(MHz)	等效传输频率(MHz)	数据传输率(MB/s)
DDR2 400	PC3200	100	200	400	3200
DDR2 533	PC4300	133	266	533	4300
DDR2 667	PC5300	166	333	667	5300
DDR2 800	PC6400	200	400	800	6400

表 3.3　DDR3 传输标准(240 针,1.5V)

规　格	传输标准	核心频率	总线频率(MHz)	等效传输频率(MHz)	数据传输率(MB/s)
DDR3 1066	PC8500	133	533	1066	8533
DDR3 1333	PC10600	166	667	1333	10 667
DDR3 1600	PC12800	200	800	1600	12 800
DDR3 1800	PC14400	225	900	1800	14 400

5. CAS 延迟时间(CL)

内存负责向 CPU 提供运算所需的原始数据,而目前 CPU 运行速度超过内存数据传输速度很多,因此很多情况下 CPU 都需要等待内存提供数据,这就是常说的"CPU 等待时间"。内存传输速度越慢,CPU 等待时间就会越长,系统整体性能受到的影响就越大。因此,快速的内存是有效提升 CPU 效率和整机性能的关键之一。

CAS 延迟时间是指纵向地址脉冲的反应时间,也是在一定频率下衡量支持不同规范的内存重要标志之一,用 CAS Latency(CL)指标来衡量。在实际工作时,无论什么类型的内存,在数据被传输之前,传送方必须花费一定时间去等待传输请求的响应,会造成传输的一定延迟时间。CL 设置一定程度上反映出了该内存在 CPU 接到读取内存数据的指令后,到正式开始读取数据所需的等待时间。相同频率的内存,CL 设置值越低速度越快。存取时间、CL 设置等性能指标是互相制约的。当内存具有较快的存取时间,就必须牺牲 CL 设置的性能。

CL 设置较低的内存具备更高的优势,这可以从总的延迟时间来表现。内存总的延迟时间有一个计算公式,即总延迟时间=系统时钟周期×CL 模式数+存取时间(tAC)。从总的延迟时间来看,CL 值的大小起到了很关键的作用。所以对系统要求高和喜欢超频的用户通常喜欢购买 CL 值较低的内存。选择购买内存时,最好选择同样 CL 设置的内存,因为不同速度的内存混插在系统内,系统会以较慢的速度来运行,也就是当 CL2.5 和 CL2 的内存同时插在主机内,系统会自动让两条内存都工作在 CL2.5 状态,造成资源浪费。

6. 品牌

用户应当趋向于购买品牌的内存,因为在用料、工艺、质保方面,品牌内存优势明显。现在常见的内存品牌包括金士顿、威刚、三星、宇瞻、海盗船、金泰克、金邦和记忆等。

7. 工艺

眼睛辨别是较为直观、方便的方法,主要看金手指的工艺、内存颗粒的选用、PCB 焊接工艺、SPD 芯片的选用以及内存颗粒附近小派组的数量,从细节上来辨别内存的优劣。

3.2.3　排除内存故障

内存是计算机中最重要的配件之一,它的作用毋庸置疑,其最常见的故障如下。

(1)开机不显示。

出现此类故障一般是因为内存条与主板插槽接触不良造成的,只要用橡皮擦来回擦拭其金手指部位即可解决问题(不要用酒精等清洗),还有就是内存损坏或主板内存槽有问题也会造成此类故障。

由于内存条原因造成开机无显示故障,主机扬声器一般都会长时间蜂鸣(针对 AWARD BIOS 而言)。

(2)内存加大后系统资源反而降低。

此类现象一般是由于主板与内存不兼容引起的,常见于高频率的内存条用于某些不支持此频率的内存条的主板上,当出现这样的故障后可以试着在 CMOS 中将内存的速度设置得低一点。

(3)运行某些软件时经常出现内存不足的提示。

此现象一般是由系统盘剩余空间不足造成的,可以删除一些无用文件,多留一些空间即可,一般保持在 300MB 左右为宜。

项 目 小 结

本项目首先对 CPU 的主要性能指标、关键技术等内容进行了详细的介绍,特别是主频、前端总线等性能指标。内存是计算机系统中非常重要的组成部分,是标志计算机系统性能的重要标志之一。

实 训 练 习

(1) 通过市场调查,了解目前 Intel CPU 各系列的主流商品。

(2) 通过市场调查,了解目前 AMD CPU 各系列的主流商品。

(3) 通过市场调查,了解目前内存的主流商品。

(4) 观察内存,知道内存芯片的封装方式。

课 后 习 题

(1) 简述 CPU 主要的性能指标。

(2) 扩展指令集能在哪些任务上提高 CPU 运行效率?

(3) 简述 Intel 和 AMD 的 CPU 产品定位情况。

(4) 在计算机中内存的主要作用是什么?

(5) 选购内存时应注意哪些事项?

项目4

选购输入输出设备

项目学习目标

- 根据需求选购硬盘；
- 能够选购合适的显示器；
- 能够选购合适的打印机；
- 能够选购合适的扫描仪；
- 能够选购合适的键盘和鼠标。

案例情景

在前面的两个项目中，张先生已经选好了主板、CPU 和内存，接下来销售人员帮助张先生选购输入输出设备，包括硬盘、显示器、打印机、扫描仪、鼠标和键盘。

项目需求

张先生在室内装饰设计公司工作，在日常工作中经常需要打印室内装饰效果图，扫描各种照片。另外，日常工作积累了大量的客户数据，占用了大量的磁盘空间。因此，为了更好地工作，张先生需要选购合适的输入输出设备。

实施方案

(1) 了解硬盘，选购硬盘；

(2) 了解显示器，选购显示器；

(3) 了解打印机，选购打印机；

(4) 了解扫描仪，选购扫描仪；

(5) 了解键盘和鼠标，选购键盘和鼠标。

任务4.1　选购硬盘

任务描述

硬盘是最常用的计算机辅助存储器，它能够长期保存信息，并且不依赖于电能够维持信息的保存状态，通常用来存储需要长期保存的各种电子资料和文档。

实施过程

(1) 深入了解硬盘；

(2) 选购硬盘；

(3) 排除硬盘类故障。

4.1.1 深入了解硬盘

1. 硬盘的分类

计算机的硬盘可以按照盘径尺寸、接口类型和工作原理进行分类,下面进行具体的介绍。

1) 按照盘径尺寸分类

硬盘产品按内部盘片分为 5.25、3.5、2.5 和 1.8 英寸,后两种常用于笔记本及部分袖珍精密仪器中。目前台式机中使用最为广泛的是 3.5 英寸的硬盘,如图 4.1 所示。

2) 按照接口类型进行分类

硬盘与计算机之间的数据接口常用的为三大类: SCSI 接口、IDE 接口和 Serial ATA 接口硬盘。

(1) IDE 接口硬盘

IDE(Integrated Drive Electronics)接口的硬盘是早期市场的主流产品,如图 4.2 所示。IDE 的本意是指把控制器与盘体集成在一起的硬盘驱动器。ATA(Advanced Technology Attachment)是最早的 IDE 标准的正式名称,IDE 接口的硬盘由早期的 ATA、ATA-2、ATA-3 发展到 Ultra ATA133,而数据传输速率也由 3.3MB/s 发展到 133MB/s。

图 4.1 硬盘

图 4.2 IDE 接口硬盘

(2) SCSI 接口硬盘

SCSI(Small Computer System Interface,小型计算机系统接口)最早研制于 1979 年。SCSI 接口早期多用于服务器、工作站等级的计算机上。随着计算机技术的发展,现在它被完全移植到普通计算机上了。SCSI 硬盘受 SCSI 卡的控制,虽然 SCSI 硬盘需要花费额外的价钱来购买 SCSI 控制卡配合使用,但是每块 SCSI 控制卡最多可以挂接 15 种不同的设备。SCSI 接口硬盘如图 4.3 所示。

SCSI 硬盘接口有三种,分别是 50 针、68 针和 80 针。我们常见到硬盘型号上标有 N、W、SCA,就是表示接口针数的。N 即窄口(Narrow),50 针;W 即宽口(Wide),68 针;SCA 即单接头(Single Connector Attachment),80 针。其中 80 针的 SCSI 盘一般支持热插拔。

SCSI 硬盘(或外围设备)的规格有 SCSI-1、SCSI-2、Fast SCSI、Wide SCSI、Ultra SCSI、Wide Ultra SCSI、Ultra 2 SCSI、Wide Ultra 2 SCSI 和 Ultra 320 SCSI 等。

(3) Serial ATA 接口硬盘

Serial ATA 接口硬盘即串行 ATA,它是一种完全不同于并行 ATA 的新型硬盘,如图 4.4 所示,是目前市场上的主流产品。串行 ATA 以连续串行的方式传送数据,一次只会传送一位数据。这样能减少 ATA 接口的针脚数目,使连接电缆数目变少,效率也会更高。SATA 仅用 4 支针脚就能完成所有的工作,分别用于连接电缆、连接地线、发送数据和接收数据,同时这样的架构还能降低系统能耗和减小系统复杂性。其次,SATA 的起点高、发展潜力大,SATA1.0 定义的数据传输率可达 150MB/s,SATA2.0 的数据传输率达到 300MB/s,SATA3.0 实现 600MB/s 的最高数据传输率。SATA 的拓展性强,由于 SATA 采用点对点的传输协议,所以不存在主从问题,这样每个驱动器不仅能独享带宽,而且使拓展 SATA 设备更加便利。

图 4.3　SCSI 接口硬盘

图 4.4　SATA 接口硬盘

SATA 规范保留了多种向前兼容方式,在硬件方面,SATA 标准中定义了在串行 ATA 普及之前,可用转换器提供同并行 ATA 设备的兼容性,转换器能把来自主板的并行 ATA 信号转换成串行 ATA 硬盘能够使用的串行信号。在软件方面,SATA 和并行 ATA 保持了软件兼容性,这意味着厂商丝毫不必为使用 SATA 而重写任何驱动程序和操作系统代码。

3) 按照工作原理进行分类

硬盘按照工作原理可以分为固态硬盘和机械硬盘。

(1) 固态硬盘

图 4.5　固态硬盘

固态硬盘(Solid State Drive、IDE FLASH DISK)是由控制单元和存储单元(Flash 芯片)组成,是用固态电子存储芯片阵列而制成的硬盘,如图 4.5 所示。固态硬盘的接口规范和定义、功能及使用方法上与普通硬盘相同,在产品外形和尺寸上也与普通硬盘一致。其芯片的工作温度范围很宽(−40℃～85℃)。目前广泛应用于军事、车载、工控、视频监控、网络监控、网络终端、电力、医疗、航空和导航设备等领域。虽然目前成本较高,但也正在逐渐普及到兼容机市场。

固态硬盘的存储介质分为两种:一种是采用闪存作为存储介质,另外一种是采用DRAM作为存储介质。基于闪存的固态硬盘采用FLASH芯片作为存储介质,就是市场上的SSD固态硬盘。它的外观可以被制作成多种模样,例如笔记本硬盘、微硬盘、存储卡、U盘等样式。SSD固态硬盘最大的优点就是可以移动,而且数据保护不受电源控制,能适应于各种环境,但是使用年限不高,适合于个人用户使用。在基于闪存的固态硬盘中,存储单元又分为两类:SLC(Single Layer Cell,单层单元)和MLC(Multi-Level Cell,多层单元)。SLC的特点是成本高、容量小,但是速度快。而MLC的特点是容量大、成本低,但是速度慢。基于DRAM的固态硬盘采用DRAM作为存储介质,目前应用范围较窄。它仿效传统硬盘的设计,可被绝大部分操作系统的文件系统工具进行卷设置和管理,并提供工业标准的PCI和FC接口用于连接主机或者服务器。应用方式可分为SSD硬盘和SSD硬盘阵列两种。

固态硬盘的优点包括以下几个方面。

- 重量轻。固态硬盘与同样的2.5英寸的普通机械硬盘相比,在重量方面占据明显优势。目前,固态硬盘大多采用2.5英寸尺寸,并且影响SSD容量的因素为制程工艺和颗粒数两个方面。不管是制程还是颗粒数对固态硬盘的重量都没有太大的影响,100GB容量的SSD与480GB容量的SSD在重量上并没有太大的差距。
- 读写速度快。采用闪存作为存储介质,读取速度相对机械硬盘更快。固态硬盘不用磁头,寻道时间几乎为0。

固态硬盘的缺点包括以下几个方面。

- 价格高。尽管SSD价格正在不断降低,但与普通机械硬盘相比,仍稍显昂贵。目前SSD的应用范围日趋广泛。由于其更轻、更薄、速度更快,但价格较贵,所以还是主要应用于高端商务产品,如平板电脑、超级本、上网本等。
- 数据恢复难。在使用过程中,硬盘遭遇损坏的几率是相对较高的。SSD在数据恢复方面的缺失可能会让数据彻底丢失。日常操作中一旦有删除文件、格式化或者忽略文件之类的磁盘读写,系统就会向SSD硬盘发出命令清空区块中数据。一旦清空,意味着数据彻底消失,无法恢复数据。
- 寿命有限。由于固态硬盘的设计原理,使得其寿命与写入的次数息息相关。当对同一个数据存储单元的写入次数超过一定数量之后,这个存储单元可能就很难再写入数据,如果SSD中的大部分存储单元都处于这种状态,用户应当更换硬盘了。

(2) 机械硬盘

机械硬盘即是传统普通硬盘,主要由盘片、磁头、盘片转轴及控制电机、磁头控制器、数据转换器、接口和缓存等几个部分组成。机械硬盘中所有的盘片都装在一个旋转轴上,每张盘片之间是平行的,在每个盘片的存储面上有一个磁头,磁头与盘片之间的距离很小,所有的磁头联在一个磁头控制器上,由磁头控制器负责各个磁头的运动。磁头可沿盘片的半径方向运动,加上盘片每分钟几千转的高速旋转,磁头就可以定位在盘片的指定位置上进行数据的读写操作。

在此项目中,如果没有特别说明,所介绍的内容都是基于机械硬盘的。

固态硬盘和机械硬盘的比较如表 4.1 所示。

表 4.1　固态硬盘与机械硬盘的比较

比 较 内 容	固 态 硬 盘	机 械 硬 盘
重量	轻	重
容量大小	较小	大
价格高低	高	低
随机读写速度	极快	快
写入次数	SLC：10 万次,MLC：1 万次	无限制
工作时噪音	没有	有
工作时温度	极低	高
是否防震	好	差
是否数据恢复	极难	可以

2. 硬盘的结构

硬盘的外部结构:固定面板、控制电路板、电源接口、数据接口、跳线。IDE 接口硬盘的外部结构如图 4.6 所示,SATA 接口硬盘的外部结构如图 4.7 所示。

硬盘的内部结构:盘片、主轴组件、浮动磁头组件、磁头驱动机构、前置控制电路,如图 4.8 所示。

图 4.6　IDE 硬盘的外部结构　　**图 4.7　SATA 硬盘的外部结构**　　**图 4.8　硬盘的内部结构**

3. 工作原理

硬盘驱动器的原理并不复杂。磁头负责读取以及写入数据。硬盘盘片布满了磁性物质,这些磁性物质可以被磁头改变磁极,利用不同磁性的正反两极来代表计算机里的 0 与 1,起到数据存储的作用。写入数据实际上是通过磁头对硬盘片表面的可磁化单元进行磁化,将二进制的数字信号以环状同心圆轨迹的形式,一圈一圈地记录在涂有磁介质的高速旋转的盘面上。读取数据时,把磁头移动到相应的位置读取此处的磁化编码状态,将磁粒子的不同极性转换成不同的电脉冲信号,再利用数据转换器将这些原始信号变成计算机可以使用的数据。

硬盘驱动器加电正常工作后,利用控制电路中的单片机初始化模块进行初始化工作,此时磁头置于盘片中心位置,初始化完成后主轴电机将启动并以高速旋转,装载磁头的小车机构移动,将浮动磁头置于盘片表面的 00 磁道,处于等待指令的启动状态。当接口电路接收到计算机系统传来的指令信号,通过前置放大控制电路,驱动音圈电机发出磁信号,根据感应阻值变化的磁头对盘片数据信息进行正确定位,并将接收后的数据信息解码,通过放大控制电路传输到接口电路,反馈给主机系统完成指令操作。结束硬盘操作或断电状态,在反力矩弹簧的作用下浮动磁头驻留到盘面中心。

4. 硬盘的主要参数和性能指标

1) 磁道和扇区

当磁盘旋转时,磁头若保持在一个位置上,则每个磁头都会在磁盘表面划出一个圆形轨迹,这些圆形轨迹就叫做磁道。这些磁道用肉眼是根本看不到的,因为它们仅是盘面上以特殊方式磁化了的一些磁化区,磁盘上的信息便是沿着这样的轨道存放的。相邻磁道之间并不是紧挨着的,这是因为磁化单元相隔太近时磁性会产生相互影响,同时也为磁头的读写带来困难。磁盘上的每个磁道被等分为若干个弧段,这些弧段便是磁盘的扇区,每个扇区可以存放 512 个字节的信息,磁盘驱动器在向磁盘读取和写入数据时要以扇区为单位。

2) 磁头数(Heads)

硬盘的磁头数与硬盘体内的盘片数目有关,由于每一盘片均有两个磁面,每面都应有一个磁头,因此磁头数一般为盘片数的两倍。

3) 柱面(Cylinders)

硬盘通常由重叠的一组盘片(盘片最多为 14 片,一般均在 1～10 片之间)构成,每个盘面都被划分为数目相等的磁道,并从外缘的 0 开始编号,具有相同编号的磁道形成一个圆柱,称为硬盘的柱面。磁盘的柱面数与一个盘面上的磁道数是相等的。

4) 容量

格式化后硬盘的容量由三个参数决定:硬盘容量＝磁头数×柱面数×扇区数×512(字节)。硬盘的容量以兆字节(MB)或千兆字节(GB)为单位,1GB＝1024MB。但硬盘厂商在标称硬盘容量时通常取 1G＝1000MB,因此在 BIOS 中或在格式化硬盘时看到的容量会比厂家的标称值要小。

5) 单盘容量

单盘容量就是硬盘盘体内每张磁盘的最大容量。每块硬盘内部有若干张盘片,所有盘片的容量之和就是硬盘的总容量。单盘容量越大,实现大容量硬盘也就越容易,寻找数据所需的时间也相对少一点。同时,单盘容量越大,硬盘的档次越高,性能越好,其故障率也越低,当然价格也越贵。

6) 交错因子

假设扇区是围绕着磁道依次编号的,磁头读取扇区上的数据分为两个阶段:读出数据,读后处理(即传送至硬盘缓冲区的过程)。当磁盘高速旋转,磁盘控制器读出 1 号扇区后准备转向 2 号扇区读数时,2 号扇区的扇区头很有可能已经通过了磁头,使磁头停留在 2 号扇区的中部,甚至更远的地方。在这种情况下,磁盘控制器必须等待磁盘再次旋转一周,等 2 号扇区到达时才能读取上面的数据,从而造成磁头大部分时间都在等待,数据传输率极低。解决的办法是扇区不要顺序连续编号,使原来的 3 号扇区编号为 2,依此类推。相邻两号扇区之间间隔的扇区数就是"交错因子",或称为"间隔系数"。交错因子是在硬盘低级格式化时由用户设置的,其设置值应符合厂商提供的说明。在某些低级格式化程序中提供了自动设置交错因子的功能,用户也可选择该功能由系统自动选择设置。现在的硬盘出厂时已经由生产厂家进行了低级格式化的工作,交错因子的设置也由厂家设定为了最佳值,所以用户一般不用进行低级格式化。

7)转速

转速是指硬盘盘片每分钟转动的圈数,单位是 rpm。转速是决定硬盘内部传输率的决定因素之一,它的快慢在很大程度上决定了硬盘的速度,同时也是区别硬盘档次的重要标志。硬盘的转速多为 5400rpm、7200rpm 和 10 000rpm。7200rpm 的硬盘已经逐步取代5400rpm 的硬盘成为主流,10 000rpm 的硬盘多是面对高档用户的。

8)平均访问时间

平均访问时间(Average Access Time)是指磁头从起始位置到达目标磁道位置,并且从目标磁道上找到要读写的数据扇区所需的时间。平均访问时间体现了硬盘的读写速度,它包括了硬盘的寻道时间和等待时间,即平均访问时间=平均寻道时间+平均等待时间。

硬盘的平均寻道时间(Average Seek Time)是指硬盘的磁头移动到盘面指定磁道所需的时间。这个时间当然越小越好。

硬盘的等待时间,又叫潜伏期(Latency),是指磁头已处于要访问的磁道,等待所要访问的扇区旋转至磁头下方的时间。这个时间当然越小越好。对圆形的硬盘来说,潜伏时间最多是转一圈所需的时间,最少则为 0(不用转)。一般来说,其 Average Latency Time 则为旋转半圈所需时间。

9)传输速率

传输速率是指硬盘读写数据的速度,单位为兆字节每秒(MB/s)。硬盘数据传输速度包括了内部数据传输率和外部数据传输率。

内部传输率也称为持续传输率,指磁头至硬盘缓存间的最大数据传输率,一般取决于硬盘的盘片转速和盘片数据线性密度(指同一磁道上的数据间隔度)。这项指标中常常使用 MB/s 或 Mbps 为单位,这是兆位/秒的意思,如果需要转换成 MB/s(兆字节/秒),就必须将 Mbps 数据除以 8。例如最大内部数据传输率为 131Mbps,但如果按 MB/S 计算就只有 16.37MB/s。数据传输速度实际上达不到 33MB/s,更达不到 66MB/s。因此硬盘的内部数据传输率就成了整个系统瓶颈中的瓶颈,只有硬盘的内部数据传输率提高了,再提高硬盘的接口速度才有实在的意义。

外部传输率(External Transfer Rate),也称为突发数据传输率(Burst Data Transfer Rate)或接口传输率,它标称的是系统总线与硬盘缓冲区之间的数据传输率,外部数据传输率与硬盘接口类型和硬盘缓存的大小有关。

由于内部数据传输率才是系统真正的瓶颈,因此在选购时用户应当分清这两个概念。一般来讲,硬盘的转速相同时,单盘容量大的内部传输率高;在单盘容量相同时,转速高的硬盘的内部传输率高。应该清楚的是,只有内部传输率向外部传输率接近靠拢,有效地提高硬盘的内部传输率才能对磁盘子系统的性能有最直接、最明显的提升。目前各硬盘生产厂家努力提高硬盘的内部传输率,除了改进信号处理技术、提高转速以外,最主要的就是不断地提高单盘容量以提高线性密度。由于单盘容量越大的硬盘线性密度越高,磁头的寻道频率与移动距离可以相应减少,从而减少了平均寻道时间,内部传输速率也就提高了。

10) 缓存

缓存(Cache)的大小也是影响硬盘性能的一个重要指标。当硬盘接收到 CPU 指令控制开始读取数据时,硬盘上的控制芯片会控制磁头把正在读取的簇的下一个或者数个簇中的数据读到缓存中(因为硬盘上数据存储时是比较连续的,所以读取的命中率是很高的),当 CPU 指令需要读取下一个或者几个簇中的数据时,磁头就不需要再次去读取数据,而是直接把缓存中的数据传输过去就行了。由于缓存的速度远远高于磁头的速度,所以能够达到明显改善性能的目的。显然缓存容量越大,硬盘性能越好。

11) 盘表面温度

指硬盘工作时产生的温度使硬盘密封壳温度上升的情况。这项指标厂家并不提供,一般只能在各种媒体的测试数据中看到。硬盘工作时产生的温度过高将影响磁头的数据读取灵敏度,因此硬盘工作表面温度较低的硬盘有更稳定的数据读、写性能。

12) MTBF(连续无故障时间)

指硬盘从开始运行到出现故障的最长时间,单位是小时。一般硬盘的 MTBF 至少在30000 小时以上。这项指标在一般的产品广告或常见的技术特性表中并不提供,需要时可专门上网到具体生产该款硬盘的公司网址中查询。

5. 硬盘品牌

硬盘的品牌常见的有希捷、西部数据、日立、三星、东芝。

4.1.2 挑选硬盘

用户选购硬盘结合自身需求,注意以下几个方面即可。

(1) 硬盘的品牌。

(2) 硬盘的缓存大小。

(3) 硬盘的转速。

(4) 是否保修,保修期长短等。

(5) 是否有售后服务。

4.1.3 排除硬盘类故障

硬盘的故障如果处理不当,往往会导致系统无法启动和数据丢失。

1. 系统不认硬盘

系统从硬盘无法启动,从 A 盘启动也无法进入 C 盘,使用 CMOS 中的自动监测功能也无法发现硬盘的存在。这种故障大都出现在连接电缆或 IDE 端口上,硬盘本身故障的可能性不大,可通过重新插接硬盘电缆或者改换 IDE 接口、SATA 接口及电缆等进行替换试验,就会很快发现故障所在。如果新接上的硬盘也不被接受,一个常见的原因就是硬盘上的主从跳线接错,如果一条 IDE 硬盘线上接两个硬盘设备,就要分清楚主从关系。

2. 硬盘无法读写或不能辨认

这种故障一般是由于 CMOS 设置故障引起的。CMOS 中的硬盘类型正确与否直接影响硬盘的正常使用。现在的机器都支持 IDE Auto Detect 的功能,可自动检测硬盘的类型。当硬盘类型错误时,有时干脆无法启动系统,有时能够启动,但会发生读写错误。比如,CMOS 中的硬盘类型小于实际的硬盘容量,则硬盘后面的扇区将无法读写,如果是多分区状态则个别分区将丢失。还有一个重要的故障原因,由于目前的 IDE 都支持逻辑参数类型,硬盘可采用 Normal、LBA 和 Large 等,如果在一般的模式下安装了数据,而又在 CMOS 中改为其他模式,则会发生硬盘的读写错误故障,因为其映射关系已经改变,将无法读取原来的正确硬盘位置。

3. 系统无法启动

造成这种故障通常有以下原因:分区表损坏、分区有效位错误、引导文件损坏等。

其中,引导文件损坏最简单,用启动盘引导后,向系统传输一个引导文件就可以了。主引导程序损坏和分区有效位损坏一般也可以用 FDISK/MBR 强制覆写解决。分区表损坏就比较麻烦了,因为无法识别分区,系统会把硬盘作为一个未分区的新硬盘处理,因此造成一些软件无法工作。

分区表损坏还有一种形式,称为"分区映射",具体的表现是出现一个和活动分区一样的分区,同样包括文件结构、内容、分区容量。假如在任意区对分区内容作了变动,都会在另一处体现出来,好像是映射的影子一样。

4. 硬盘出现坏道

在用 Windows 系统自带的硬盘扫描程序 SCANDISK 扫描硬盘的时候,系统提示硬盘可能有坏道,这些坏道大多是逻辑坏道,是可以修复的。

一旦用 SCANDISK 扫描硬盘时程序提示有了坏道,首先应该重新使用各品牌硬盘自己的自检程序进行完全扫描。注意,不要选择快速扫描。如果检查的结果是"成功修复",那可以确定是逻辑坏道;如果不是,那就没有什么修复的可能了,如果硬盘还在保修期,赶快更换。

由于逻辑坏道只是将簇号做了标记,以后不再分配给文件使用。如果是逻辑坏道,只要将硬盘重新格式化就可以了。但为了防止格式化可能的丢弃现象,最好还是重新分区。

5. 硬盘容量与标称值明显不符

一般来说,硬盘格式化后容量会小于标称值,但此差距绝不会超过 20%。如果两者差距很大,则应该在开机时进入 BIOS 设置。在其中根据硬盘做合理设置。如果还不行,则说明可能是主板不支持大容量硬盘,此时可以尝试下载最新的主板 BIOS 并进行刷新来解决。此种故障多在容量硬盘与较老的主板搭配时出现。另外,由于突然断电等原因使 BIOS 设置产生混乱也可能导致这种故障的发生。

任务 4.2　选购显示器

任务描述

显示器是计算机中一个重要的输出设备,是人与计算机进行交流的窗口。阴极射线管显示器(CRT 显示器),是最早使用的显示器,它技术成熟,价格便宜,寿命长,可靠性高。随着显示技术的不断发展,显示器向着高清晰、低辐射、小体积等有利于长期使用的方向发展,目前使用最多的显示器是液晶显示器。

实施过程

(1) 深入了解显示器;

(2) 选购显示器;

(3) 排除显示器故障。

4.2.1　深入了解显示器

显示器又叫监视器(Monitor)。显示器是个人计算机的必备设备,是用户和计算机交互的信息平台。常见的显示器是阴极射线(CRT)显示器和液晶显示器(LCD)。

1. CRT 显示器

CRT 显示器如图 4.9 所示。CRT 显示器的显示系统和电视机类似,主要部件是显像管(电子枪),在彩色显示器中通常是三个电子枪。显像管的屏幕上涂有一层荧光粉。当显像管内部的电子枪阴极发出的电子束,经强度控制、聚焦和加速后变成细小的电子流,再经过偏转线圈的作用向正确目标偏离,穿越荫罩的小孔或栅栏,轰击到荧光屏上的荧光粉时,荧光粉被激活,即可发出光来。彩色显示器由三支电子枪分别发射不同强度的电子束,并打在荧光层上对应的红(R)、绿(G)、蓝(B)色点上,三点发出的光线叠加后就会产生各种色彩。

当一个图像被显示在屏幕上时,它是由无数小点组成的,被称为 Pixel(picture element)。像素描绘的是屏幕上极小的一个点,它们可以被设置为不同的颜色和亮度。每一个像素是包含红色、绿色、蓝色的磷光体。

2. 液晶显示器

液晶显示器使用"液晶(Liquid Crystal)"作为材料的显示器,如图 4.10 所示。其实,液晶是一种介于固态和液态之间的物质,当被加热时,它会呈现透明的液态,冷却时则会结晶成混乱的固态,是具有规则性分子排列的有机化合物。当向液晶通电时,液晶体分子排列得井然有序,可以使光线容易通过;而不通电时,液晶分子排列混乱,阻止光线通过。通电与不通电就可以让液晶像闸门般地阻隔或让光线穿过。这种可以控制光线的两种状态是液晶显示器形成图像的前提条件,当然,还需要配合一定的结构才可以实现光线与图像的转换。

图 4.9　CRT 显示器

图 4.10　液晶显示器

3. CRT 显示器的技术指标

1）分辨率

分辨率通常用一个乘积来表示。它标明了水平方向上的像素点数（水平分辨率）与垂直方向上的像素点数（垂直分辨率）。例如分辨率为 1280×1024，表示这个画面的构成在水平方向（宽度）有 1280 个点，在垂直方向（高度）有 1024 个点，所以一个完整的画面总共有 1 310 720 个点。分辨率越高，意味着屏幕上可以显示的信息越多，画质也越细致。

2）点（栅）距

点距就是显像管上相邻像素同一颜色磷光点之间的距离。屏幕的点距越小，意味着单位显示区内显示像素点越多，显示器的清晰度越高。

3）扫描方式

显示器的扫描方式主要有隔行扫描和逐行扫描。隔行扫描是指显示器显示图像时，先扫描奇数行，再回头扫描偶数行，经过两次扫描才完成一次图像刷新。逐行是将视频线条连续进行扫描，一次性刷新图像。逐行扫描的显示器较好，目前绝大多数 CRT 显示器都采用了逐行扫描方式。

4）最大可视区域

最大可视区域就是显示器可以显示图形的最大范围。最佳的检测手段是亲自动手用尺子测量一下显示器对角线的长度，单位为英寸。目前市场上常见显示器有 17 英寸、19 英寸和 21 英寸等。显示器的屏幕尺寸与实际可视尺寸并不一致，屏幕尺寸减去荧光屏四边的不可显示区域才是实际的可视区域。

5）场频

场频也称为垂直扫描频率或刷新频率，用于描述显示器每秒刷新屏幕的次数，以赫兹（Hz）为单位，一般在 60～120Hz 左右。场频越低，图像的闪烁、抖动越厉害，严重的情况甚至会伤害视力和引起头晕等症状。通常刷新频率设为 85Hz。

刷新频率与分辨率有关，较为详细的表示方式是"1280×1024@70Hz，1024×768@80Hz"，即当垂直扫描频率为 70Hz 的时候，屏幕的最高分辨率可达到 1280×1024；如果垂直扫描频率提高到 80Hz，最高分辨率就降到了 1024×768，依此类推。

6）行频

行频也称作水平扫描频率，一般在 50～90kHz 左右。行频指电子枪每秒钟在荧光屏上扫描过的水平线的数量，以 kHz（千赫兹）为单位，数字越大，显示器越稳定。

7）视频带宽

视频带宽是显示器一个极重要的性能指标，也是最容易被忽略的指标。带宽是指每秒钟电子枪扫描过的总像素数，代表了显示器每秒所处理的最大数据量。一般用水平分辨率×垂直分辨率×场频来简单的计算带宽值。与行频相比，带宽更具有综合性，也更直接的反映显示器性能。但通过公式计算出的视频带宽只是理论值，在实际应用中，为了避免图像边缘的信号衰减，保持图像四周清晰，电子枪的扫描能力需要大于分辨率尺寸，水平方向通常要大 25%，垂直方向要大 8%。带宽对于选择一台显示器来说是很重要的一个指标。太小的带宽无法使显示器在高分辨率下有良好的表现。一般 17 英寸普及型显示器的带宽为 108MHz，而高端的则可以达到 175MHz，甚至是 203MHz。当然，带宽越高的显像管成本也越高。

4. 液晶显示器的技术指标

1) 液晶面板

液晶显示器的好坏首先要看它的面板,因为面板的好坏直接影响到画面的观看效果。液晶面板可以在很大程度上决定液晶显示器的亮度、对比度、色彩、可视角度等非常重要的参数。常见的有 TN 面板、MVA 和 PVA 等 VA 类面板、IPS 面板以及 CPA 面板。

(1) TN(Twisted Nematic,扭曲向列型)面板。低廉的生产成本使 TN 成为了应用最广泛的入门级液晶面板,在主流的中低端液晶显示器中被广泛使用。TN 面板的优点是由于输出灰阶级数较少,液晶分子偏转速度快,响应时间容易提高。TN 面板属于软屏,用手轻轻划会出现类似的水纹。

(2) VA 类面板。VA 类面板是高端液晶应用较多的面板类型,属于广视角面板。VA 类面板又可分为由富士通主导的 MVA 面板和由三星开发的 PVA 面板,其中后者是前者的继承和改良。VA 类面板的正面(正视)对比度最高,但是屏幕的均匀度不够好,往往会发生颜色漂移。VA 类面板也属于软屏,用手轻轻划也会出现类似的水纹。

(3) IPS(In-Plane Switching,平面转换)面板。IPS 技术是日立公司于 2001 年推出的液晶面板技术,俗称 Super TFT。在市场上能看到的型号不是很多。IPS 面板最大的特点就是它的两极都在同一个面上。IPS 面板的优势是可视角度高、响应速度快、色彩还原准确、价格便宜。不过缺点是漏光问题比较严重,黑色纯度不够,要比 PVA 稍差,因此需要依靠光学膜的补偿来实现更好的黑色。IPS 面板的屏幕较"硬",用手轻轻划一下不容易出现水纹样变形,因此又有硬屏之称。

(4) CPA(Continuous Pinwheel Alignment,连续焰火状排列)面板(ASV 面板)。CPA 模式广视角技术(软屏)严格来说也属于 VA 阵营的一员,各液晶分子朝着中心电极呈放射的焰火状排列。由于像素电极上的电场是连续变化的,所以这种广视角模式被称为"连续焰火状排列"模式。CPA 面板色彩还原真实、可视角度优秀、图像细腻,但价格比较贵。CPA 面板也属于软屏,用手轻轻划会出现类似的水纹。

2) 屏幕坏点

液晶显示器是靠液晶材料在电信号控制下改变光的折射效应来成像的。如果液晶显示屏中某一个发光单元有问题或者该区域的液晶材料有问题,就会出现总不透光或总透光的现象,这就是所谓的屏幕"坏点"。这种缺陷表现为无论在任何情况下都只显示为一种颜色的一个小点。按照行业标准,三个坏点以内都是合格的。

3) 屏幕尺寸

屏幕尺寸是指液晶显示器屏幕对角线的长度,单位为英寸。与 CRT 显示器不同的是,由于液晶显示器标称的屏幕尺寸就是实际屏幕显示的尺寸,所以 17 英寸的液晶显示器的可视面积接近 19 英寸的 CRT 纯平显示器。对于目前越来越多的宽屏液晶显示器而言,其屏幕尺寸仍然是指液晶显示器屏幕对角线的长度,目前市售产品主要以 19 英寸为主。现在宽屏液晶显示器的屏幕比例还没有统一的标准,常见的有 16∶9 和 16∶10 两种。宽屏液晶显示器相对于普通液晶显示器具有有效可视范围更大等优势。

4）像素间距

LCD 的像素间距（Pixel Pitch）的意义类似于 CRT 显示器的点距。像素间距是指液晶显示屏相邻两个像素点之间的距离。液晶显示器的像素数量则是固定的，因此在尺寸与分辨率都相同的情况下，大多数液晶显示器的像素间距基本相同。所以对于同尺寸的LCD 的价格一般与点距基本没有关系。

5）亮度

亮度是指画面的明亮程度，单位是堪德拉每平方米（cd/m²）或 nits。目前提高亮度的方法有两种：一种是提高 LCD 面板的光通过率；另一种就是增加背景灯光的亮度，即增加灯管数量。

需要注意的是，较亮的产品不见得就是较好的产品，显示器画面过亮常常会令人感觉不适，一方面容易引起视觉疲劳，同时也使纯黑与纯白的对比降低，影响色阶和灰阶的表现。因此提高显示器亮度的同时，也要提高其对比度，否则就会出现整个显示屏发白的现象。此外，亮度的均匀性也非常重要，但在液晶显示器产品规格说明书里通常不做标注。亮度均匀与否和背光源与反光镜的数量与配置方式息息相关，品质较佳的显示器，画面亮度均匀，柔和不刺目，无明显的暗区。

6）对比度

液晶显示器的对比度实际上就是亮度的比值，即在暗室中白色画面（最亮时）下的亮度除以黑色画面（最暗时）下的亮度。更精准地说，对比度就是把白色信号在 100％ 和 0的饱和度相减，再除以用光照度（勒克斯，每平方米的流明值）为计量单位下 0％的白色值所得到的数值。对比度是最黑与最白亮度单位的相除值，因此白色越亮、黑色越暗，对比度就越高。对比度是液晶显示器的一个重要参数，在合理的亮度值下，对比度越高，其所能显示的色彩层次越丰富。

7）视角范围

液晶显示器发出的光由液晶模块背后的背光灯提供，这必然导致液晶显示器只有一个最佳的欣赏角度——正视。当从其他角度观看时，由于背光可以穿透旁边的像素而进入人眼，就会造成颜色的失真。液晶显示器的可视角度就是指能观看到可接收失真值的视线与屏幕法线的角度，也是评估液晶显示器的重要指标之一，这个数值当然是越大越好。

目前市场上出售的 LCD 的可视角度都是左右对称的，但上下就不一定对称了，常常是上下角度小于左右角度。视角范围越大，观看的角度越好，LCD 也就更具有适用性。

8）响应时间

响应时间指的是显示器对于输入信号的反应速度。标准电影每秒约播放 25 帧图像，即每帧 40ms。当显示器的响应时间大于这个值的时候就会产生比较严重的图像滞后现象。现在比较好的 LCD 响应时间也只达到 5～16ms，远不及 CRT 显示器 1ms 的响应时间。

9）接口类型

目前液晶显示器有两种接口，分别为 VGA 和 DVI。其中 VGA 接口是经过两次转换的模拟传输信号，而 DVI 接口是全数字无损失的传输信号。当 VGA 接口的液晶显示器在长时间使用后会出现效果模糊的状况，需要重新校对才能恢复正常效果。但 DVI 接口的液晶显示器就绝对不会出现类似的状况，在长时间使用后，显示效果依然优秀。

4.2.2　挑选显示器

目前，市场上以液晶显示器为主。选购液晶显示器应当注意以下几点。

1. 屏幕尺寸

由于每个人的用眼习惯不同，以及用户使用目的的不同，这就决定了选购的显示器屏幕尺寸大小也不尽相同。如果平时主要用于文字处理、上网、办公和学习等，19 英寸的液晶显示器应该比较合适。如果平时用于游戏、影音娱乐和图形处理等用途，21 英寸液晶显示器的表现就更为突出一些。如果平时想用计算机来感受 DVD 大片，23 英寸以上液晶显示器可满足这一需求。

2. 响应时间

目前，液晶显示器的最大卖点就是不断提升的响应时间，从最开始的 25ms 到如今的灰阶 4ms，速度提升之快让人惊叹不已。响应时间决定了显示器每秒所能显示的画面帧数，通常当画面显示速度超过每秒 25 帧时，人眼会将快速变换的画面视为连续画面。在播放 DVD 影片，玩 CS 等游戏时，要达到最佳的显示效果，需要画面显示速度在每秒 60 帧以上，响应时间为 16ms 以上才能满足要求。也就是说，响应时间越小，快速变化的画面所显示的效果越完美。目前市场上主流液晶显示器的响应时间是 8ms，性价比也相当高，高达每秒 125 帧的显示速度，可与 CRT 显示器相媲美。

3. 可视角度

可视角度分为水平可视角度和垂直可视角度。在选择液晶显示器时，应尽量选择可视角度大的产品。目前，液晶显示器可视角度基本上在 140°以上，这可以满足普通用户的需求。无论可视角度数值多少，是否方便自己的使用才是根本，用户最好根据自己的日常使用习惯进行选择。

4. 面板

液晶面板上不可修复的物理像素点就是坏点，而坏点又分为亮点和暗点两种。亮点指屏幕显示黑色时仍然发光的像素点，暗点则指不显示颜色的像素点。由于它们的存在会影响到画面的显示效果，所以坏点越少就越好。消费者在挑选液晶显示器的时候，不要选择超过三个坏点且在屏幕中央的产品。同时也要注意"无亮点"和"无坏点"是不一样的，有些商家会以此来蒙蔽消费者。更有甚者还用特殊技术将坏点进行处理，消费者用肉眼很难察觉。用户可以借助 Nokia Monitor Test 这个软件进行测试。除了"暗点"和"亮点"外，还有始终显示单一颜色的"色点"。用户在挑选时最好将液晶显示器调整到全黑或者全白来进行鉴别。

5. 接口类型

目前液晶显示器有两种接口，分别为 VGA 和 DVI。在价格相当的情况下，消费者应多考虑 DVI 接口的液晶显示器。

4.2.3　排除显示器故障

（1）刚开机时 CRT 显示器的画面抖动得很厉害。

刚开机时 CRT 显示器的画面抖动得很厉害，甚至连图标和文字也看不清，但过一两分钟之后就会恢复正常。

这种现象多发生在潮湿的天气,是显示器内部受潮的缘故。要彻底解决此问题,可以使用干燥剂,打开显示器的后盖,将干燥剂放置于显像管管颈尾部靠近管座附近。

（2）开机后 CRT 显示器无画面。

计算机开机后,CRT 显示器只闻其声不见其画,漆黑一片,要等上几十分钟以后才能出现画面。这是显像管管座漏电所致,须更换管座。

（3）显示器有波纹和杂音。

显示器屏幕上总有挥之不去的干扰杂波或线条,而且音箱中也有令人讨厌的杂音。这种现象可能是电源的抗干扰性差所致。

（4）显示器花屏。

此问题较多是由显卡引起的。如果是新换的显卡,则可能是显卡的质量不好或不兼容,也可能是没有安装正确的驱动程序。

（5）显示器黑屏。

如果是显卡损坏或显示器断线等原因造成没有信号传送到显示器,则显示器的指示灯会不停地闪烁提示没有接收到信号。要是将分辨率设的太高,超过显示器的最大分辨率也会出现黑屏,重者销毁显示器。但现在的显示器都有保护功能,当分辨率超出设定值时会自动保护。另外,硬件冲突也会引起黑屏。

（6）CRT 显示器抖动。

当 CRT 显示器的刷新频率设置低于 75 Hz 时,屏幕常会出现抖动、闪烁的现象,把刷新率适当调高,例如设置成高于 85 Hz,屏幕抖动的现象一般不会再出现。

如果电源变压器离显示器和机箱太近,电源变压器工作时会造成较大的电磁干扰,从而造成屏幕抖动。把电源变压器放在远离机箱和显示器的地方,可以让问题迎刃而解。劣质电源或电源设备已经老化,许多小品牌计算机电源所使用的元件做工、用料均很差,均易造成计算机的电路不畅或供电能力跟不上,当系统繁忙时,显示器尤其会出现屏幕抖动的现象。

音箱放的离显示器太近,音箱的磁场效应会干扰显示器的正常工作,使显示器产生屏幕抖动和串色等磁干扰现象。

任务 4.3　选购打印机

任务描述

打印机是计算机外设的重要组成部分,在办公自动化中是不可缺少的,是一种重要的输出设备。

实施过程

（1）深入了解打印机;

（2）选购打印机;

（3）排除打印机故障。

4.3.1 深入了解打印机

打印机是将计算机的运行结果或中间结果打印在纸上的常用输出设备，利用打印机可以打印出各种文字、图形和图像等信息。打印机是计算机重要的输出设备之一，如图 4.11 所示。

图 4.11 打印机

1. 打印机的分类

1）针式打印机

针式打印机作为典型的击打式打印机，如图 4.12 所示，曾经为打印机的发展做出过不可磨灭的贡献。其工作原理是在打印头移动的过程中，色带将字符打印在对应位置的纸张上。其特点是打印耗材便宜，同时适合有一定厚度的介质打印，比如银行专用存折打印等。当然，它的缺点也是比较明显的，不仅分辨率低，而且打印过程中会产生很大的噪声。如今，针式打印机已经退出了家用打印机的市场。

2）喷墨打印机

喷墨打印机（见图 4.13）的工作原理并不复杂，就是通过将细微的墨水颗粒喷射到打印纸上而形成图形。按照工作方式的不同，它可以分为两类：一类是以 Canon 为代表的气泡式（Bubble Jet），另一类是以 EPSON 为代表的微压电式（Micro Piezo）。喷墨打印机的突出优点是定位在彩色输出领域，它以出色的性价比得以迅速普及，目前就整个彩色输出打印机市场而言，它要占到 90%以上。

3）激光打印机

激光打印机（见图 4.14）的工作原理是：当调制激光束在硒鼓上进行横向扫描时，使鼓面感光，从而带上负电荷，当鼓面经过带正电的墨粉时感光部分吸附上墨粉，然后将墨粉印到纸上，纸上的墨粉经加热熔化形成文字或图像。不难看出，它是通过电子成像技术完成打印的。激光打印机的突出优点就是输出速度快、分辨率高、运转费用低。

图 4.12 针式打印机　　　　**图 4.13 喷墨打印机**　　　　**图 4.14 激光打印机**

2. 打印机的技术指标

1）打印速度

打印速度是衡量打印机性能的重要指标之一。打印速度的单位用 CPS（字符/秒）或者 PPM（Papers Per Minute，页/分钟）表示。一般点阵式打印机的平均速度是 50～

200 汉字/秒。以 A4 纸为例,喷墨打印机打印黑白字符的速度为 5～9PPM,打印彩色画面的速度为 2～6PPM。激光打印机的速度更高。

2)分辨率

分辨率是打印机的另一个重要性能指标,单位是 dpi(Dot Per Inch,点/英寸),表示每英寸所打印的点数。分辨率越大,打印精确度越高。

眼睛分辨打印文本与图像的边缘是否有锯齿的最低点是 300dpi,实际上只有 360dpi 以上的打印效果才能基本达到要求。一般情况下,达到 720×360dpi 以上的打印效果才能基本符合要求。当前一般的喷墨打印机的分辨率都在 720×360dpi 以上,较高级的喷墨打印机的分辨率可达到 1440×720dpi。

3)数据缓存容量

打印机在打印时,先将要打印的信息存储到数据缓存中,然后再进行后台打印或称为脱机打印。如果数据缓存的容量大,存储的数据就多,所以数据缓存对打印的速度影响很大。

4)颜色数目

颜色数目的多少意味着打印机颜色精确度的高低。原来传统的 3 色墨盒,即红、黄、蓝已逐渐被 6 色(红、黄、蓝、黑、淡蓝、淡红)墨盒替代,其图形打印质量效果绝佳。

3. 打印机品牌

打印机的品牌常见的有惠普、联想、佳能、三星、富士施乐、理光、兄弟和爱普生等。

4.3.2　挑选打印机

在购买打印机时,首先用户应该明确打印机的主要用途,属于家庭用户还是企业用户。家庭用户的打印量比较小,一般喷墨打印机就可以满足需求。企业用户的打印量比较大,推荐购买激光打印机,如果涉及票据打印,则以针式打印机为主。

1. 选购喷墨打印机

对于家庭用户,目前市面上在售的喷墨打印机性能都能满足需求,购买时可以考虑以下几个因素。

(1)打印分辨率。A4 照片的精度是 4800dpi×1200dpi,高于此分辨率的打印机属于半专业级的,对于家庭用户,较高的分辨率意味着高价格。

(2)打印速度。打印速度分为黑白、彩色两种,打印文本(黑白)比图像(彩色)要快速。很多厂商在测试打印速度的时候都是采用草稿模式,而用户在实际应用中多用普通模式,打印速度比厂商公布的数据要慢一些。通常打印速度越快,价格就越贵。对于家庭用户来说,不必过分追求打印速度。但对于商业用户来说,效率是第一位的。

(3)TCO。TCO 即总体拥有成本,用数学表达式表示为:打印机实际总体成本=首次采购成本+耗材成本+维护成本,家庭用户比较敏感。目前市面上低价喷墨打印机比比皆是,但耗材费用高是不争的事实,所以在购置喷墨打印机时耗材费用是一个重要的考虑因素。耗材费用主要是墨盒费用,考虑的因素有:墨盒的绝对价格与打印张数、是分色墨盒还是多色墨盒,墨盒是否与喷头一体,是否有相应的兼容墨盒等。一般情况下,墨盒的墨水容量与打印张数是成正比的,但需要提醒用户注意的是,厂家标称的打印张数只是测试结果,不是实际使用数值,二者的差别有时很大。彩色墨盒考虑的因素比黑色的要多,照片打印偏色的情况较多,经常出现彩色墨盒中某一种颜色用完了,而其他颜色还有剩余,如果使用一体墨盒只能全部更换,损失较大;使用分体墨盒,可以哪种颜色用完了换哪种颜色的墨盒,避免无谓浪费。此外,目前市场上中高档喷墨打印机都是 6 色以上的,比起传统红、黄、蓝三色多出了黑、淡红、淡蓝等几种颜色,打印出的图像更鲜艳、更细腻。

（4）操控性。家庭用户绝大部分是非专业人士,因此对于打印机的操控性能有着更强的依赖性。操控性能包括硬件和软件两方面,硬件方面的人机工程学和按键设计,软件方面的易用性和实用性都是值得考察的重点。

2. 选购激光打印机

对于大多数企业用户,激光打印机可以满足需求,购买激光打印机应考虑以下几个因素。

（1）打印速度。一个非常重要的指标,单位为 ppm,指每分钟输出的页数。打印速度越快越好,当然设备的费用也会越高。

（2）FPOT（First Print Out,首页输出时间）。FPOT 指的是在打印机接受执行打印命令后,多长时间可以打印输出第一页内容的时间。一般来讲,激光打印机在 15s 内都可以完成首页的输出工作,测试的基准为 300dpi 的打印分辨率,A4 打印幅面,5％的打印覆盖率,黑白打印。打印首页时,打印机需要一段预热时间,大多数企业用户经常打印 1～3 页文件,在小批量、多次打印的任务中,首页输出时间成为决定输出速度的最主要因素,当打印的页数越少时,首页输出时间在整个打印作业完成时间中所占的比重就越大。

（3）打印分辨率。打印分辨率是激光打印机重要的技术指标之一,即指每英寸打印多少个点,单位是 dpi。它的数值直接关系到打印机输出图像和文字的质量好坏,一般来说,分辨率越高,打印质量也会越好。对于黑白激光打印机,600dpi 就可以保证较为清晰的图文混排文件的输出,目前千元左右产品都达到这一水平,而彩色激光打印机的表现参差不齐,价差较大,需要根据对输出精度的需求来选择。

（4）打印幅面。常见的激光打印机分为 A3 和 A4 两种打印幅面,对于一般企业,使用 A4 幅面的打印机即可;而对于一些广告、建筑、金融行业用户或需要经常处理大幅面的用户来说,可以考虑去选择使用 A3 幅面的激光打印机。建议购买 A4 幅面打印机,A3 幅面和 A4 幅面激光打印机的价差通常是按倍来计算的。

（5）稳定性。最容易被忽略的因素。企业用户经常需要连续打印,月打印量可能会达到数万页。这样高负荷量的运行,对于打印机的稳定性要求很高,月打印负荷绝对不是一个虚标的数字,而是和打印机内部结构和用料有直接关系。通常低端激光打印机的月打印负荷在 5000 页左右,而中高端能够达到 20 000 页甚至 30 000 页。

（6）耗材。激光打印机的耗材主要是硒鼓,硒鼓分为鼓粉一体式和鼓粉分离式,后者可以单独更换粉盒,更为经济。对于打印量较大,对成本比较敏感的用户来说,还应该考虑市场上兼容硒鼓的数量和质量。

3. 选购针式打印机

针式打印机分为通用针式打印机、存折针式打印机、行式针式打印机和高速针式打印机。存折针式打印机在银行、邮电和保险等服务行业中广泛应用,行式针式打印机则满足证券、电信等行业高速批量打印业务需求。购买针式打印机应考虑以下几个因素。

（1）打印速度。在打印速度的标识上，针式打印机与喷墨、激光打印机不同，它是用每秒钟能够打印多少个字符来标识，这其中又分为中文字符的打印速度和英文字符的打印速度。

（2）打印厚度。针式打印机选购中需要关注的重要技术指标，它的标识单位为 mm。一般来说，如果需要用来打印存折或进行多份复制式打印，打印厚度至少应该在 1mm 以上。

（3）复写能力。针式打印机能够在复写式打印纸上最多打出"几联"内容的能力，其直接关系到产品打印多联票据、报表的能力。当然，在进行复制打印的同时还需要考虑打印机的打印厚度。

（4）耗材。针式打印机使用的耗材是色带，价格较为便宜，因此对于针式打印机的使用成本影响并不大。

（5）针头。对于针式打印机使用成本影响较大的因素是针头的使用成本。断针是针式打印机较为常见的故障，因此在选购时应该关注针头的使用寿命。针头的使用寿命一般有两种标识：一种是打印次数，目前针式打印机的打印次数一般达到 2～3 亿次。另一种是保修时间，这对于打印量特别大的用户来说是非常有意义的，因为即使针头因为打印次数达到、超过了使用寿命而损坏，而保修期没有到的话，厂商也是应该免费给予保修的。

4.3.3　排除打印机常见故障

排除打印机的故障需要用户有一定的专业知识。

（1）联机正常，但不打印。

根据故障现象，将屏幕显示返回至起始命令状态；改用应答式输入回车指令后，显示器上显示的各种提示均正常。当屏幕上出现"打印机准备好，按回车键"提示时，仔细检查打印机的电源指示灯、联机灯亮，缺纸灯（红灯）不亮，指示灯指示状态正常。

关掉打印机电源，并将联接打印机的传输电缆插头拆下。然后打开打印机电源，对打印机进行自检打印，均正常。此时说明打印机本身无故障。再从显示器显示的各种提示都正常看，主机本身无故障，故判断故障系出在主机与打印机间的传输电缆上。关掉主机电源，拆下主机一端的信号传输电缆插头。用万用表电阻挡测量信号传输电缆的两端，有两条电缆线不通导致不能打印。原因是因信号传输电缆的塑料外套较硬，里面的多股导线偏短，使用时稍不小心易将其拉断。找出相同颜色的连线和接脚焊牢即可。

（2）打印机自检正常，指示灯亮，但打印机不动作，不打印。

根据故障现象，先联机进行屏幕复制，光标由屏首快速扫描至屏尾，但打印机并不动作。此时说明主机的传输信号已发送至打印机，只是打印机未接收到。再换一根同类型的信号连线，故障依旧。由此判断故障出自打印机本身。在此故障中，主机的传输信号已送出，说明 BUSY 信号正常。打印机未接收到数据，应检测 STROBE 信号。在打印时，用示波器测量集成块 5A 的第 19 脚，发现有一个明显的低电平信号输出，说明 STROBE 信号已加至接口电路上。由此可判定集成块 5A 内部电路损坏，使接口电路不能正常接收主机送来的信号。更换一块新的集成块 5A，联机测试打印，故障排除。

（3）开机瞬间，电源指示灯一闪即灭，针式打印机的字车不返回初始位置。

根据故障现象，判定系打印机电源保护电路故障所致。打印机有过压和过流两种保护。过流保护一般受负载影响，可用空载试验区分是过压还是过流。

（4）打印中走纸正常，但走纸电机异常发烫。

打印机打印中走纸正常，说明走纸机构良好，驱动电路的相序也正常，其故障可能是走纸电机处于锁定状态时绕组上维持电压太高，流过的电流过大所致。

（5）喷墨打印机墨盒打印头干结堵塞，导致不能工作。

可按以下步骤解决：首先拆下墨盒打印头，将打印头部分浸入50℃～60℃的温水中，使打印头上的阻塞物溶解掉，这个过程一般需要十几分钟；然后将打印头放在几张柔软而干燥的纸巾上面，让纸巾逐渐将喷嘴的残留水分和墨水吸干，切勿使劲擦拭打印头；最后将墨盒打印头正确装回打印机即可。

（6）打印机在打印时总是提示打印机缺纸。

产生这种现象主要有以下几种原因：打印机连接电缆或计算机并行接口损坏造成缺纸提示现象，可更换电缆或并行端口以排除故障；打印机驱动程序被破坏也有可能造成这种现象，重新安装打印机驱动程序或升级驱动程序；打印纸传感器被污染。

（7）打印表格中的竖线时总是出现竖线对不齐的现象。

解决方法一：在"控制面板"窗口中双击"设备和打印机"图标，并运行打印机的工具软件，对打印机重新进行校准。

解决方法二：部分打印机有三种工作模式，即最佳模式、正常模式和经济快速模式。将打印机设定为"经济快速模式"打印时，打印是从左右双方向完成的，这样会使打印速度加快，但也很容易出现竖线打印不齐的现象，可以将打印机工作模式设为"最佳模式"或"正常模式"解决此问题。

（8）喷墨打印机打印图像时纸面上出现横纹。

用户可以尝试以下 4 种方法解决。一是在打印机驱动程序中设置的打印介质与实际打印使用的打印纸类型不一致时易产生这种问题。二是打印质量参数选择过低造成的。三是打印纸朝向放置错误，一些打印纸张有正反面的区别，反面的纸质不好也会造成打印效果不好。四是可以通过打印机控制面板上的清洗键，对打印头进行清洗。

任务 4.4 选购扫描仪

任务描述

扫描仪是一种光电一体化的产品，用于将图形图像转换成计算机可以读取、编辑、保存的文件格式，是主要的计算机输入设备。

实施过程

（1）深入了解扫描仪；

（2）选购扫描仪；

（3）排除扫描仪故障。

4.4.1 深入了解扫描仪

扫描仪诞生于 20 世纪 80 年代初。扫描仪的出现改变了计算机只有键盘和鼠标两种输入设备的历史。扫描仪是一种捕获图像的设备，并将之转换为计算机可以识别、显示、编辑、储存和输出的数字格式。扫描仪如图 4.15 所示。

图 4.15 扫描仪

1. 扫描仪的种类

（1）手持式扫描仪（如图 4.16 所示）：手持式扫描仪诞生于 1987 年，是当年使用比较广泛的扫描仪品种，最大扫描宽度为 105mm，用手推动完成扫描工作。也有个别产品采用电动方式在纸面上移动，称为自动式扫描仪。手持式扫描仪广泛使用期间，平板式扫描仪价格非常昂贵，而手持式扫描仪由于价格低廉，获得了广泛的应用。随着扫描仪价格的整体下降，因扫描幅面窄，扫描效果差，手持式扫描仪已经停产。

（2）馈纸式扫描仪（如图 4.17 所示）：馈纸式扫描仪又称为滚筒式扫描仪或是小滚筒式扫描仪。馈纸式扫描仪诞生于 20 世纪 90 年代初，由于平板式扫描仪价格昂贵，手持式扫描仪扫描宽度小，为满足 A4 幅面文件扫描的需要，推出了这种产品。目前市场上的馈纸式扫描仪已经发生了很大的变化，与老产品的最大区别是体积变小，而且采用内置电池供电，甚至有的不需要外接电源，直接依靠计算机内部电源供电，主要目的是与笔记本电脑配套，又称为笔记本式扫描仪。

（3）平板式扫描仪（如图 4.18 所示）：平板式扫描仪又称为平台式扫描仪、台式扫描仪，诞生于 1984 年，是目前办公用扫描仪的主流产品。

图 4.16 手持式扫描仪

图 4.17 馈纸式扫描仪

图 4.18 平板式扫描仪

除了以上扫描仪外，其他的还有大幅面扫描用的大幅面扫描仪、笔式扫描仪、条码扫描仪和底片扫描仪等。

2. 扫描仪的工作原理

当被扫描图稿正面向下放置在玻璃平台上开始扫描时，机械传动机构带动扫描头沿扫描仪纵向移动，扫描头上光源发出的光线射向图稿，经图稿反射的光线（光信号）进入光电转换器被转换为电信号后，经电路系统处理后送入计算机。

扫描仪对原稿进行光学扫描,然后将光学图像传送到光电转换器中变为模拟电信号,又将模拟电信号变换为数字电信号,最后通过计算机接口送至计算机中。

因此在扫描仪获取图像的过程中,有两个元件起到关键作用:一个是光电转换元件,它将光信号转换为电信号;另一个是 A/D 变换器,它将模拟电信号变为数字电信号。这两个元件的性能直接影响扫描仪的整体性能,同时也关系到用户使用扫描仪时如何正确理解和处理某些参数及设置。

3. 扫描仪的技术指标

1) 光学分辨率

光学分辨率是指扫描仪光学元件的物理分辨率,是衡量扫描仪的性能指标之一,它直接决定了扫描仪扫描图像时的清晰程度。分辨率的单位是 dpi(每英寸的像素点数)。例如,最大扫描范围为 216mm×297mm(适合于 A4 纸)的扫描仪可扫描的最大宽度为 8.5 英寸(216mm),它的感光原件含有 5100 个单元,其光学分辨率为 5100 点÷8.5 英寸＝600dpi。常见扫描仪的光学分辨率有 300×600dpi、600×1200dpi、1200×2400dpi 或者更高。300×600dpi 的扫描仪处于淘汰的边缘,600×1200dpi 的扫描仪是主流。一般的家庭或办公用户建议选择 600×1200dpi 的扫描仪。1200×2400dpi 以上级别是属于专业级的,适用于广告设计行业。

2) 色彩位数

色彩位数指扫描仪的色彩深度值,是表示扫描仪分辨彩色或灰度细腻程度的指标,它的单位是 bit(位)。1 位只能表示黑白像素,因为计算机中的数字使用二进制,1 位只能表示两个值,即 0 和 1,它们分别代表黑与白;8 位可以表示 256 个灰度级,它们代表从黑到白的不同灰度等级;24 位可以表示 16 777 216 种色彩,一般称 24 位以上的色彩为真彩色,色彩位数越多,颜色就越逼真。

色彩深度值一般有 24 位、30 位、32 位、36 位和 48 位等几种,一般分辨率为 300×600dpi 的扫描仪的色彩深度为 24 位或 30 位。而 600×1200dpi 的扫描仪一般为 36 位。拥有较高的色彩深度位数可以保证扫描仪反映的图像色彩与事物的真实色彩更接近一些。

3) 感光元件

感光元件是扫描仪中的关键元件,用来拾取图像,其质量对扫描精度等方面有很大影响。目前扫描仪所使用的感光器件主要有 CCD(Charge Coupled Device,电荷耦合器件)和 CIS(Contact Image Sensor,接触式图像传感器)。CCD 扫描仪失真度小,聚焦较长,景深好,即扫描效果好。缺点是耗电量大,结构复杂,维护不易。CIS 扫描仪结构简单,图像不易失真,耗电量小。但焦距小,景深短。CCD 扫描仪的扫描效果比 CIS 扫描仪要好。

4) 接口

扫描仪的接口对扫描速度的影响很大,通常有并口(EPP 接口,增强并行端口)、USB 和 SCSI 接口三种。SCSI 接口的扫描仪扫描速度快,负载能力强,但是安装复杂且需要 SCSI 接口卡的支持,成本较高;EPP 接口的扫描仪兼容性好,易于安装,但速度慢一些;USB 接口的速度比 EPP 接口快,支持热插拔设备。

5) 扫描幅面

扫描仪所能扫描的范围称为扫描幅面,其大小也很重要,通常分为 A4、A4 加长、A3、

A1 和 A0 等几种。对于一般的家庭及办公用户,可以选择 A4 或 A4 加长的扫描仪。

4. 扫描仪品牌

扫描仪的品牌常见的有佳能、Microtek、惠普、爱普生、明基、汉王、鼎易、吉星、富士通和金翔等。

4.4.2　挑选扫描仪

在选购扫描仪时,首先需要知道买它的目的,然后再从其性能、质量、知名度和售后服务等方面考虑,不同的人有不同的要求。总体可分为两类:一类是普通用途使用,例如家庭扫描照片,个人扫描图形文字等;另一类是专用,主要针对一些对图形图像有特殊要求的用户。一般来说,作为普通用途,选光学分辨率在 600×1200dpi、色彩位数为 36 位、接口是并口或是 USB 接口的、使用的是 CCD 感光元件的扫描仪。而作为专业用途的扫描仪,如商用、广告及图像设计等,一般扫描仪分辨率需要在 600×1200dpi 以上,色彩位数达到 42 位或更高。其次要观察扫描仪外表的坚固程度,扫描仪的驱动软件是否配套。品牌也是选购扫描仪时不得不考虑的。品牌扫描仪往往代表着优良的产品质量,完善的售后服务。现在市面上常见的扫描仪厂商有 Microtek、ACER 和清华紫光等。

另外,一些附加值,比如随机赠送的软件、公司开展的优惠活动等也都要考虑进去。

4.4.3　排除扫描仪常见故障

(1) 将扫描仪连接到计算机,并安装了驱动程序,启动扫描软件却无论如何也检测不到。

用户可以按照以下步骤进行检查。

① 确定开启电源顺序正确。应该先打开扫描仪的电源,然后才启动计算机,否则系统将检测不到扫描仪。

② 在"设备管理器"窗口选中扫描仪的选项,单击窗口下面的"刷新"按钮,查看扫描仪是否有自检,绿色指示灯是否长亮。如果是,则扫描仪本身工作正常。如果扫描仪的指示灯不停地闪烁,表明扫描仪工作状态不正常,可检查扫描仪与计算机的接口电缆是否有问题。

(2) 同样型号的扫描仪扫描出来的图片色彩鲜艳程度不同。

首先应该确认显示器的亮度、对比度是否设置正常,扫描软件中关于亮度和对比度方面的选项是否设置正常。其次,扫描前应该对扫描软件中的色彩校正方面的选项进行合理设置。另外,适当设置扫描软件中的 Gamma 值。Gamma 值是由暗色调到亮色调的一种视觉感受曲线。理论上 Gamma 值越高,感觉色彩的层次就越丰富。

任务 4.5　选购键盘和鼠标

任务描述

键盘和鼠标是计算机最常用的输入设备,是计算机不可缺少的重要组成部分。

实施过程

（1）深入了解键盘和鼠标；

（2）选购键盘和鼠标；

（3）排除鼠标类故障；

（4）排除键盘类故障。

4.5.1　深入了解键盘和鼠标

1. 键盘

键盘（Key Board）是向计算机发布命令和输入数据的重要输入设备，它是计算机必备的标准输入设备。在 DOS 时代，键盘几乎可以完成全部的操作，即使在今天的 Windows 下，键盘也是必不可少的文字输入设备。

键盘的内部有一块微处理器，它控制着键盘的全部工作，比如主机加电时键盘的自检、扫描、扫描码的缓冲以及与主机的通信等。当一个键被按下时，微处理器便根据其位置，将字符信号转换成二进制码传给主机。如果操作人员的输入速度很快或 CPU 正在进行其他的工作，就先将输入的内容送往缓冲区，等CPU 空闲时再从缓冲区中取出暂存的指令分析并执行。键盘的内部结构如图 4.19 所示。

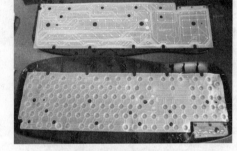

图 4.19　键盘内部结构

1）键盘的分类

（1）从原理上看，键盘有触点式和无触点式两类。

（2）从接口看，目前市场主流是 PS/2 接口和 USB 接口。

（3）从外形上看，分为传统的矩形键盘（如图 4.20 所示）和适合人体工程学造型的键盘（如图 4.21 所示）。

图 4.20　矩形键盘

图 4.21　人体工程学造型键盘

此外，市场上还有许多特殊的键盘：无线键盘，如图 4.22 所示；袖珍型键鼠合一键盘，如图 4.23 所示；手写板功能的键盘，如图 4.24 所示；可折叠键盘，如图 4.25 所示；具有多媒体功能的键盘，如图 4.26 所示。

2）键盘的布局

传统的矩形键盘布局如图 4.27 所示，包括以下几个功能区。

图 4.22 无线键盘

图 4.23 袖珍型键鼠合一键盘

图 4.24 手写板键盘

图 4.25 可折叠键盘

图 4.26 多媒体功能键盘

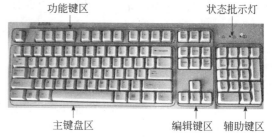

图 4.27 键盘布局

（1）主键盘区

（2）功能键区

（3）编辑键区

（4）辅助键区，数字小键盘

（5）状态指示灯

2. 鼠标

除了键盘之外，另一项最常用的输入设备就是鼠标（Mouse），如图 4.28 所示，它能方便地将光标准确定位在我们指定的屏幕位置，方便地完成各种操作。随着 Windows 操作系统的不断普及和升级，鼠标在某些方面甚至比键盘更重要，鼠标的点击与滑动使复杂的计算机操作简单化，对计算机的普及至关重要。

图 4.28 鼠标

1）鼠标的分类

（1）按照接口形式分类：COM 端口鼠标、PS/2 端口鼠标和 USB 端口鼠标。

（2）键数分类：双键鼠标、三键鼠标和多键鼠标。多键鼠标如图 4.29 所示。

（3）按工作原理分类：机械鼠标、光机鼠标、光电鼠标、光学鼠标和无线鼠标。光电鼠标如图 4.30 所示，无线鼠标如图 4.31 所示。

图 4.29　多键鼠标　　　　图 4.30　光电鼠标　　　　图 4.31　无线鼠标

2）鼠标的技术指标

- 分辨率。分辨率即 dip(Dots Per Inch)，指鼠标内的解码装置每英寸长度内所能辨认的点数，分辨率高表示光标在显示器的屏幕上移动定位较准。现在越来越多的图形软件和游戏软件要求鼠标有较高的分辨率。

- 灵敏度。鼠标的灵敏度是影响鼠标性能的非常重要的一个因素，用户选择时要特别注意鼠标的移动是否灵活自如、行程小、用力均匀，并且在各个方向都应呈匀速运动，按键是否灵敏且回弹快。如果满足这些条件，就是一个灵敏度非常好的鼠标。

- 抗震性。鼠标在日常使用中难免会磕磕碰碰，一摔就坏的鼠标自然是不受欢迎的。鼠标的抗震性主要取决于鼠标外壳的材料和内部元件的质量。要选择外壳材料比较厚实、内部元件质量好的鼠标。

3. 键盘和鼠标的品牌

键盘和鼠标的品牌常见的有罗技（Logitech）、双飞燕、雷柏、雷蛇（Razer）、e-3lue 宜博、新贵、赛睿（Steelseries）、富勒、多彩和微软（Microsoft）等。

4.5.2　挑选键盘和鼠标

1. 选购键盘

键盘是最主要的输入设备之一，其可靠性比较高，价格也比较便宜，由于要经常通过它进行大量的数据输入，所以一定要挑选一个击键手感和质量较佳的键盘。

（1）各键的弹性要好。由于要经常用手敲击键盘，手感非常重要。而手感主要是指键盘的每个键的弹性，因此在购买时应该多敲打键盘，以自己的感觉为准。

（2）键盘的做工要好。键盘的做工是选购中主要考察的对象，要注意观察键盘的质感，边缘有无毛刺、异常突起、粗糙不平，颜色是否均匀，键盘按钮是否整齐，是否有松动。键帽印刷是否清晰，好的键盘采用激光蚀刻键帽文字，这样的键盘文字清晰且不容易褪色。

（3）注意键盘的背面。观察键盘的背面是否标明生产厂商的名字，以及质量检验合格标签等，以便在质量上有保证，即使出了问题，也有地可寻。

（4）根据自己机器的主板接口来购买配套的键盘。

2. 鼠标的选择

一个"好"的鼠标应该是外形美观、按键干脆、手感舒适、滑动流畅、定位精确、辅助功能强大、服务完善、价格合理。如果还有特殊的要求，那么还应考虑一些特殊的功能。

（1）按需购买。造型漂亮、美观的鼠标能给人带来愉悦的感觉。

（2）鼠标的手感。好的鼠标应是根据人体工程学原理设计的外形，手握时感觉轻松、舒适且与手掌面贴合，按键轻松而有弹性，滑动流畅，屏幕指标定位精确。

（3）分辨率。越高越好，鼠标定位越精确。

（4）支持软件。从实用的角度看，软件的重要性不逊于硬件。好而实用的鼠标应附有足够的辅助软件。软件还应配有完备的使用说明书，使用户能够充分利用软件所提供的各种功能，充分发挥鼠标的作用。

（5）谨防假冒。如果是假冒产品，往往没有流水序列号，或者所有产品的流水序列号都是相同的。另外，正品优质鼠标的电路板多是多层板，由焊机自动焊接；而劣质假冒产品多采用单层板，用手工焊接，两者极易分辨。

（6）质保。品牌厂商的产品一般都通过了国际认证（如 ISO9000），这些都有明确的标志，如罗技、双飞燕等。品牌鼠标厂商往往能提供 1～3 年的质保，而一些质量差的鼠标厂商则只提供三个月的质保。

4.5.3　排除鼠标类故障

（1）找不到鼠标。

将鼠标连接到主机上，但是检测不到鼠标。故障解决方法如下。

① 鼠标彻底地损坏，需要更换新鼠标。

② 鼠标与主机连接 PS/2 口接触不良，仔细接好线后，重新启动即可。

③ 主板上的串口或 PS/2 口损坏，这种情况很少见，如果是这种情况，只好去更换一个主板或使用多功能卡上的串口。

④ 鼠标线路接触不良，这种情况是最常见的。接触不良的点多在鼠标内部的电线与电路板的连接处。故障只要不是在 PS/2 接头处，一般维修起来不难。通常是由于线路比较短，或比较杂乱而导致鼠标线被用力拉扯的原因，解决方法是将鼠标打开，再使用电烙铁将焊点焊好。还有一种情况就是鼠标线内部接触不良，这是由于时间长而造成老化引起的。对于这种故障，通常更换鼠标是最快的解决方法。

（2）鼠标能显示，但无法移动。

鼠标的灵活性下降，鼠标指针不像以前那样随心所欲，而是反应迟钝、定位不准确或干脆不能移动了。

这种情况机械鼠标出现的比较多，主要是因为鼠标里的机械定位滚动轴上积聚了过多污垢而导致传动失灵，造成滚动不灵活。维修的重点放在鼠标内部的 X 轴和 Y 轴的传动机构上。可以打开胶球锁片，将鼠标滚动球卸下来，用干净的布蘸上中性洗涤剂对胶球进行清洗,摩擦轴等可用酒精进行擦洗。将一切污垢清除后,鼠标的灵活性恢复如初。

(3) 鼠标按键失灵。

① 鼠标按键无动作,这可能是因为鼠标按键和电路板上的微动开关距离太远或点击开关经过一段时间的使用而反弹能力下降。

拆开鼠标,在鼠标按键的下面粘上一块厚度适中的塑料片,厚度要根据实际需要而确定,处理完毕后即可使用。

② 鼠标按键无法正常弹起,这可能是因为当按键下方微动开关中的碗形接触片断裂引起的,尤其是塑料簧片长期使用后容易断裂。

如果是品质好的原装名牌鼠标,则可以拆下,拆开微动开关,细心清洗触点,上一些润滑脂后,装好即可使用。

4.5.4　排除键盘类故障

键盘在使用过程中,故障的表现形式是多种多样的,原因也是多方面的。有接触不良故障,有按键本身的机械故障,还有逻辑电路故障,虚焊、假焊、焊孔和金属孔氧化等故障。维修时要根据不同的故障现象进行分析判断,找出产生故障原因,进行相应的修理。

(1) 按键卡死。

键盘上一些键会出现卡死现象,如空格键、Enter 键等不起作用,需按很多次才录入一个或两个字符。

这种故障是键盘的"卡键"故障,不仅仅是使用很久的旧键盘,有个别没用多久的新键盘卡键故障也时有发生。出现这种现象主要由以下两个原因造成:一种原因就是键帽下面的插柱位置偏移,使得键帽按下后与键体外壳卡住不能弹起而造成了卡键,此原因多发生在新键盘或使用不久的键盘上;另一个原因就是按键长久使用后,复位弹簧弹性变得很差,弹片与按杆摩擦力变大,不能使按键弹起而造成卡键,此种原因多发生在长久使用的键盘上。

当键盘出现卡键故障时,可将键帽拔下,然后按动按杆。若是由于键帽与键体外壳卡住的原因造成"卡键"故障,则可在键帽与键体之间放一个垫片,该垫片可用稍硬一些的塑料做成,其大小等于或略大于键体尺寸,并且在按杆通过的位置开一个可使按杆通过的方孔,将其套在按杆上后插上键帽。用此垫片阻止键帽与键体卡住,即可修复故障按键。

若是由于弹簧疲劳,弹片阻力变大的原因造成卡键故障,这时可将键体打开,稍微拉伸复位弹簧使其恢复弹性;取下弹片将键体恢复。通过取下弹片,减少按杆弹起的阻力,从而使故障按键得到恢复。

(2) 某些字符不能输入。

若只有一个键字符不能输入,则可能是该按键失效或焊点虚焊。检查时,按照上面叙述的方法打开键盘,用万用表电阻挡测量接点的通断状态。若键按下时始终不导通,则说明按键簧片疲劳或接触不良,需要修理或更换;若键按下时接点通断正常,说明可能是因虚焊、焊孔或金屑孔氧化所致,可沿着印刷线路逐段测量,找出故障进行重焊;若因金属孔氧化而失效,可将氧化层清洗干净,然后重新焊牢;若金属孔完全脱落而造成断路时,可另加焊引线进行连接。

(3) 有多个既不在同一列,也不在同一行的按键都不能输入。

此故障可能是列线或行线某处断路,或者可能是逻辑门电路产生故障。这时可用

100MHz的高频示波器进行检测,找出故障器件虚焊点,然后进行修复。

(4)键盘输入与屏幕显示的字符不一致。

此故障可能是由于电路板上产生短路现象造成的,其表现是按这一键却显示为同一列的其他字符,此时可用万用表或示波器进行测量,确定故障点后进行修复。

(5)按下一个键产生一串多种字符,或按键时字符乱跳。

这种现象是由逻辑电路故障造成的。先选中某一列字符,若是不含 Enter 键的某行某列,有可能产生多个其他字符现象;若是含 Enter 键的一列,将会产生字符乱跳且不能最后进入系统的现象,用示波器检查逻辑电路芯片,找出故障芯片后更换同型号的新芯片即可排除故障。

项 目 小 结

本项目对计算机的输入输出设备进行了详细的介绍,输出设备包括显示器、打印机,输入设备包括键盘、鼠标、扫描仪,而硬盘既属于输入设备,也属于输出设备。

实 训 练 习

(1)通过市场调查,了解目前市场上有哪些知名品牌的硬盘?它们的容量、转速、接口类型、单盘容量等性能指标是什么?

(2)观察、熟悉各种型号硬盘的内部、外部结构。

(3)通过市场调查,了解目前市场上有哪些知名品牌的液晶显示器?它们的性能指标如何?

(4)通过市场调查,了解目前市场上有哪些知名品牌的打印机?它们的性能指标如何?

(5)选购合适的打印机,并且能够熟练使用打印机。

(6)通过市场调查,了解目前市场上有哪些知名品牌的扫描仪?它们的性能指标如何?

(7)选购合适的扫描仪,并且能够熟练使用扫描仪。

课 后 习 题

(1)硬盘的内部结构由哪几部分组成?

(2)硬盘是如何工作的?

(3)CRT 显示器有哪些性能指标?

(4)如何选购液晶显示器?

(5)激光打印机有哪些性能指标?

(6)扫描仪有哪些性能指标?

(7)如何选购键盘和鼠标?

选购其他设备

项目学习目标

- 根据需求能够选购合适的网络设备；
- 根据需求能够选购合适的显卡；
- 根据需求能够选购合适的声卡；
- 根据需求能够选购合适的音箱；
- 根据需求能够选购合适的机箱和电源；
- 根据需求能够选购合适的移动存储设备；
- 根据需求能够选购合适的光存储设备。

案例情景

在前面的三个项目中，张先生已经选好了主板、CPU、内存、输入输出设备，接下来销售人员帮助张先生选购其他相关设备，包括网络设备、显卡、声卡、音箱、机箱、电源、移动存储设备和光存储设备。

项目需求

张先生在室内装饰设计公司工作，在日常工作中经常使用 Photoshop 等软件，对计算机的显示性能要求比较高。张先生经常通过视频、语音等方式和客户进行在线沟通交流，计算机要求安装声卡并且连接音箱。张先生还要经常和客户交互数据资料，需要使用 U 盘和刻录机。

实施方案

(1) 了解相关网络设备，选购网络设备；

(2) 了解显卡，选购显卡；

(3) 了解声卡，选购声卡；

(4) 了解音箱，选购音箱；

(5) 了解机箱和电源，选购机箱和电源；

(6) 了解移动存储设备，选购移动存储设备；

(7) 了解光存储设备，选购光存储设备。

任务 5.1   选购网络设备

任务描述

在互联网时代,网络设备是计算机系统中必不可少的组成部分,最常用的网络设备是网卡和调制解调器。

实施过程

(1) 深入了解网络设备;
(2) 选购网络设备。

5.1.1   深入了解网络设备

1. 网卡

网卡(Network Interface Card,NIC),也叫做"网络适配器"。是局域网中最基本的部件之一,它是连接计算机与网络的硬件设备。无论是双绞线连接、同轴电缆连接还是光纤连接,都是必须借助于网卡才能实现数据的通信,如图 5.1 所示。

网卡的主要工作原理是整理计算机上发往网线的数据,并将数据分解为适当大小的数据包之后向网络上发送出去。对于网卡而言,每块网卡都有一个唯一的网络节点地址,它是网卡生产厂家在生产时刻入 ROM 中的,一般称为 MAC 地址(物理地址),且保证绝对不会重复。日常使用的网卡都是以太网网卡。目前网卡按其传输速度划分,可以分为 10M 网卡、10M/100M 自适应网卡以及千兆(1000M)网卡。

1) 网卡的总线接口

按网卡的总线接口类型来划分,网卡一般可分为 ISA 接口网卡、PCI 接口网卡以及在服务器上使用的 PCI-X 总线接口类型的网卡。笔记本电脑曾经使用的网卡是 PCMCIA 接口类型的。

(1) ISA 总线接口

这是早期网卡使用的一种总线接口,如图 5.2 所示,目前在市面上基本上看不到了。ISA 网卡采用程序请求 I/O 方式与 CPU 进行通信,这种方式的网络传输速率低,CPU 资源占用大。这类网卡不能满足现在不断增长的网络应用需求,目前已被淘汰,建议选购时不必考虑此类网卡。

图 5.1   网卡

图 5.2   ISA 总线接口

（2）PCI 总线接口

PCI 总线即外部设备互联总线，如图 5.3 所示，是于 1993 年推出的 PC 局部总线标准。PCI 总线的主要特点是传输速率高，可实现 66MHz 的工作频率，在 64 位总线宽度下可达到突发（Burst）传输速率 533MB/s，可以满足大吞吐量的外设需求。采用这种总线类型的网卡在当前的台式机上相当普遍，也是目前主流的一种网卡接口类型。因为它的 I/O 速度远比 ISA 总线型的网卡快（ISA 最高仅为 33MB/s，而目前的 PCI2.2 标准 32 位的 PCI 接口数据传输速度最高可达 133MB/s），所以在这种总线技术出现后很快就替代了原来老式的 ISA 总线。它通过网卡所带的两个指示灯颜色显现初步判断网卡的工作状态。目前，能在市面上买到的网卡基本上是这种总线类型的网卡，一般的 PC 和服务器中也提供了多个 PCI 总线插槽，基本上可以满足常见 PCI 适配器安装。

（3）PCI-X 总线接口

这是目前服务器网卡经常采用的总线接口，如图 5.4 所示。它与原来的 PCI 相比在 I/O 速度方面提高了一倍，比 PCI 接口具有更快的数据传输速度（2.0 版本最高可达到 266MB/s 的传输速率）。PCI-X 总线接口的网卡一般是 32 位总线宽度，也有 64 位数据宽度的。

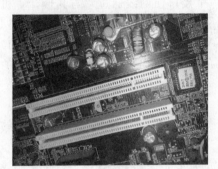
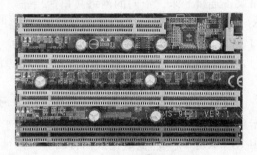

图 5.3　PCI 总线接口　　　　　　图 5.4　PCI-X 总线

（4）PCMCIA 总线接口

这种总线类型的网卡是笔记本电脑专用的，它受笔记本电脑的空间限制，体积远不可能像 PCI 接口网卡那么大。随着笔记本电脑技术的快速发展，这种总线类型的网卡已经被淘汰。PCMCIA 总线分为两类：一类为 16 位的 PCMCIA，另一类为 32 位的 Card Bus。PCMCIA 总线接口网卡如图 5.5 所示。

（5）USB 总线接口

作为一种新型的总线技术，USB 已经被广泛应用于鼠标、键盘、打印机、扫描仪、Modem 和音箱等各种设备。USB 总线的网卡一般是外置式的，具有不占用计算机扩展槽和热插拔的优点，因而安装更为方便。这类网卡主

图 5.5　PCMCIA 总线接口网卡

要是为了满足没有内置网卡的笔记本电脑用户。USB 总线分为 USB2.0 和 USB1.1 标准。USB1.1 标准的传输速率的理论值是 12Mb/s，而 USB2.0 标准的传输速率可以高达

图 5.6　USB 总线接口网卡

480Mb/s。USB 总线接口网卡如图 5.6 所示。

（6）Card Bus

Card Bus 是一种用于笔记本电脑的新的高性能 PC 卡总线接口标准，就像广泛地应用在台式计算机中的 PCI 总线一样。该总线标准与原来的 PC 卡标准相比，具有以下的优势：

① 32 位数据传输和 33MHz 操作，Card Bus 快速以太网 PC 卡的最大吞吐量接近 90Mb/s，而 16 位快速以太网 PC 卡仅能达到 20～30Mb/s。

② 总线自主，使 PC 卡可以独立于 CPU，与计算机内存间直接交换数据，这样 CPU 就可以处理其他的任务。

③ 3.3V 供电，低功耗，提高了电池的寿命，降低了计算机内部的热扩散，增强了系统的可靠性。

④ 后向兼容 16 位的 PC 卡，老式以太网和 Modem 设备的 PC 卡仍然可以插在 Card Bus 插槽上使用。

2）网卡的接口类型

网卡最终是要与网络进行连接，所以必须有一个接口使网线通过它与其他计算机网络设备连接起来。不同的网络接口适用于不同的网络类型。常见的接口主要有以太网的 RJ-45 接口、细同轴电缆的 BNC 接口和同轴电缆 AUI 接口、FDDI（光纤分布数据接口）接口、ATM 接口等。有的网卡为了适用于更广泛的应用环境，提供了两种或多种类型的接口，例如有的网卡会同时提供 RJ-45、BNC 接口或 AUI 接口。

（1）RJ-45 接口

这是最为常见、应用最广的一种接口类型，如图 5.7 所示。这种 RJ-45 接口类型的网卡就是应用于以双绞线为传输介质的以太网中，它的接口类似于常见的电话接口 RJ-11，但 RJ-45 是 8 芯线，而电话线的接口是 4 芯的，通常只接 2 芯线（ISDN 电话线接 4 芯线）。在网卡上还自带两个状态指示灯，通过这两个指示灯颜色可以初步判断网卡的工作状态。

（2）BNC 接口

这种接口网卡应用于用细同轴电缆为传输介质的以太网或令牌网中，如图 5.8 所示。目前这种接口类型的网卡较少见，主要是因为细同轴电缆作为传输介质的网络比较少。

图 5.7　RJ-45 接口

图 5.8　BNC 接口

（3）AUI 接口

这种接口类型的网卡应用于以太网粗同轴电缆为传输介质的以太网或令牌网中，目前已很少见。

（4）FDDI 接口

这种接口的网卡适应于 FDDI 网络中，这种网络具有 100Mb/s 的带宽，但它所使用的传输介质是光纤，所以 FDDI 接口网卡的接口也是光纤接口。随着快速以太网的出现，它的速度优越性已不复存在，而且它需采用昂贵的光纤作为传输介质的缺点并没有改变，所以目前也非常少见。

（5）ATM 接口

这种接口类型的网卡应用于 ATM（异步传输模式）光纤（或双绞线）网络中。它能提供物理的传输速度达 155Mb/s。

3）网卡的常见故障及排除

由于诸多原因，网卡与其他设备发生冲突的几率较大。操作系统在分配资源时，有许多不尽如人意的地方，有时会让网卡与声卡使用同一个中断号。解决的方法是手工调整资源。打开网卡的属性，在"资源"选项中把"使用自动配置"停用，再通过"更改配置"项重新设置一个未被其他硬件使用的输入输出范围。重新启动计算机，再一次打开网卡的属性，在"资源"选项中会出现一个手动配置，可以调整网卡的中断号。经过以上工作，声卡可正常工作，网卡也能正常工作了。

2．ADSL Modem

Modem（Modulator/Demodulator，调制器/解调器）是计算机通信系统中的重要设备，也是计算机用户使用 Internet 时的网络设备之一。计算机内的信息是由 0 和 1 组成的数据信号，而在电话线上传递的只能是模拟电信号。当两台计算机要通过电话线进行数据传输时，就需要一个设备负责数模的转换，这个数模转换器就是 Modem。计算机在发送数据时，先由 Modem 把数字信号转换为相应的模拟信号，这个过程称为"调制"。经过调制的信号通过电话载波传送到另一台计算机之前，也要经由接收方的 Modem 负责把模拟信号还原为计算机能识别的数字信号，这个过程称为"解调"。正是通过这样一个"调制"与"解调"的数模与模数的转换过程，从而实现了两台计算机之间的远程通信。因此 Modem 是在发送端通过调制将数字信号转换为模拟信号，而在接收端通过解调再将模拟信号转换为数字信号的一种装置。

早期很多用户使用调制解调器，通过电话线拨号方式上网。这种上网方式对 ISP 和上网者而言初期投资较少，无需改造线路，安装也比较简单。早期的 Modem 按安装方式可分为内置式 Modem、外围式 Modem、Pcmcia Modem、USB Modem 及软、硬 Modem。这种上网方式带宽较低，而且费用较高，目前已经淘汰。目前家庭用户使用最多的是 ADSL Modem。

ADSL Modem 为 ADSL（非对称用户数字环路）提供调制数据和解调数据的设备，如图 5.9 所示。最高支持 8Mbps/s（下行）和 1Mbps/s（上行）的速率，抗干扰能力强，适合普通家庭用户使用。

1）了解 ADSL

ADSL（Asymmetrical Digital Subscriber

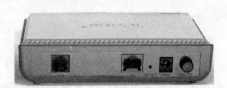

图 5.9　ADSL Modem

Line)是一种非对称数字用户线路技术,在欧美等发达国家被誉为现代信息高速公路上的快车,因具有下行速度快、频带宽、易于安装等特点而深受广大用户的喜爱,是一种全新的、更快捷、更高效的网络接入方式。

ADSL 技术的主要特点就是充分利用电话线网络,在线路两端加装 ADSL 设备即可为用户提供宽带服务。这种带宽是根据用户需求上的自然不平衡性,充分利用电话线路的有效带宽的接入技术。它可以提供从网络到用户的 8Mb/s 下行数据传输率,而从用户到网络的上行数据传输率则最高可以达到 1Mb/s,传输距离可达 3～5km。

当电话线路上安装 ADSL Modem 后,电话线路上将产生三个信息通道:一个用于用户下载信息的高速下行通道,一个中速双工(上行/下行)通道和一个常见的语音通道,这就使得用户在网上下载信息、上网冲浪和打电话同时进行。

2) ADSL 接入方式

ADSL 接入 Internet 有虚拟拨号和专线接入两种。ADSL 接入互联网的方式不同,它所使用的协议也略有不同,但所使用的协议都是基于 TCP/IP 这个最基本的协议,并且支持所有 TCP/IP 程序应用。

(1) 专线接入方式。

专线接入方式,就是 ISP 提供静态 IP 地址、主机名称等。由于 ADSL 技术已经是直接输出局域网信号,所以其软件的设置和局域网一样并直接使用 TCP/IP 协议。

(2) 虚拟拨号方式。

虚拟拨号方式,顾名思义,就是上网的操作和普通拨号一样,使用简单,用户熟悉,有账号验证、IP 地址分配等过程。但 ADSL 连接的并不是具体的 ISP 接入号码,而是 ADSL 虚拟专网接入的服务器。根据网卡类型的不同,又分为 ATM 和 Ethernet 局域网拨号方式。由于局域网虚拟拨号方式具有安装维护简单等特点,目前 ADSL 虚拟拨号方式成为宽带接入的主流方式。

3) ADSL 传输协议

ADSL 虚拟拨号宽带接入采用 PPPoE(Point to Point Ethernet)协议。PPPoE 是基于局域网的点对点通信协议,这个协议是为了满足越来越多的宽带上网设备和越来越快的网络之间的通信而最新制定开发的标准,它基于两个广泛接受的标准,即局域网 Ethernet 和 PPP(点对点拨号)协议。对于用户来说,不需要了解比较深入的局域网技术,只当作普通拨号上网就可以了。

与早期的 Modem 相比,ADSL Modem 由于采用了高频信道,所以在与电话同时使用时需要加装分离器。分离器由低滤波器组成,用于分离电话信号(4kHz)和 ADSL 需要的高频信号。

4) ADSL 安装

ADSL 安装极其方便快捷,除了在计算机上需要安装网卡外,在现有的电话线上安装 ADSL,只需要在用户端安装 ADSL Modem 而无需对现有线路做任何改动,因而成本低,减少了用户上网的费用。所以 ADSL 宽带接入已成为当前上网应用的主流方式。

5.1.2 挑选网络设备

1．选购网卡

目前,很多主板生产厂商将网卡集成在主板上,主板上带有 RJ-45 接口。用户购买独立网卡时应首先考虑用途,如果只是作为一般用途,如日常办公、家庭使用等,购买 100M 网卡或者 10M/100M 自适应网卡即可;如果应用于服务器等产品领域,就要选择千兆级的网卡。

2．选购 ADSL Modem

目前,家庭用户安装宽带,如果是 ADSL 接入的话,ISP 一般会免费提供 ADSL Modem。如果需要自购 ADSL Modem,用户应该选择品牌产品,如华为、中兴、上海贝尔、阿尔卡特、普天和 TP-LINK 等,价格相差不多,80～100 元之间。

任务 5.2 选 购 显 卡

任务描述

显卡是显示卡的简称,也称为图形加速卡,用于对图形函数加速,工作在 CPU 和显示器之间,负责将 CPU 送来的显示数据处理成显示器可以识别的格式,然后送到显示器上形成图像。

实施过程

(1) 深入了解显卡;

(2) 选购显卡;

(3) 排除显卡故障。

5.2.1 深入了解显卡

显示适配器简称显示卡或显卡,如图 5.10 所示,它是显示器与主机通信的控制电路和接口。显示卡是一块独立的电路板,安装在主板的扩展槽中。在 All in one 结构的主板上,显示卡直接集成在主板上。

显卡的主要作用就是在程序运行时根据 CPU 提供的指令和有关数据,将程序运行的过程和结果进行相应的处理,转换成显示器能够接受的文字和图形显示信号,并通过屏幕显示出来。也就是说,显示器必须依靠显卡提供的信号才能显示出各种字符和图像。

图 5.10 显示适配器

1．显卡的结构

显卡通常由显示芯片、显示内存、RAMDAC、BIOS、VGA 接口和总线接口构成。

1）显示芯片

在每一块显卡上都会有一个大散热片或一个散热风扇，它的下面就是显示芯片。通常，家用娱乐型显卡上的显示芯片均采用单芯片设计，而专业型显卡则通常采用多个显示芯片。

显示芯片是显卡的核心芯片，它的性能好坏直接决定了显卡性能的好坏，它的主要任务就是处理系统输入的视频信息并将其进行构建、渲染等工作。显示主芯片的性能直接决定了显卡性能的高低。不同的显示芯片，不论是内部结构还是其性能都存在着差异，而其价格差别也很大。显示芯片在显卡中的地位就相当于计算机中 CPU 的地位，是整个显卡的核心。

通常所说的显示芯片的"位（bit）"指的是显示芯片支持的显示内存数据宽度，较大的数据宽度可以使芯片在一个时钟周期内处理更多的信息，也就是显示芯片内部所采用的数据传输位数，采用更大的位宽意味着在数据传输速度不变的情况下，瞬间所能传输的数据量越大。显示芯片位宽就是显示芯片内部总线的带宽，带宽越大，可以提供的计算能力和数据吞吐能力也越快，是决定显示芯片级别的重要数据之一。显示芯片位宽增加并不代表该芯片性能更强，因为显示芯片集成度相当高，设计、制造都需要很高的技术能力，单纯的强调显示芯片位宽并没有多大意义，只有在其他部件、芯片设计、制造工艺等方面都完全配合的情况下，显示芯片位宽的作用才能得到体现。

2）显示内存

显示内存（显存）也是显卡的重要组成部分。它的用途主要是保存由显示芯片处理好的图形数据信息，然后由数模转换器读取并逐帧转换为模拟视频信号再提供给传统的显示器使用，所以显存也被称为"帧缓存"。显卡使用的分辨率越高，在屏幕上显示的像素点也就越多，相应的所需显存容量也就越大。

显卡中衡量显存的性能指标有工作频率、显存位宽、显存带宽和显存容量等。

① 工作频率。显存的工作频率直接影响到显存的速度和带宽。显存的频率是很容易分辨的，显存尾数的 −5、−6、−7 代表的就是显存的频率，−5 为 200MHz，−6 为 166MHz，而 −7 则只有 143MHz，即显存运行频率为后缀数字的倒数。现在越来越常用的显存开始以两位数标注结尾，例如 −33、−36，这样结尾的显存并非 33ns 和 36ns，而是 3.3ns 和 3.6ns，一些 2.8ns 的显存一般以 −2A 的标识方式进行标注。

② 显存位宽。显存位宽是显存在一个时钟周期内所能传送数据的位数，位数越大则瞬间所能传输的数据量越大，这是显存的重要参数之一。显存位宽越大，性能越好，价格也就越高。显存带宽＝显存频率×显存位宽/8，在显存频率相当的情况下，显存位宽将决定显存带宽的大小。显卡的显存是由一块块的显存芯片构成的，显存总位宽同样也是由显存颗粒的位宽组成。显存位宽＝显存颗粒位宽×显存颗粒数。显存颗粒上都带有相关厂家的内存编号，可以通过互联网查找其编号，了解其位宽，再乘以显存颗粒数，就可以计算出显卡的位宽。

③ 显存带宽。显存带宽是指显示芯片与显存之间的数据传输速率，它以字节/秒为单位。显存带宽是决定显卡性能和速度最重要的因素之一。要得到精细、色彩逼真、流畅的 3D 画面，就必须要求显卡具有更高的显存带宽。目前显示芯片的性能已达到很高的

程度,其处理能力是很强的,只有较大显存带宽才能保障其足够的数据输入和输出。显存带宽是目前决定显卡图形性能和速度的重要因素之一。显存带宽的计算公式为:显存带宽=工作频率×显存位宽/8。在条件允许的情况下,尽可能购买显存带宽大的显卡。

3) RAMDAC

RAMDAC(Random Access Memory Digital/Analog Convertor,随机存取内存数字/模拟转换器)的作用是将显存中的数字信号转换为显示器能够显示出来的模拟信号,其转换速率以 MHz 表示。计算机中处理数据的过程其实就是将事物数字化的过程,所有的事物将被处理成 0 和 1 两个数,而后不断进行累加计算。图形加速卡也是靠这些 0 和 1对每一个像素进行颜色、深度、亮度等各种处理。显卡生成的信号都是以数字来表示的,但是大部分显示器都是以模拟方式进行工作的,数字信号无法被识别,这就必须有相应的设备将数字信号转换为模拟信号。而 RAMDAC 就是显卡中将数字信号转换为模拟信号的设备。RAMDAC 的转换速率以 MHz 表示,决定了刷新频率的高低。其工作速度越高,频带越宽,高分辨率时的画面质量越好。

RAMDAC 的技术特性主要是工作时钟频率。只有足够高的工作频率 RAMDAC 才能在单位时间内转换更多帧的显示信号,而显示卡的帧刷新率指标(帧/秒)的基本保证条件就是 RAMDAC 必须在单位时间内转换足够的帧显示信号。

目前大多数显卡上并不存在独立安装的 RAMDAC 芯片,这是因为厂家在生产显示芯片时已经将 RAMDAC 集成在其中了,这样可以降低成本,不过部分高档显卡还是使用较高品质的独立 RAMDAC 芯片。

4) 显示 BIOS 芯片

显示 BIOS 芯片主要用于保存 VGA BIOS 程序。VGA BIOS(Video Graphics Adapter Basic Input and Output System,视频图形卡基本输入、输出系统)的功能与主板BIOS 功能相似,主要用于显卡上各器件之间正常运行时的控制和管理,所以 BIOS 程序的技术质量(合理性和功能)必将影响显卡最终的产品技术特性。

显卡 BIOS 芯片在大多数显卡上比较容易区分,因为这类芯片上通常都贴有标签,但在个别显卡上看不见,原因是它与图形处理芯片集成在一起了。另外,在显卡 BIOS 芯片中还保存了显卡的主要技术信息,如图形处理芯片的型号规格、VGA BIOS 版本和编制日期等。由于目前显卡上的显示芯片表面都已被安装的散热片和散热风扇所遮盖,用户根本无法看到芯片的具体型号,但通过 VGA BIOS 显示的相关信息却可以了解有关显示芯片的技术规格或型号。

通常计算机在开机后首先显示显卡 BIOS 中所保存的相关信息,然后显示主板 BIOS版本信息以及主板 BIOS 对硬件系统配置进行检测的结果等。由于显示 BIOS 信息的时间很短,所以必须注意观察才能看清显示的内容。显卡 BIOS 与主板 BIOS 一样具有版本,一般情况下版本高的 BIOS 功能强于低版本,也解决了版本升级前所存在的某些具体问题。显卡 BIOS 目前基本上都使用 EEPROM 芯片保存,因此可以由用户根据需要使用特定工具软件进行版本升级,就像升级主板 BIOS 程序一样。

5) VGA 接口

计算机所处理的信息最终都要输出到显示器屏幕上才能被人们看见。显卡的 VGA

接口就是计算机主机与显示器之间的桥梁,负责向显示器输出相应的图像信号。CRT 显示器因为设计制造上的原因,只能接受模拟信号输入,这就需要显卡能输入模拟信号。VGA(Video Graphics Array)接口就是显卡上输出模拟信号的接口,也叫 D-Sub 接口。虽然液晶显示器可以直接接收数字信号,但很多低端产品为了与 VGA 接口显卡相匹配,因而采用 VGA 接口。VGA 接口是一种 D 型接口,上面共有 15 针孔,分成三排,每排 5 个。VGA 接口是显卡上应用最为广泛的接口类型,绝大多数的显卡都带有此种接口。

目前大多数计算机与外部显示设备之间都是通过模拟 VGA 接口连接,计算机内部以数字方式生成的显示图像信息被显卡中的数字/模拟转换器转变为 R、G、B 三原色信号和行、场同步信号,信号通过电缆传输到显示设备中。对于模拟显示设备,如模拟 CRT 显示器,信号被直接送到相应的处理电路,驱动控制显像管生成图像。而对于 LCD、DLP 等数字显示设备,显示设备中需配置相应的 A/D(模拟/数字)转换器,将模拟信号转变为数字信号。在经过 D/A 和 A/D 转换后,不可避免地造成了一些图像细节的损失。

6) 总线接口

显卡需要与主板进行数据交换才能正常工作,所以就必须有与之对应的总线接口。早期的显卡总线接口为 PCI、AGP,而目前最流行的显卡总线接口是 PCI-E。

① AGP(Accelerated Graphics Port,加速图形端口)。AGP 用于连接显示设备的接口,是为了提高视频带宽而设计的一种接口规范。早期的显示接口卡通过 ISA 总线或者 PCI 总线与主板连接,但是 ISA、PCI 显卡均不能满足 3D 图形/视频技术的发展要求。PCI 显卡处理 3D 图形有两个主要缺点:一是 PCI 总线最高数据传输速度仅为 133MB/s,不能满足处理 3D 图形对数据传输率的要求。二是需要足够多的显存来进行图像运算,这将导致显卡的成本很高。AGP 接口把显示部分从 PCI 总线上拿掉,使其他设备可以得到更多的带宽,并为显卡提供高达 1064MB/s 的数据传输速率。AGP 以系统内存为帧缓冲(Frame Buffer),可将纹理数据存储在其中,从而减少了显存的消耗,实现了高速存取,有效地解决了 3D 图形处理的瓶颈问题。AGP1.0 规格中有 1x、2x 两种工作模式,数据传输率分别为 266MB/s、533MB/s。AGP2.0 规格中有 4x 的工作模式,数据传输率为 1064MB/s。AGP 8x 是 Intel 公司发布的图形端口规格,AGP 8x 被定义为一条 32 位宽的并行总线,运行于 533MHz,总带宽大约为 2.1GB/s。

② PCI Express。PCI Express 是新一代的总线接口,采用了目前业内流行的点对点串行连接,比起 PCI 以及更早期的计算机总线的共享并行架构,每个设备都有自己的专用连接,不需要向整个总线请求带宽,而且可以把数据传输率提高到一个很高的频率,达到 PCI 所不能提供的高带宽。相对于传统 PCI 总线在单一时间周期内只能实现单向传输,PCI-E 的双单工连接能提供更高的传输速率和质量。PCI-E 的接口根据总线位宽不同而有所差异,包括 X1、X4、X8 以及 X16。用于取代 AGP 接口的 PCI-E 接口位宽为 X16,能够提供 5GB/s 的带宽,远远超过 AGP 8X 的 2.1GB/s 的带宽。PCI-E X16,即 16 条点对点数据传输通道连接来取代传统的 AGP 总线。

7) HDMI 接口

HDMI(High Definition Multimedia Interface,数字高清多媒体接口)的协议由日立、松下、飞利浦、Silicon Image、索尼、汤姆逊和东芝等公司合作开发完成,基于 Silicon image 的 TMDS 技术传输数据,能向下兼容 DVI(Digital Visual Interface)。目前,部分液晶显示器使用这种接口。部分显卡上 HDMI 接口和 VGA 接口共存。

8) DVI 接口

DVI(Digital Visual Interface)是由 Silicon Image、Intel、康柏、IBM、惠普、NEC 和富士通等公司共同组成 DDWG(Digital Display Working Group,数字显示工作组)推出的接口标准。它是以 Silicon Image 公司的 PanalLink 接口技术为基础,基于 TMDS(Transition Minimized Differential Signaling,最小化传输差分信号)电子协议作为基本电气连接。TMDS 是一种微分信号机制,可以将像素数据编码,并通过串行连接传递。显卡产生的数字信号由发送器按照 TMDS 协议编码后通过 TMDS 通道发送给接收器,经过解码送给数字显示设备。一个 DVI 显示系统包括一个传送器和一个接收器。传送器是信号的来源,可以内建在显卡芯片中,也可以以附加芯片的形式出现在显卡 PCB 上;而接收器则是显示器上的一块电路,它可以接收数字信号,将其解码并传递到数字显示电路中。通过这两者,显卡发出的信号成为显示器上的图像。显卡采用 DVI 接口主要有以下两大优点:

① 速度快。DVI 传输的是数字信号,数字图像信息不需经过任何转换就会直接被传送到显示设备上,因此减少了数字→模拟→数字烦琐的转换过程,大大节省了时间。因此它的速度更快,有效地消除了拖影现象。而且使用 DVI 进行数据传输,信号没有衰减,色彩更纯净,更逼真。

② 画面清晰。计算机内部传输的是二进制的数字信号,使用 VGA 接口连接液晶显示器就需要先把信号通过显卡中的 D/A(数字/模拟)转换器转变为 R、G、B 三原色信号和行、场同步信号,这些信号通过模拟信号线传输到液晶内部还需要相应的 A/D(模拟/数字)转换器将模拟信号再一次转变成数字信号才能在液晶显示器上显示出图像来。在上述的 D/A、A/D 转换和信号传输过程中不可避免会出现信号的损失和受到干扰,导致图像出现失真甚至显示错误,而 DVI 接口无需进行这些转换,避免了信号的损失,使图像的清晰度和细节表现力都得到了大大提高。

DVI 接口分为两种:一种是 DVI-D 接口,只能接收数字信号,不兼容模拟信号。另外一种则是 DVI-I 接口,可同时兼容模拟和数字信号。考虑到兼容性问题,显卡一般会采用 DVD-I 接口,这样可以通过转换接头连接到普通的 VGA 接口。

2. 显卡的工作原理

首先是由 CPU 向图形处理器发布指令,接着当图形处理器处理完成后,将数据传输至显示缓存,然后显示缓存进行数据读取后将数据传送至 RAMDAC,最后 RAMDAC 将数字信号转换为模拟信号输出显示。

3. 显卡的技术指标

(1) 刷新频率。显示器每秒刷新屏幕的次数,单位为 Hz。刷新频率可以分为 56~120Hz 等许多档次。过低的刷新频率会使用户感到屏幕闪烁,容易导致眼睛疲劳。刷新频率越高,屏幕的闪烁就越小,图像也就越稳定,即使长时间使用也不容易感觉眼睛疲劳(建议使用 85Hz 以上的刷新率)。

(2) 最大分辨率。显卡在显示器上所能描绘的像素点的数量,分为水平行像素点数和垂直行像素点数。如果分辨率为 1024×768pix，就是说这幅图像由 1024 个水平像素点和 768 个垂直像素点组成。典型的分辨率常有 640×480pix、800×600pix、1024×768pix、1280×1024pix、1600×1200pix 或更高。现在流行的显卡的最大分辨率都能达到 2048×1920pix。

（3）色深。也叫颜色数，是指显卡在一定分辨率下可以显示的色彩数量。一般以多少色或多少位色来表示，比如标准 VAG 显卡在 640×480 分辨率下的颜色数为 16 色或 4 色。通常色深可以设定为 16 位、24 位，当色深为 24 位时，称之为真彩色，此时可以显示出 16 777 216 种颜色。现在流行的显卡的色深大多数达到了 32 位。色深的位数越高，所能显示的颜色数就越多，相应的屏幕上所显示的图像质量就越好。由于色深增加导致了显卡所要处理的数据量剧增，则引起显示速度或是屏幕刷新频率的降低。

（4）像素填充率和三角形生成速度。屏幕中的一个三维物体其实是由计算机运算生成的。当一个屏幕上的三维物体运动时，要及时地显示原来被遮的部分，抹去现在被遮的部分，还要针对光线角度的不同来应用不同的色彩填充多边形。人的眼睛具有一种"视觉暂留"特性，就是当一副图像很快地被多幅连续的只有微小差别的图像代替时，给人的感觉并不是多副图像的替换，而是一个连续的动作，所以当三维图像也进行快速的生成、消失和填充像素时，给人的感觉就是三维物体运动了。"像素填充率"以每秒钟填充的像素点为单位，"三角形（多边形）生成速度"表示每秒钟三角形（多边形）生成个数。现在的 3D 显卡的性能也主要看这两项指标，这两项指标的数值越大，显卡三维图像的处理能力就越强，显卡的档次也就越高。

4. 显示芯片组介绍

显示芯片与 CPU 一样，其技术含量相当高，因此 NVIDIA 也将其生产的显示芯片称为 GPU，而 ATI 也将其最新推出的显示芯片称为 VPU（Visual Processor Unites，视觉处理器）。目前在显卡市场上主要有 NVIDIA 和 ATI 两家厂商。

主流的显卡芯片有：

- NVIDIA 芯片：GTX690、GTX680、GTX670、GTX660、GTX650 Ti 和 GTX650 等。
- ATI 芯片：HD7970、HD7950、HD7870、HD7850、HD7770、HD7750 和 HD6770 等。

除了 NVIDIA 和 ATI 这两家主要为独立板卡式显卡提供显示芯片的厂商外，Intel、VIA、SiS 等主板芯片组厂商主要研制开发集成式显卡芯片。

5.2.2　挑选显卡

选购显卡除了考虑技术指标外，还要注意以下问题：

1. 应用环境

1）台式机

普通显卡即可，市场上最为常见的显卡产品。在用户能接受的价位下提供更强大的娱乐、办公、游戏和多媒体等方面的性能。

2）工作站

购买专业显卡。专业显卡是指应用于图形工作站上的显卡，它是图形工作站的核心。从某种程度上来说，在图形工作站上它的重要性甚至超过了 CPU。专业显卡主要针对的是三维动画软件、渲染软件、CAD 软件、模型设计以及部分科学应用等专业应用市场。专业显卡针对这些专业图形图像软件进行必要的优化，都有着极佳的兼容性。

2. 制造工艺

显示芯片的制造工艺与 CPU 一样，制造工艺的提高意味着显示芯片的体积将更小、集成度更高，可以容纳更多的晶体管，性能会更加强大，功耗也会降低。显卡的核心芯片也是在硅晶片上制成的。采用更高的制造工艺，对于显示核心频率和显卡集成度的提高都是至关重要的。

3. 显存封装

显存封装是指显存颗粒所采用的封装技术类型，封装就是将显存芯片包裹起来，以避免芯片与外界接触，防止外界对芯片的损害。空气中的杂质和不良气体，乃至水蒸气都会腐蚀芯片上的精密电路，进而造成电气性能下降。不同的封装技术在制造工序和工艺方面差异很大，封装后对内存芯片自身性能的发挥也起到至关重要的作用。

5.2.3 排除显卡故障

1. 开机无显示

出现此故障一般是因为显卡与主板接触不良或主板插槽有问题造成的。对于一些集成显卡的主板，如果显存共用主内存，则需注意内存条的位置，一般在第一个内存条插槽上应插有内存条。由于显卡原因造成的开机无显示故障，开机后一般会发出一长两短的蜂鸣声。

2. 显示花屏，看不清字迹

出现此故障一般是由于显示器或显卡不支持高分辨率而造成的。花屏时可切换启动模式到安全模式，然后进入显示设置，在 16 色状态下单击"应用"、"确定"按钮。重新启动，在系统正常模式下删除显卡驱动程序，重新启动计算机即可。

3. 颜色显示不正常

出现此故障一般由以下原因造成：

① 显卡与显示器信号线接触不良。

② 显示器自身故障。

③ 在某些软件里运行时颜色不正常，一般常见于老式计算机。在 BIOS 里有一项校验颜色的选项，将其开启即可。

④ 显卡损坏。

⑤ 显示器被磁化。此类现象一般是由于与有磁性的物体过分接近所致，磁化后还可能引起显示画面偏转的现象。

4. 屏幕出现异常杂点或图案

出现此故障一般是由于显卡的显存出现问题或显卡与主板接触不良造成的。需清洁显卡金手指部位或更换显卡。

显卡驱动程序载人,运行一段时间后驱动程序自动丢失。出现此故障一般是由于显卡质量不佳或主板不兼容,使得显卡温度太高,从而导致系统运行不稳定或出现死机,此时只有更换显卡。

此外,还有一类特殊情况,以前能载入显卡驱动程序,但是在显卡驱动程序载人后,进入 Windows 时出现死机。可更换其他型号的显卡,在载入其驱动程序后插入旧显卡予以解决。如果还不能解决此类故障,说明注册表故障,对注册表进行恢复或重新安装操作系统即可。

任务 5.3　选 购 声 卡

任务描述

声卡是实现声音采集和计算机音效输出的功能扩展卡,是多媒体计算机不可或缺的一个重要组成部分。

实施过程

(1) 深入了解声卡;

(2) 选购声卡;

(3) 排除集成声卡故障。

5.3.1　深入了解声卡

声卡的作用就像人的声带一样,有了它就能够发出声音。如果计算机中没有声卡,就无法听 MP3、看 VCD、进行语音交谈。声卡如图 5.11 所示。

图 5.11　声卡

按照声卡的接口类型,可以把声卡分为 ISA、PCI 接口的声卡。在 586 以前广泛采用 ISA 接口的声卡,而且会大量占用 CPU 资源,现在市面上 ISA 声卡已经很少见了。PCI 接口的声卡占用 CPU 资源较少,目前大部分的声卡都采用 PCI 接口。还可以按照声卡的组成结构,分为普通声卡和集成主板的声卡。按照声卡取样分辨率的位数不同,分为 8 位声卡、准 16 位声卡、真 16 位声卡和 32 位声卡等。按照声卡功能的不同,可分为单声道声卡、真立体声声卡和准立体声声卡等。

1. 声卡的结构

1) 处理芯片

声卡的数字信号处理芯片(Digital Signal Processor,DSP)是声卡的核心部件。在主芯片上都标示有商标、芯片型号、生产日期、编号和生产厂商等重要信息。它负责将模拟信号转换为数字信号的 A/D 转换和数字信号转换为模拟信号的 D/A 转换。DSP 的功能主要是对声波的取样和回放的控制,处理 MIDI 指令等。有些声卡的 DSP 还具有混响、合声等功能。数字信号处理芯片基本上决定了声卡的性能和档次,通常也按照此芯片的型号来称呼该声卡。有些声卡上还带有功率放大芯片、波表合成器芯片、混音处理芯片和音色库芯片等。

2) CD-ROM 接口

用于连接 CD-ROM,但是大部分的声卡已经把这个接口给省略掉了。

3) CD-In 插座

通过 3 针或 4 针的音频线连接光驱上的音频接口,这样就可以实现 CD 音频信号的直接播放。有些声卡还会对应不同品牌的光驱,提供两个以上 CD-In 插座。

4) Phone MONO-O 插针

Phone MONO-O 插针,也称为 TAD(Telephone Answering Device,电话自动应答设备接口),配合支持自动应答的 Modem 和软件,就可以使计算机具备电话自动应答功能。

5) S/PDIF

S/PDIF(Sony/Philips Digital InterFace,两针同轴线圆形接口)是 SONY 公司与PHILIPS 公司联合制定的民用、AES/EBU(专业)接口。一般在数字音响设备、MD 播放机和 MP3 播放机上都会有 Digital Out(数字输出)的端子,这样就可以通过它直接输入到声卡,再通过软件的控制实现数字声音信号的输入、输出全部功能。它可以避免模拟连接所带来的额外信号,减少噪声,并且可以减少模数、数模转换和电压不稳引起的信号损失。

6) FL/R

FL/R 接口是左声道输出,可以接在喇叭或其他放音设备的左声道中。

7) RL/R 接口

RL/R 接口是右声道输出,可以接在喇叭或其他放音设备的右声道中。

一般低档的声卡将 FL/R 和 RL/R 接口合成为一个 Line Out 接口或 Speak Out 接口。至于 Line Out 与 Speaker Out 虽然都是提供音频输入,但它们也是有区别的,如果声卡输出的声音通过具有功率扩大功能的喇叭,使用 Line Out 就可以了;如果喇叭没有任何扩大功能,而且也没有使用外部的扩音器,那就使用 Speaker Out,因为通常声卡会利用内部的功率扩大功能将声音从 Speaker Out 输出。

8) Line In 接口

Line In 接口,也就是音频输入接口,通常另一端连接外部声音设备的 Line Out 端。

9) MIC 接口

连接麦克风的接口。

10) MIDI 接口

一个 15 针的游戏/MIDI 接口,主要用来连接游戏操纵杆、游戏手柄和方向盘等外接游戏控制器。同时也可以用来连接 MIDI 键盘和电子琴等乐器上的 MIDI 接口,实现MIDI 音乐信号的直接传输。

2. 技术指标

1) 采样位数和采样频率

音频信号是一种连续的模拟信号,而计算机处理的却只能是数字信号,因此若要对音频信号进行处理,就必须先进行模/数的转换。这个转换过程就是对音频信号的采样和量化的过程,即把时间上连续的模拟信号转变为时间上不连续的数字信号。只要在连续量上的等间隔取足够多的"点",就能够逼真地模拟出原来的连续量。这个取点的过程就称为"采样"。采样精度越高,数字声音越逼真。

采样位数通常也称为采样值(取样值),是指每个采样点所代表音频信号的幅度,位数的单位是 bit,16 位可以表示 65 536 种状态。对于同一信号幅度而言,使用 16 位的量化级来描述自然比 8 位精确得多。位数值越大,模拟自然界声音的能力就越强。由于 16 位足以表现出自然界的声音,因而对于一般多媒体计算机而言,16 位声卡已绰绰有余。实际上,人耳对声音采样及重放精度还达不到这样的分辨率。正因为如此,各开发厂商始终没有将 32 位声卡大规模实现商品化。

采样频率是指每秒钟对音频信号的采样次数。单位时间内采样次数越多,即采样频率越高,数字信号就越接近原声。常见的采样频率有 8kHz、11.025kHz、22.05kHz、44.1kHz 和 48kHz 等。

2)FM 合成技术

FM 是声卡中最初被广泛采用的合成电子乐器的合成技术。FM 合成器通过算法来合成声音,这种发音方式产生的声音与真实乐器产生的声音相差很大,很容易让人听起来是"电子音乐"。

3)MIDI 接口

MIDI(Musical Instrument Data Interface,电子乐器数字化接口)是一种用于计算机与电子乐器之间进行数据交换的通信标准。MIDI 文件记录了用于合成 MIDI 音乐的各种控制指令。

4)波表合成

与 FM 合成不同,波表合成通过对乐器声音进行取样,并将之保存下来。重播时靠声卡上的微处理器或经过 PC 系统内的 CPU 处理来发声。根据采取文件所放位置和由专用微处理器或 CPU 处理的不同,波表合成又常分为软波表合成和硬波表合成。

通过波表合成的声音比 FM 合成的声音更为丰富和真实,但由于需要额外的存储器来存储音色库,因此成本也较高。

5)声道

声道主要分为三种:单声道、立体声和环绕立体声。

- 单声道。单声道是最原始的声音复制形式,早期的声卡普遍采用这种方式。当通过两个扬声器回放单声道信息时,可以明显感觉到声音是从两个音箱中传递到耳朵里的。

- 立体声。立体声技术改变了单声道的缺点,声音在录制过程中被分配到两个独立的声道,从而达到了很好的声音定位效果,这种技术在音乐欣赏中显得很重要。

- 环绕立体声。立体声虽然满足了人们对左右声道位置感的体验要求,但要达到更好的效果,则需要 PCI 声卡的大宽带的三维音技术。三维音效果是一种虚拟的环绕声音环境。环绕立体声分为 4.1 声道环绕和 5.1 声道环绕等类型。

5.3.2　挑选声卡

在选购声卡时只要够用就行了，不要盲目追求高档的产品。一般用户对声卡的性能要求不高，而关心的却是它的价格。如果没有特别的要求（或者不是游戏发烧友），可以不必购买高档的产品。如果是一些专业用户，也就是对音效要求十分严格的用户，可以购买高档产品，高档产品的声音效果出色，并且适合于 VCD、DVD 回放以及 MIDI、CD、MP3 等声音文件的播放。目前，市场上的主板一般都集成了声卡芯片，一般用户不需要单独购买声卡。

5.3.3　排除集成声卡常见故障

随着主板集成度的逐步提高，集成声卡已经成为目前计算机的发展潮流，集成在主板上的声卡也有硬声卡，这些声卡除了包含 Audio Codec 芯片之外，还在主板上集成了 Digital Control 芯片，即把芯片及辅助电路都集成到主板上。这些声卡芯片提供了独立的数字音频处理单元和 ADC 与 DAC 的转换系统。这种硬声卡和普通独立声卡区别不大，更像是一种全部集成在主板上的独立声卡，而由于集成度的提高，CPU 的负荷减轻，音质也有所提高，不过相应的成本也有所增加。

AC97 软声卡则仅在主板上集成 Audio Codec，而 Digital Control 这部分则由 CPU 完全取代，节约了不少成本。根据 AC97 标准的规定，不同 Audio Codec97 芯片之间的引脚兼容，原则上可以互相替换。也就是说，AC97 软声卡只是基于 AC97 标准的 Codec 芯片，不含数字音频处理单元，因此计算机在播放音频信息时，除了 D/A 和 A/D 转换以外，所有的处理工作都要交给 CPU 来完成。

（1）声卡无声。

如果声卡安装过程一切正常，设备都能正常识别，一般来说出现硬件故障的可能性就很小。

出现故障后，检查与音箱或者耳机是否正确连接，音箱或者耳机是否性能完好，音频连接线有无损坏，Windows 音量控制中的各项声音通道是否被屏蔽。如果以上都正常，依然没有声音，那么可以试着更换较新版本的驱动程序，并且记得安装主板或者声卡的最新补丁。

（2）播放 CD 无声。

如果播放 MP3 有声音，应该可以排除声卡故障。最大的可能就是没有连接好 CD 音频线。普通的 CD-ROM 上都可以直接对 CD 解码，通过 CD-ROM 附送的 4 芯线和声卡连接。线的一头与 CD-ROM 上的 ANALOG 音频输出相连，另一头和集成声卡的 CD-IN 相连，CD-IN 一般在集成声卡芯片的周围可以找到，需要注意的是音频线有大小头之分，必须用适当的音频线与之配合使用。

（3）无法播放 WAV 音频文件。

不能播放 WAV 音频文件往往是由于音频设备不止一个造成的，这时禁用一个即可。

（4）播放时有噪声。

集成声卡尤其容易受到背景噪声的干扰，不过随着声卡芯片信噪比参数的加强，大部分集成声卡信噪比都在 75dB 以上,有些高档产品信噪比甚至达到 95dB,出现噪音的问题越来越小。杂波电磁干扰是噪音出现的唯一理由。由于某些集成声卡采用了廉价的功放单元,做工和用料上更是低劣,信噪比远远低于中高档主板的标准,自然噪音就无法控制了。

由于 Speaker out 采用了声卡上的功放单元对信号进行放大处理,虽然输出的信号"大而猛",但信噪比很低。而 Line out 则绕过声卡上的功放单元,直接将信号以线路传输方式输出到音箱。

(5)声卡在运行大型程序时会出现爆音。

由于集成软声卡的数字音频处理依靠 CPU,如果计算机配置过低就可能出现这种问题。取消选中硬盘的 DMA 选项,不过在关闭了 DMA 数据接口之后会降低系统的性能。或者安装最新的主板补丁和声卡补丁,更换最新的驱动程序也可以取得一定效果。

(6)安装新的 DirectX 之后声卡不发声。

某些声卡的驱动程序和新版本的 DirectX 不兼容,导致声卡在新 DirectX 下无法发声。若安装了新版本的 DirectX 后声卡不能发声了,则需要为声卡更换新的驱动程度或将 DirectX 卸载后重装旧的版本。

(7)超频之后声卡不能正常使用。

由于超频使用计算机,有些集成声卡工作在非正常频率下,会出现爆音、不发音等现象。建议用户不要超频,这样声卡的正常工作是没有问题的。如果一定要超频使用,尽量工作在标准频率下,这样集成声卡也能工作在正常频率下,一般也能保证正常的使用。

(8)集成声卡在播放任何音频文件时都类似快速效果。

由于声卡已经发声,问题出在设置和驱动上。如果计算机正在超频使用,首先应该降低频率,然后关闭声卡的加速功能。如果这样还是不行,应该寻找主板和声卡的补丁以及新驱动程序。

任务 5.4　选购音箱

任务描述

音箱用于音频信号的输出和放大,和声卡配合使用,也是多媒体计算机不可或缺的一个重要组成部分。

实施过程

(1)深入了解音箱;

(2)选购音箱。

5.4.1　深入了解音箱

多媒体音箱是多媒体计算机的必备设备,如图 5.12 所示。随着声卡技术的发展,声卡的功能已经很完备,再加上多媒体音箱的配合,完全可以展现计算机的多媒体功能。

图5.12 音箱

1. 音箱的分类

1）无源音箱

无源音箱是没有电源和音频放大电路的音箱,只是在塑料压制或木制的音箱中安装了两只扬声器,靠声卡的音频功率放大电路输出直接驱动。这种音箱的音质和音量主要取决于声卡的功率放大电路,通常音量不大。

2）有源音箱

有源音箱是在普通的无源音箱之中加上功率放大器,将功放与音箱合二为一。优质的扬声器、良好的功放、漂亮的外壳工艺构成了多媒体有源音箱的基本框架。

2. 音箱的技术指标

1）防磁屏蔽功能

扬声器上的磁铁对周围环境有干扰,为避免它对显示器和磁盘上的数据产生干扰,要求音箱具有较强的防磁屏蔽功能。

2）频率范围与频率响应

频率范围是指音箱最低有效回放频率与最高有效回放频率之间的范围。频率响应是衡量音箱重放从低音到高音各种声音能力的一个指标。一般情况下,音箱重放一定频率范围内声音的能力基本相同。

高保真音箱设备的频率响应范围应为 $15Hz\sim100kHz$,即音箱重现上述音频范围内的各个频率时,其功率输出值之间相差不能超过 10%。有源音箱的频率响应范围一般也应该在 $80Hz\sim20kHz$ 之间。

3）失真度

指声音在被多媒体有源音箱放大前和放大后的差异,用百分比表示,数值越小越好。失真包括谐波失真、相位失真和互调失真等,由于人耳对谐波失真最敏感,所以通常以谐波失真的指标说明音箱设备的性能。

4）静态噪声

没有接入信号时,将音量开关调到最大位置所发出的噪声。这种噪声是有源音箱中放大电路所产生的,越小越好。

一般使用信噪比指标说明音箱设备的性能,信噪比就是音箱设备放大后的有用的信号功率与设备自身噪声功率的比值,一般越大越好。

5）最大不失真功率

又称为有效输出功率,指声音刚好不失真时,音箱放大器能够输出的最大功率,它与信噪比指标结合才可以保证音箱的动态范围。动态范围一般指的是音箱在保证重现声音不失真的前提下最大声音输出和最小声音输出之比,用分贝表示,值越大越好。

5.4.2　挑选音箱

（1）试听。

（2）查看箱体表面有无气泡,有无明显板缝接痕,做工是否精良,喇叭及接线孔是否做过密封处理等。

（3）根据需要选择音箱的种类和功率。

（4）检查音箱的磁屏蔽效果。

（5）在选择木质音箱时,注意是木质箱体还是其他材料制作的。

（6）尽量选购有源的木质音箱。

任务5.5　选购机箱和电源

任务描述

在选购 PC 时最容易忽略的就是机箱和电源,但实际上它们对计算机来说又是非常重要的,它们的好坏直接影响一台计算机的稳定性、易用性和寿命。好机箱要有良好的散热性、坚固性和易用性。

实施过程

（1）深入了解机箱和电源;

（2）选购机箱和电源;

（3）排除电源故障。

5.5.1　深入了解机箱和电源

1. 机箱

机箱是计算机主要配件的载体,其主要功能有三项:

（1）固定和保护计算机配件,将零散的计算机配件组装成一个有机的整体;

（2）具有防尘和散热的功能;

（3）具有屏蔽计算机内部元器件产生的电磁波辐射,防止对室内其他电器设备的干扰,并保护人身健康的功能。

机箱为电源、主机板、各种扩展板卡、软盘驱动器、光盘驱动器和硬盘驱动器等存储设备提供一个必要的空间,并通过机箱内部的支撑、支架,各种螺丝或卡子等固定在机箱内部,形成一个整体。机箱结构与主板结构具有相对应的关系。机箱结构一般可分为 AT、Baby-AT、ATX、Micro ATX 和 BTX 等。其中,AT 和 Baby-AT 是老式机箱结构,现在已经淘汰。ATX 则是目前市场上最常见的机箱结构,扩展插槽和驱动器仓位较多,扩展槽数可多达 7 个,而 3.5 英寸和 5.25 英寸驱动器仓位也至少达到三个或更多,现在的大多数机箱都采用此结构。Micro ATX 又称为 Mini ATX,是 ATX 结构的简化版,扩展插槽和驱动器仓位较少,扩展槽数通常为 4 个或更少,而 3.5 英寸和 5.25 英寸驱动器仓位也分别只有两个或更少,多用于品牌机。

由于经常需要打开机箱盖和更换驱动器,有的厂家设计了无螺丝固定化的机箱,大部分常用连接全部采用锁扣镶嵌式结构,安装驱动器采用抽屉化结构,打开机箱和卸下驱动器可以不用螺丝刀。

机箱外壳是用冷镀锌钢板制成,钢板的厚度直接关系到机箱的隔音和抗电磁波辐射的能力以及机箱的刚性。

1) 机箱分类

从外形上看,机箱可分为卧式和立式两种。

(1) 立式机箱。最常见的机箱,也称为台式机箱。其最基本的功能就是安装计算机主机中的各种配件。除此之外,还要求有良好的电磁兼容性,能有效屏蔽电磁辐射,保护用户的身心健康;扩展性能良好,有足够数量的驱动器扩展仓位和板卡扩展槽数,以满足日后升级扩充的需要;通风散热设计合理,能满足计算机主机内部众多配件的散热需求。在易用性方面,有足够数量的各种前置接口,例如前置 USB 接口、前置 IEEE1394 接口、前置音频接口、读卡器接口等。现在许多机箱对驱动器、板卡等配件和机箱的自身紧固都采用了免螺丝设计以方便用户拆装。有些机箱还外置了 CPU、主板以及系统等的温度显示装置,使用户对计算机的运行和散热情况一目了然。在外观方面,机箱也越来越美观新颖,色彩缤纷,以满足人们在审美和个性化方面的需求。今天的计算机机箱已经不仅仅是一个装载各种部件的“铁盒子”,更是一件点缀家居的装饰品。

(2) 卧式机箱。在计算机出现之后的相当长一段时间内占据了机箱市场的绝大部分份额。卧式机箱外形小巧,使得整台计算机外观的一体感比立式机箱强,而且因为显示器可以旋转于机箱上面,占用空间也少。但与立式机箱相比,卧式机箱的缺点也非常明显:扩展性能和通风散热性能较差,这些缺点也导致了在主流市场中卧式机箱逐渐被立式机箱所取代。一般来说,现在只有少数商用机和教学用机才会采用卧式机箱。

2) 机箱构造

机箱的内部有各种框架,可安装和固定主板、电源、接口卡以及磁盘驱动器等部件。

从外面看,机箱的正面是面板,包含各种指示灯、开关与按钮,一般机箱最少都要有电源开关、复位(RESET)按钮等,指示灯有电源灯、硬盘驱动器指示灯等。

机箱背面有各种接口,用来接键盘、计算机的电源线、显示器电源线等。

此外,机箱内部一般都配有和固定板卡等配件的螺丝等辅助材料。很多名牌机箱还在前面板上增强了实用的前置音频、USB 接口及麦克风接口等,非常方便用户的使用。

3) 机箱品牌

机箱的品牌常见的有金河田、世纪之星、技展、大水牛、技嘉、华硕、航嘉和百盛等。

2. 电源

电源为计算机内各部件供电,稳定的电源是计算机各部件正常运行的保证。

1）电源的分类

个人计算机所用的电源从规格上主要分为两类,即 AT 电源和 ATX 电源。

（1) AT 电源。

功率一般分为 150～200W,它提供了 4 路输出,±5V,±12V,另外向主板提供一个信号。输出线为两个 6 芯插座和几个 4 芯插头,两个 6 芯插座给主板供电。AT 电源采用切断交流电网的方式关机。从 286 到 586 计算机一般都采用 AT 电源。

（2) ATX 电源。

和 AT 电源相比,ATX 电源外形尺寸没有变化,主要增加了＋3.3V(提供给主板)和＋5V Standby(辅助＋5V,用作激活电流)以及一个 PS-ON 信号(为电源提供电平信号,低电平时电源启动,高电平时电源关闭)。利用＋5V SB 和 PS-ON 信号就可以实现软件开关机器、键盘开机、网络唤醒等功能,辅助 5V 始终是工作的。电源输出线改用一个 20 芯线给主板供电。ATX 电源在 2.0 规范后又出现了 ATX2.01、ATX2.02、ATX2.03 和 ATX12V 等规范。

2）电源基本功能

电源主要包括输入电网滤波器、输入整流滤波器、变换器、输出整流滤波器、控制电路和保护电路。它们的功能如下:

（1）输入电网滤波器。消除来自电网,如电动机的启动、电器的开关、雷击等产生的干扰,同时也防止开关电源产生的高频噪声向电网扩散。

（2）输入整流滤波器。将电网输入电压进行整流滤波,为变换器提供直流电压。

（3）变换器。是开关电源的关键部分。它把直流电压变换成高频交流电压,并且起到将输出部分与输入电网隔离的作用。

（4）输出整流滤波器。将变换器输出的高频交流电压整流滤波得到需要的直流电压,同时还防止高频噪声对负载的干扰。

（5）控制电路。检测输出的直流电压,并将其与基准电压比较,进行放大。调制振荡器的脉冲宽度,从而控制变换器以保持输出电压的稳定。

（6）保护电路。当开关电源发生过电压、过电流适中时,保护电路使开关电源停止工作以保护负载和电源本身。

3）性能指标

（1）电源功率

电源最主要的性能参数,一般指直流电的输出功能,单位是 W,现在市场上有 250W 和 300W 两种。功率越大,代表可连接的设备越多,计算机的扩充性就越好。随着计算机性能的不断提升,耗电量也越来越大,大功率的电源是计算机稳定工作的重要保证。电源功率的相关参数在电源标识上一般都可以看到。

（2）过压保护

AT 电源的直流输出有±5V 和±12V,ATX 电源的输出多了 3.3V 和辅助性 5V 电压。若电源的电压太高,则可能烧坏计算机的主机及其插卡,所以市面上的电源大都具有过压保护的功能。即当电源一旦检测到输出电压超过某一值时就自动中断输出,以保护板卡。

（3）噪声和滤波

输入 220V 的交流电，通过电源的滤波器和稳压器变换成低压的直流电。噪声大小用于表示输出直流电的平滑程度，而滤波品质的高低代表输出直流电中包含交流成分的高低。噪声和滤波这两项性能指标需要专门的仪器才能定量分析。

（4）瞬间反应能力

瞬间反应能力也就是电源对异常情况的反应能力，它是指当输入电压在允许的范围内瞬间发生较大变化时，输出电压恢复到正常值所需的时间。

（5）电压保持时间

在计算机系统中应用的 UPS（不间断电源）在正常供电状态下一般处于待机状态，一旦外部断电，它会立即进入供电状态，不过这个过程需要大约 2～10ms 的切换时间，在此期间需要电源自身能够靠内部储备的电能维持供电。一般优质电源的电压保持时间为 12～18ms，都能保证在 UPS 切换到供电期间维持正常供电。

（6）电磁干扰

电源在工作时内部会产生较强的电磁振荡和辐射，从而对外产生电磁干扰，这种干扰一般是用电源外壳和机箱进行屏蔽，但无法完全避免这种电磁干扰。为了限制它，国际上制定了 FCCA 和 FCCB 标准，国内也制定了国标 A（工业级）和国标 B（家用电器级），优质电源都能通过 B 级标准。

（7）开机延时

开机延时是为了向计算机提供稳定的电压而在电源中添加的新功能。因为在电源刚接通电时，电压处于不稳定状态，为此电源设计者让电源延迟 100～500ms 之后再向计算机供电。

（8）电源效率和寿命

电源效率和电源设计电路有密切的关系，提高电源效率可以减少电源自身的电源损耗和发热量。电源寿命是根据其内部元器件的寿命确定的，一般元器件寿命为 3～5 年，则电源寿命可达 8～10 万小时。

（9）电源的安全认证

为了避免因电源质量问题引起的严重事故，电源必须通过各种安全认证才能在市场上销售，因此电源的标签上都会印有各种国内、国际认证标记。其中，国际上主要有 FCC、UL、CSA、TUV 和 CE 等认证，国内认证为中国的安全认证机构的 CCEE 长城认证。

4）电源品牌

电源品牌常见的有酷冷至尊、大水牛、安钛克、康舒、长城、航嘉、安耐美、全汉、鑫谷、金河田和多彩等。

5.5.2 挑选机箱和电源

1. 选购机箱

目前 ATX 机箱是市场主流，因此要选购 ATX 规格的机箱与电源。根据个人爱好以及计算机的摆放位置来选择卧式机箱还是立式机箱。此外，购买时注意有些机箱的面板上没有 Reset 键。

2. 选购电源

电源是计算机中各设备的动力源泉,品质好坏直接影响计算机的工作,一般都和机箱一同出售。因此选购电源时应考虑以下几点:电源的输出功率、电源的质量、电源风扇的噪声、有无过压保护、有无安全认证。

5.5.3　排除电源故障

计算机电源一般容易出的故障有以下几种:保险丝熔断、电源无输出或输出电压不稳定、电源有输出但开机无显示、电源负载能力差。对于计算机电源故障的判断和维修,需要一定的专业知识。

1. 保险丝熔断

出现故障时,先打开电源外壳,检查电源上的保险丝是否熔断,据此可以初步确定逆变电路是否发生了故障。如果有故障,则可能由于以下情况造成:输入回路中某个桥式整流二极管被击穿,高压滤波电解电容被击穿,逆变功率开关管损坏。

其主要原因是直流滤波及变换振荡电路长时间工作在高压、大电流状态,特别是由于交流电压变化较大、输出负载较重时,易出现保险丝熔断的故障。

2. 无直流电压输出或电压输出不稳定

首先查看保险丝,若保险丝完好,在有负载情况下,各级直流电压无输出,可能的原因有:电源中出现开路、短路现象,过压、过流保护电路出现故障,振荡电路没有工作,电源负载过重,高频整流滤波电路中整流二极管被击穿,滤波电容漏电等。

① 用万用表测量系统板 +5V 电源的对地电阻,若大于 0.8Ω,则说明系统板无短路现象。

② 将计算机配置改为最小化,即只保留主板、电源、蜂鸣器,测量各输出端的直流电压,若仍无输出,说明故障出在计算机电源的控制电路中。

③ 用万用表静态测量高频滤波电路中整流二极管及低压滤波电容是否损坏。

3. 电源有输出,但开机无显示

出现故障的可能原因是 POWER GOOD 输入的 Reset 信号延迟时间不够,或 POWER GOOD 无输出。

开机后,用电压表测量 POWER GOOD 的输出端,如果无 +5V 输出,再检查延时元器件,若有 +5V 输出,则更换延时电路中的延时电容即可。

任务 5.6　选购移动存储设备

任务描述

移动存储设备主要包括 U 盘和移动硬盘。U 盘采用闪存存储介质和通用串行总线接口,具有轻巧精致、使用方便、便于携带、容量较大、读写速度快、抗震性强等众多优点。

实施过程

（1）深入了解移动存储设备；

（2）选购移动存储设备。

5.6.1　深入了解移动存储设备

1. USB 闪存

闪存是 Flash Memory 的意译，具备快速读写、掉电后仍能保留信息的特性。USB 闪存拥有容量超大、存取快捷、轻巧便捷、即插即用、安全稳定等许多传统移动存储设备无法替代的优点。也把闪存称为"电子软盘"、"闪盘"或"优盘"，如图 5.13 所示。因为绝大多数人都把其作为软盘的替代品了，所以习惯用"盘"来称呼它，虽然从原理上说闪存并非光磁存储设备。

图 5.13　U 盘

1）USB 闪存的优点

- 无需驱动器、外接电源。
- 容量大，可以做到 8MB～1TB。
- 体积小、重量轻，重量仅仅 20g 左右。
- USB 接口，使用简便，兼容性好，即插即用，可带电插拔。
- 存取速度快。
- 可靠性好，可反复擦写 100 万次，数据至少可保存 10 年。
- 抗震，防潮，耐高低湿，携带方便。
- 带写保护功能，防止文件被意外抹掉或受病毒感染。
- 无须安装驱动程序。

2）USB 闪存的内部结构

USB 闪存是由硬件和软件两部分组成，内部结构如图 5.14 所示。硬件主要有 Flash 存储芯片、控制芯片、USB 接口和 PCB 板等。软件包括嵌入式软件和应用软件。嵌入式软件嵌入在控制芯片中，是闪存盘核心技术所在，它直接决定了闪存盘是否能支持双启动功能，能否支持 USB3.0 标准协议等，因此闪存盘的品质首先取决于控制芯片中嵌入式软件的功能。

图 5.14　U 盘内部结构

USB 闪存的正面主要有一块 USB 接口控制芯片和提供基准频率的晶振。闪盘的读写速度、功能（比如启动、加密）全由这块 USB 接口控制芯片决定，它相当于整个闪存的神经中枢。

闪存的背面有两块 Flash 存储芯片，以及绿色 PCB 板。Flash 存储芯片相当于闪存的大脑，专管"记忆"。

2. USB 移动硬盘

USB 移动硬盘存储产品具备以下几方面显著优点：大容量、高速度、轻巧便捷、安全易用。容量从 5GB 到 10TB,极为适合需要携带大型的图库、数据库、软件库的需要。采用 USB 与 1394 接口,重量只有 200g 左右。移动硬盘如图 5.15 所示。

图 5.15　移动硬盘

5.6.2　挑选移动存储设备

1. 辨别真伪

移动存储设备市场,USB 闪存由于制作技术含量不高,所以假货最为泛滥成灾。尤其是金士顿、宇瞻等大品牌,假货无处不在。可以仔细观察优盘外观,高仿金士顿优盘字体比较亮,颜色鲜艳,材质有点泛白;而真品的字体比较暗沉,材质有着金属般的泛黄色。还有一类假冒优盘是色彩比较暗,材质也不细腻,手感差,而真品颜色比较鲜艳,光滑感比较强。

2. 明确需求

(1) 性价比高。用户以在校学生为主,主要用于存放一些学习资料和个人信息。学生用户可以购买时下热门的、关注度高的产品,选择正品放心店,买一个好用的产品。目前 16GB 容量的 U 盘性价比最高,热门产品也很多。

(2) 稳定性高。对于公司白领来说,文件资料的保存对他们是至关重要的,U 盘的稳定性一定要很好。

(3) 传输速度快。目前高速 U 盘产品中 USB3.0 首选,当然价格较高。

任务 5.7　选购光存储设备

任务描述

光存储设备具有存储容量大,携带方便等优点,特别是能够与现代多媒体技术和影视技术相结合,使得光存储技术和设备广泛应用于家电、计算机系统中。

实施过程

(1) 深入了解光存储设备;

(2) 选购光存储设备;

（3）排除刻录机故障。

5.7.1　深入了解光存储设备

1. 光盘驱动器的外观

（1）光驱的正面如图 5.16 所示。

① 耳机插孔：连接耳机或音箱，可输出 Audio CD 音乐。

② 音量控制按钮：调整输出的 CD 音乐音量大小。

③ 手动退盘孔：当光盘由于断电或其他原因不能退出时，可以用小硬棒插入此孔把光盘退出。注意，部分光驱无此功能。

④ 读盘指示灯：显示光驱的运行状态。

⑤ 防尘门和光盘托盘。

⑥ 播放/跳道键：用于直接使用面板控制播放 Audio CD。注意，有些牌子的光驱是没有这个键的。

⑦ 打开/关闭/停止键：控制光盘进出盒和停止 Audio CD 播放。

（2）光驱的背面如图 5.17 所示。

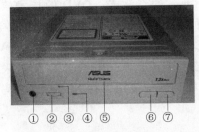

图 5.16　光驱正面

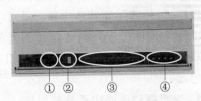

图 5.17　光驱的背面

① 音频线插座：此插座通过音频线和声卡相连。

② 主从跳线：光驱和硬盘一样也有主盘和副盘工作方式之分，您可根据需要通过此跳线开关设置。

③ 数据线插座：目前光驱使用硬盘相同的插座，图中为 IDE 数据线插座。

④ 电源线插座：用于光驱与电源连接的插座。

2. 光盘驱动器的结构

光盘驱动器的内部主要由机芯及启动机构组成，整个机芯包括以下部分

（1）激光头组件。包括激光头、聚焦透镜等组成部分，配合齿轮机构和导轨等机械部分，在通电状态下根据系统信号确定并读取光盘数据，然后将数据传输到系统。

（2）主轴马达。光盘运行的驱动力，在光盘读取过程的高速运行中提供数据定位功能。

（3）光盘托架。光驱在开启和关闭状态下的光盘承载体。

（4）启动机构。控制光盘托架的进出和主轴马达的启动，加电运行时使包括主轴马达和激光头组件的伺服机构都处于半加载状态中。

3. 光盘驱动器的工作原理

激光头是光驱的中心部件,光驱就是通过它来读取数据的。光驱在读取信息时,激光头会向光盘发出激光束,当激光束照射到光盘的凹面或非凹面时,反射光束的强弱会发生变化,光驱就根据反射光束的强弱,把光盘上的信息还原成为数字信息,即 0 或 1,再通过相应的控制系统把数据传给计算机。

在无光盘状态下,光驱加电后,激光头组件启动,光驱面板指示灯亮。激光头组件移动到主轴马达附近,并由内向外顺着导轨步进移动,最后回到主轴马达附近。激光头的聚焦透镜将向上移动 4 次搜索光盘,同时主轴马达也顺时针启动 4 次。然后激光头组件复位,主轴马达停止运行,面板指示灯熄灭。

放入光盘后,激光头聚焦透镜重复搜索动作,找到光盘后主轴马达将加速运转。此时若读取光盘,面板指示灯将不停地闪动。步进电机带动激光头组件移动到光盘数据处,聚焦透镜将数据反射到接收光电管,再由数据带传送到系统。若停止读取光盘,激光头组件和马达仍将处于加载状态中,面板指示灯熄灭。不过,目前高速光驱在设计上都考虑到可以使主轴马达和激光头组件在 40s 或几分钟后停止工作,直到重新读取数据。这样可有效地节能,并延长使用时间。

目前 DVD 驱动器采用的是波长为 635～650mm 的红激光。DVD 的技术核心是MPEG-2 标准,MPEG-2 标准的图像格式共有 11 种组合,DVD 采用的是其中"主要等级"的图像格式,使其图像质量达到广播级水平。DVD 驱动器也完全兼容现在流行的 VCD、CD-ROM 和 CD-R 等。但是普通的光驱却不能读 DVD 光盘。因为 DVD 光盘采用了MPEG-2 标准进行录制,所以播放 DVD 光盘上的视频数据使用支持 MPEG-2 解码技术的解码器。

4. 光盘驱动器的主要性能指标

(1) 数据传输速率

数据传输速率(Data Transfer Rate) 即大家常说的倍速,是光驱最基本的性能指标,是指光驱在 1s 内所能读取的最大数据量。早期的光驱数据传输率并不高,每秒钟只能传输 150K 字节(即 150KB/s),即单速光驱。平时说的多少速光驱就是以此为基准。例如,传输率为 600KB/s 的光驱称为四倍速光驱。目前市面上的主流 DVD 光驱每秒传输 1350KB。

(2) 平均寻道时间

平均寻道时间(Average Access Time)是指光驱的激光头从原来的位置移到指定的数据扇区,并把该扇区上的第一块数据读入高速缓存所花费的平均时间。显然,平均寻道时间越短,光驱的性能就越好。

(3) CPU 占用时间

CPU 占用时间(CPU Loading)是指光驱在保持一定的转速和数据传输率时所占用CPU 的时间。这是衡量光驱性能的一个重要指标,光驱的 CPU 占用时间越少,系统整体性能的发挥就越好。

(4) 内部缓存

内部缓存(Buffer)主要用于存放读出的数据。内部缓存的工作原理和作用于主板上的 Cache 相似,可以有效地减少读取盘片的次数,提高数据传输速率。

(5) 容错能力

任何光驱的性能指标中都没有标出容错能力的参数,但这却是一个实在的光驱评判标准。在高倍速光驱设计中,高速旋转的马达使激光头在读取数的准确定位性上相对于低倍速光驱要逊色许多,同时劣质的光盘更加剧对光驱容错能力的需求,因而许多厂家都加强对容错能力的设计。一些小厂家只是单纯地加大激光头的发射功率,初期使用时读盘容错能力非常好,但在两三个月之后,其容错性能力明显下降。而名牌大厂通常以提高光驱的整体性能为出发点,采用先进的机芯电路设计,改善数据读取过程中的准确性和稳定性,或者根据光盘数据类型自动调整读取速度,以达到容错纠错的目的。

5. DVD 光盘

DVD 的大小和普通 CD-ROM 完全一样,为了增大光盘容量,DVD 盘的生产采用了一种新的技术,即采用短波长(波长为 635～650mm)的红色激光或波长更短的蓝—绿色激光刻盘,使基片上的凹槽更细、道间距更小,所以 DVD 盘片数据存储量比 CD-ROM 大得多。

DVD 盘片可以单面存储,也可以双面存储,而且每一面还可以存储两层资料。因此 DVD 有 4 种格式:单面单层(容量为 4.7GB)、单面双层(容量为 8.5GB)、双面单层(容量为 9.4GB)、双面双层(容量为 17GB)。普通的 CD-ROM 容量仅为 650M。DVD 可向下兼容 CD、VCD 和 CD-ROM 等格式的光盘。

6. 刻录机

只读光盘的数据只能被光驱读出,而光盘上的内容无法被修改。光盘刻录机能够向光盘写入数据,当然,刻录机刻录时需要特殊的存储介质 DVD-R 光盘和 CD-RW 光盘。

1) 刻录原理

在光存储盘片的表面有一层薄面膜。刻录时,刻录机将大功率的激光按照要刻录信息的要求照射在这层薄膜上,薄膜上会形成相应的平面(Land)和凹坑(Pit)。光盘读取设备将这些平面和凹坑信息转化为 0 和 1,将光盘的物理信息转换为数字信息。

对于普通空白盘片,薄膜上的物理变化是一次性的,写入之后就不能修改。因此普通空白盘片只能写入一次,不能重复写入。

而 CD-RW 盘片上的薄膜材质多为银、硒或碲的结晶体,这种薄膜能够呈现出结晶体和非结晶体两种状态。在激光束的照射下,材料可以在两种状态之间转换,所以 CD-RW 盘片可以重复写入。

2) 刻录机工作步骤

首先是将数据读入自带的缓冲存储器中,然后再从缓存中把数据写入刻录盘片,这样可以尽量保证刻录机的连续性。需要特别注意的是,刻录机读入数据、写入刻录机这一过程是一个连续工作的过程。所以,刻录机在工作过程中容易出现问题。如果刻录机缓存数据被用完或其他原因造成硬盘或光驱向刻录机传输数据中断,当前刻录机操作被迫中断。在传统刻录方式下,中断后如不能继续进行刻录,就会导致刻录光盘报废。

5.7.2　挑选光存储设备

（1）接口类型。光驱常见接口有 IDE、SATA 和 USB 接口。

（2）数据传输率的高低。光驱的数据传输率越高越好。应选择 16 倍速的 DVD 光驱。

（3）数据缓冲区的大小。缓冲区为 128KB～8MB，建议用户选择缓冲区不少于 512KB 的光驱。

（4）兼容性的好坏。由于产地不同，各种光驱的兼容性差别很大，有些光驱在读取一些质量不太好的光盘时很容易出错，所以一定要选兼容性好的光驱。

（5）常见品牌如华硕、源兴、索尼、飞利浦和大白鲨等。

5.7.3　排除刻录机故障

（1）安装刻录机后无法启动计算机。

首先切断计算机供电电源，打开机箱外壳检查 IDE 线是否完全插入，并且要保证 PIN-1 的接脚位置正确连接。如果刻录机与其他 IDE 设备共用一条 IDE 线，需保证两个设备不能同时设定为 Master 或 Slave 方式，应该分清主从。

（2）使用模拟刻录成功，实际刻录却失败。

刻录机提供的"模拟刻录"和"刻录"命令的差别在于是否打开激光光束，而其他的操作都是完全相同的，也就是说"模拟刻录"可以测试源光盘是否正常，硬盘转速是否够快，剩余磁盘空间是否足够等刻录环境的状况，但无法测试待刻录的盘片是否存在问题和刻录机的激光读写头功率与盘片是否匹配等。有鉴于此，"模拟刻录"成功，而真正刻录失败，说明刻录机与空白盘片之间的兼容性不是很好。可以采用如下两种方法来重新试验一下。

① 降低刻录机的写入速度，建议 2× 以下。

② 更换另外一个品牌的空白光盘进行刻录操作。

出现此种现象的另外一个原因就是激光读写头功率衰减现象造成的。如果使用相同品牌的盘片刻录，在前一段时间内均正常，则很可能与读写头功率衰减有关。

（3）无法复制光盘。

一些大型的商业软件或者游戏软件，在制作过程中对光盘的盘片做了保护，所以在进行光盘复制的过程中会出现无法复制，导致刻录失败，或者复制以后无法正常使用的情况发生。

（4）刻录的 CD 音乐不能正常播放。

并不是所有的音响设备都能正常读取 CD-R 盘片，大多数 CD 机都不能正常读取 CD-RW 盘片的内容，所以最好不要用刻录机来刻录 CD 音乐。另外需要注意的是，刻录的 CD 音乐必须符合 CD-DA 文件格式。

（5）刻录软件刻录光盘过程中出现 Buffer Under run 的错误提示信息。

Buffer Under run 错误提示信息的意思为缓冲区欠载。一般在刻录过程中，待刻录数据需要由硬盘经过 IDE 界面传送给主机，再经由 IDE 界面传送到刻录机的高速缓存中,最后刻录机把储存在高速缓存里的数据信息刻录到 CD-R 或 DVD 盘片上,这些动作都必须是连续的,绝对不能中断,如果其中任何一个环节出现了问题,都会造成刻录机无法正常写入数据,并出现缓冲区欠载的错误提示,进而是盘片报废。

解决的办法就是在刻录之前需要关闭一些常驻内存的程序,比如关闭光盘自动插入通告,关闭防毒软件、Windows 任何管理和计划任务程序和屏幕保护程序等。

(6) 光盘刻录过程中经常会出现刻录失败。

提高刻录成功率需要保持系统环境单纯,即关闭后台常驻程序,最好为刻录系统准备一个专用的硬盘,专门安装与刻录相关的软件。在刻录过程中,最好把数据资料先保存在硬盘中,制作成 ISO 镜像文件,然后再刻入光盘。为了保证刻录过程数据传送的流畅,需要经常对硬盘碎片进行整理,避免发生因文件无法正常传送造成的刻录中断错误,可以通过执行"磁盘扫描程序"和"磁盘碎片整理程序"来进行硬盘整理。

此外,在刻录过程中不要运行其他程序,甚至连鼠标和键盘也不要轻易去碰。刻录使用的计算机最好不要与其他计算机联网。在刻录过程中,如果系统管理员向本机发送信息,会影响刻录效果。另外,在局域网中不要使用资源共享。如果在刻录过程中,其他用户读取本地硬盘,会造成刻录工作中断或者失败。除此以外,还要注意刻录机的散热问题,良好的散热条件会给刻录机一个稳定的工作环境。如果因为连续刻录,刻录机发热量过高,可以先关闭计算机,等温度降低以后再继续刻录。针对内置式刻录机最好在机箱内加上额外的散热风扇。外置式刻录机要注意防尘、防潮,以免造成激光头读写不正常。

项 目 小 结

本项目对计算机的其他设备进行了详细的介绍,包括网卡、调制解调器、显卡、声卡、音箱、机箱、电源、U 盘、移动硬盘和刻录机。用户在了解其性能指标的基础上,根据需求选购合适的设备。

实 训 练 习

(1) 通过市场调查,了解目前市场上有哪些知名品牌的 U 盘? 它们的性能指标如何?

(2) 选购合适的刻录机,并且能够熟练使用刻录机。

(3) 通过市场调查,了解目前市场上有哪些知名品牌的显卡? 它们的性能指标如何?

(4) 通过市场调查,了解目前市场上有哪些知名品牌的声卡? 它们的性能指标如何?

(5) 通过市场调查,了解目前市场上有哪些知名品牌的电源? 它们的性能指标如何?

课 后 习 题

(1) 简述显卡的工作原理。

(2) 光盘驱动器有哪些分类? 有哪些主要的性能指标?

（3）简述光驱的工作原理。

（4）机箱如何分类？

（5）电源的主要技术指标有哪些？

（6）声卡在计算机系统中起什么作用？其工作原理如何？

（7）多媒体音箱的技术指标主要有哪几个方面？

（8）U盘由哪几部分组成？各个部分起到什么作用？

硬 件 组 装

项目学习目标

- 了解组装计算机的准备工作；
- 掌握计算机的组装过程；
- 掌握计算机各主要部件的安装方法。

案例情景

在前面的几个项目中，张先生已经选好了计算机的相关部件，接下来销售人员帮助张先生组装计算机。

项目需求

在销售人员的帮助下，张先生将会了解到计算机组装的准备工作，计算机组装的步骤以及计算机各主要部件的物理连接。

实施方案

(1) 计算机各部件的物理连接；
(2) CPU、内存等设备的安装；
(3) 硬盘、光驱等设备的连接。

任务6.1 安 装 主 机

任务描述

主机内部的所有部件都要安装在机箱内。组装计算机时，首先要进行的工作是机箱内的装配。只有将机箱装配好并安装电源后，才能进行其他部件的安装。

实施过程

(1) 准备工作；
(2) 组装计算机主机部分。

6.1.1 前期准备工作

1. 准备组装工具

组装计算机使用的工具主要是螺丝刀。计算机内部的大多数零件都是使用螺丝固定的，因此必须准备一支适用的十字螺丝刀。最好能准备一支具有磁性的螺丝刀，它可以帮助用户更方便地开展组装工作。

此外，还可以准备尖嘴钳、镊子、万用表、一字螺丝刀和硅胶等工具备用。遇到不易插拔的设备时可使用尖嘴钳。插拔较小的零件可使用镊子，如设置跳线等。万用表可用来测量电压。常用组装工具如图 6.1 所示。

图 6.1　常用组装工具

2. 组装计算机的基本步骤

在了解了计算机各部件的结构、性能以及相关知识后，用户可以动手组装计算机了。不同型号计算机的结构稍有不同，但是没有本质上的区别，只要以某一种型号的计算机为例掌握计算机的组装方法，就能够举一反三，组装任何型号的计算机。组装计算机的基本步骤如下：

（1）在主板上安装 CPU、内存，将主板固定在机箱内。

（2）在机箱内安装电源。

（3）在机箱内安装、固定各种扩展卡。

（4）在机箱内安装、固定辅助存储器。

（5）连接辅助存储器数据线和电源电缆，连接电源到主板上的电源线，连接主板到机箱前面板的指示灯及开关的连线。

（6）连接键盘、鼠标和显示器等外部设备。

（7）通电检测。

（8）硬盘分区、格式化，安装操作系统。

组装计算机的基本流程图如图 6.2 所示。

3. 组装计算机的注意事项

（1）防止静电。人体所带静电极易对电子器件造成损坏，在组装计算机前要先放掉自己身上带有的静电。可以用手摸一摸地面、墙面或者暖气管道等，以释放身上的静电，然后再动手操作。

（2）禁止带电操作。在组装计算机的过程中，不要连接任何电源线，也不要在计算机工作时触摸任何部件。

（3）轻拿轻放所有部件。对各个部件要轻拿轻放，切勿失手将计算机部件掉落在地板上。拿主板和各种扩展卡时，尽量手持边缘部分，不要接触电路板上的集成电路。用户对待 CPU、硬盘等性质脆弱且价格昂贵的硬件一定要谨慎。

（4）用螺丝刀紧固螺丝时，应做到适可而止，注意用力适度。如果遇到阻力要停止紧固，以免损坏主板或者其他部件。另外，固定主板的螺丝应当加绝缘垫片。用螺丝刀紧固

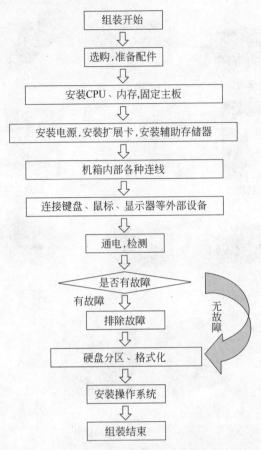

图 6.2 组装计算机流程图

螺丝以固定硬盘、光驱等设备时,应当先将其在机箱固定架上放平稳,然后依次对称的紧固螺丝,用户注意不要将螺丝拧紧,当所有螺丝都拧上后,最后再对称的拧紧螺丝。

（5）组装计算机前要仔细阅读各种部件的说明书,特别是主板说明书。

6.1.2 主机组装

用户组装计算机首先根据需求准备各种配件,前面任务已经详细介绍了计算机各种部件的性能、参数及选购事项,这里不再赘述。计算机各种部件如图 6.3 所示。

1. 拆卸机箱

（1）确定机箱侧板固定螺丝的位置,将固定螺丝拧下。

（2）转向机箱侧面,将侧板向机箱后方平移后取下,并以相同方式将另一侧板取下。

（3）取出机箱内的零件包,如图 6.4 所示。

（4）核对零件包。

① 固定螺丝如图 6.5 所示。

② 铜柱如图 6.6 所示。

③ 挡板如图 6.7 所示。

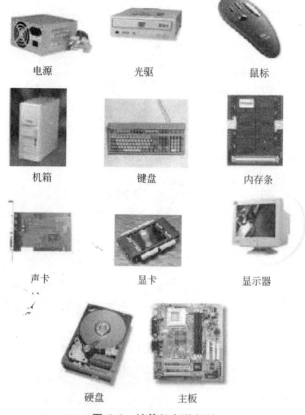

电源　　　　　光驱　　　　　鼠标

机箱　　　　　键盘　　　　　内存条

声卡　　　　　显卡　　　　　显示器

硬盘　　　　　主板

图 6.3　计算机各种部件

图 6.4　机箱内零件包

图 6.5　螺丝

图 6.6　铜柱

图 6.7　挡板

2. 安装 CPU

　　首先取出主板,将其放置在工作台上,如图 6.8 所示;接着安装 CPU,将 CPU 插座上的零阻力拉杆拉起,使拉杆垂直于主板,如图 6.9 所示;然后将 CPU 插入插座,用户要注意 CPU 的安装方向,如图 6.10 所示;最后将拉杆放下,锁死 CPU,如图 6.11 所示,CPU 安装完成。

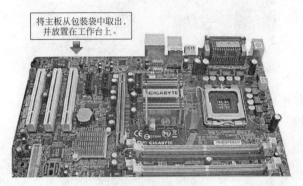

图 6.8　取出主板

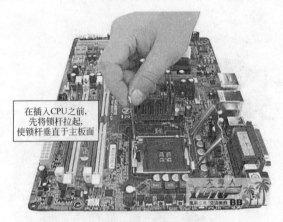

图 6.9　安装 CPU 一

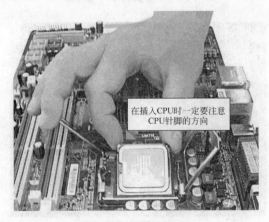

图 6.10　安装 CPU 二

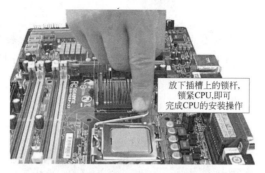

图 6.11　安装 CPU 完成

3. 安装 CPU 散热片

　　CPU 安装完成后，接下来安装 CPU 散热片，使用最多的是风扇＋散热片，如图 6.12 所示。首先，在 CPU 表面均匀地涂抹一层硅胶，如图 6.13 所示。硅胶是不导电的，硅胶的作用一是有助于将热量传给散热片，二是可以填充 CPU 表面与散热片之间的缝隙，使两者能够充分接触。接着，将散热片及风扇固定在主板上，如图 6.14 所示。最后，按照主板说明书，将散热风扇的电源插头插入主板对应的供电插槽中，如图 6.15 所示，CPU 散热片安装完成。

图 6.12　准备安装 CPU 散热片

图 6.13　涂抹硅胶

将风扇的固定插脚固定在主板上,保证 CPU 与散热风扇之间的紧密接触

图 6.14　固定 CPU 散热片

最后按照主板说明书,将散热器风扇的电源插头插入主板对应的供电插槽中,完成CPU风扇的安装

图 6.15　连接 CPU 散热片电源

4. 安装内存

　　CPU 及 CPU 散热片安装完成后,接下来安装内存。首先将主板上内存插槽两端的白色夹脚向外侧推开,如图 6.16 所示。然后将内存垂直的放在插槽上,用力下压,直到内存插槽两端的白色夹脚自动闭合,卡在内存两端的缺口上,如图 6.17 所示,内存安装完成。用户需要注意,在安装内存时,内存金手指上的缺口一定要对准内存插槽内的突起位置。

接下来安装内存条,首先将主板上的内存插槽两头的夹脚往两边扳开

图 6.16　准备安装内存

将内存条金手指上的缺口对准内存插槽内的突起，垂直放在插槽上，用力下压，直到内存条插槽两头的夹脚自动卡住内存条便可松手

图 6.17　安装内存

5．固定主板

内存安装完成后，接下来将主板固定在机箱中。首先，将主板以倾斜角度放入机箱，如图 6.18 所示；接着，放置完成后检查机箱后面的各种输出端口是否和主板的接口一致，如图 6.19 所示；最后，检查机箱铜柱和主板的螺丝孔是否对应，用螺丝刀紧固螺丝，将主板固定在机箱中，如图 6.20 所示，主板固定完成。

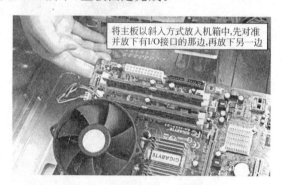

将主板以斜入方式放入机箱中，先对准并放下有I/O接口的那边，再放下另一边

图 6.18　将主板放入机箱

放置完毕后，应确认机箱后侧的输出口是否对准接口挡板对应的位置

图 6.19　检查机箱后面板

6．安装电源

固定主板完成后，接下来安装电源。电源一般安装在主机箱的上端或前端的预留位置。首先拆开电源包装盒，取出电源；然后将电源安装到机箱内的预留位置，如图 6.21 所示；最后用螺丝刀紧固螺丝，将电源固定在机箱内，如图 6.22 所示。

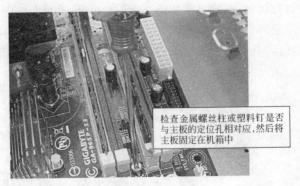

检查金属螺丝柱或塑料钉是否与主板的定位孔相对应,然后将主板固定在机箱中

图 6.20　固定主板

接下来安装电源。首先将电源对应放入机箱上方

图 6.21　将电源放入机箱预留位置

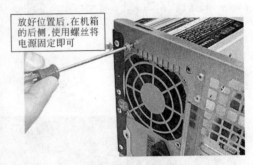

放好位置后,在机箱的后侧,使用螺丝将电源固定即可

图 6.22　固定电源

7. 安装扩展卡

计算机上常见的扩展卡有显卡、网卡和声卡等。目前,市场上的大多数主板已经集成了声卡和网卡,如图 6.23 所示。用户一般安装显卡即可。如果主板也集成了显卡,那么安装扩展卡这一步骤可以忽略。

目前,大多数的主板上都集成了声卡和网卡

图 6.23　主板集成的声卡和网卡

在此项目中,计算机需要安装显卡和网卡。首先,根据扩展卡的接口种类确定将扩展卡插到主板的哪个插槽上,用螺丝刀将与插槽相对应的机箱插槽挡板拆掉,如图 6.24 所示。接着,将扩展卡的挡板对准机箱挡板处,扩展卡金手指对准主板插槽用力将接口卡插入插槽内,插入扩展卡时,一定要平均施力插入,以免损坏主板并保证顺利插入,同时可以

保证接口卡与插槽紧密接触,安装显卡如图 6.25 所示,安装网卡如图 6.26 所示。最后,用螺丝刀将扩展卡固定到机箱上,如图 6.27 所示。用户安装显卡时,应当注意先按下插槽后面的小卡子,然后将显卡插在插槽中,一直插到底,再把插槽后面的小卡子扳起来,固定好显卡。

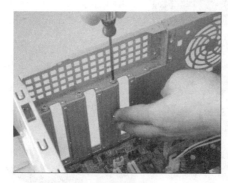

图 6.24 拆除挡板

接下来安装显卡。首先将显卡插入主板的PCIE插槽中

图 6.25 安装显卡

图 6.26 安装网卡

拧紧固定螺丝,固定显卡

图 6.27 固定扩展卡

8. 安装硬盘

首先将硬盘插入机箱 3.5 寸驱动器支架上,放平稳,如图 6.28 所示。接着用螺丝将硬盘固定,如图 6.29 所示。

接下来安装硬盘。首先将硬盘插入到硬盘的固定架上

图 6.28 将硬盘放入固定架

使用螺丝固定硬盘

图 6.29 固定硬盘

9. 安装光盘驱动器

首先卸下机箱前面板上的塑料挡板。然后将光盘驱动器从机箱前面板插入机箱5.25 寸驱动器支架上,放平稳,如图 6.30 所示。最后用螺丝将硬盘固定,如图 6.31所示。

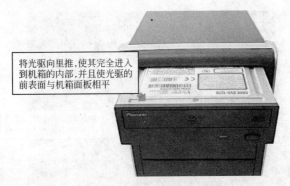

将光驱向里推,使其完全进入到机箱的内部,并且使光驱的前表面与机箱面板相平

图 6.30　将光驱放入机箱

使用螺丝固定光驱

图 6.31　固定光驱

10. 连接电源线及数据线

首先将 SATA 数据线的一端连接到主板的 SATA 接口上,另一端连接到硬盘的SATA 接口上,如图 6.32 所示,注意接口有方向性,不可反插。然后将 IDE 数据线的一端连接到主板的 IDE 接口上,如图 6.33 所示,另一端连接到光驱的 IDE 接口上,如图 6.34

将SATA数据线的另一端连接到硬盘上的SATA接口

图 6.32　连接硬盘 SATA 数据线

所示,同样需要注意接口有方向性,不可反插。接着连接电源线,将电源引出的主板电源插头插入主板的电源插座中,如图 6.35 所示,还有一个较小的电源插头插入主板 CPU 插座旁边的电源插座中,如图 6.36 所示。最后连接 SATA 硬盘电源,如图 6.37 所示,连接IDE 光驱电源,如图 6.38 所示。

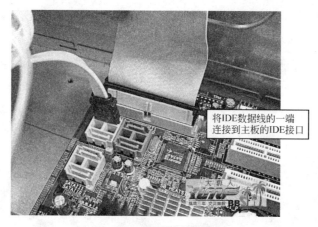

将IDE数据线的一端连接到主板的IDE接口

图 6.33　连接主板数据线

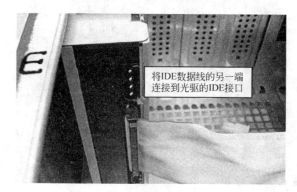

将IDE数据线的另一端连接到光驱的IDE接口

图 6.34　连接光驱数据线

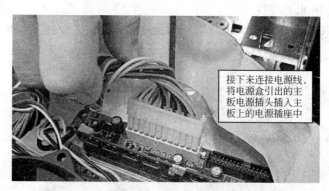

接下来连接电源线,将电源盒引出的主板电源插头插入主板上的电源插座中

图 6.35　连接主板电源

图 6.36　连接 CPU 电源

图 6.37　连接硬盘电源

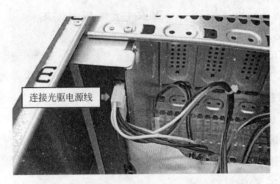

图 6.38　连接光驱电源

　　IDE 硬盘通过 IDE 接口与主板相连，一般主板上有至少一个 IDE 接口，一个 IDE 接口可以最多安装两个 IDE 设备，可以是硬盘，也可以是光驱。如果用户将硬盘和光驱安装在同一 IDE 接口上，只有给同一数据线上的两个设备设置不同的跳线状态，才可以使主板正确的识别它们。这两个跳线的状态分别是 Master(主)和 Slave(从)。Master 表示这条 IDE 线上的第一个设备，Slave 表示这条 IDE 线上的第二个设备。如果只有一个硬盘和一个光驱，可以将它们连接在一条数据线上，将硬盘设置为"主"方式，光驱设置为"从"方式。同一 IDE 线上不能同时有两个 Master(主)或 Slave(从)设备，否则将使计算机无法正常工作。IDE 硬盘和光驱的跳线设置在该设备的面板标签上会详细标识，用户一定要仔细查看跳线说明进行正确设置。插接数据线时应注意,不论是 IDE 数据线还是 SATA 数据线,在线缆接头位置都有一个突起部分,以此判断插接电缆的方向。

11. 连接机箱面板引出线

电源线和数据线连接完成后,还需要连接机箱控制开关与主板之间的连线,即机箱面板引出线。机箱面板引出线是由机箱前面板引出的开关和指示灯的连接线,包括电源开关、复位开关、电源开关指示灯、硬盘指示灯、扬声器、USB 前置接口等连接线,如图 6.39 所示。插接线的主要插接对象是:

最后一步就是连接机箱控制开关与主板之间的连线。由机箱面板上引出的导线有很多。对应的连线有电源开关、复位开关、电源灯、硬盘灯和扬声器等。一般情况下,这些连接线的接头都有英文标注。

图 6.39　机箱面板引出线

1) HDD LED(硬盘工作指示灯)

该指示灯采用两芯接头,1 线一般为红色,与之对应主板的插针通常标着 IDE LED 或 HD LED 的字样,连接时要红线对 1 脚。接好后,当计算机在读写硬盘时,机箱上的红色 LED 指示灯会亮。

2) RESET SW(复位开关)

当它们短路时,计算机就会重新启动。这是一个开关,按下它时产生短路,手松开时又恢复通路,瞬间的短路就可使计算机重新启动。

3) SPEAKER(PC 喇叭)

一般为黑、空、空、红四线插头("空"表示无连接线),即只有 1、4 两根线,1 线通常为红色,它要接在主板的 Speaker 插针上。主板上一般也有标记,通常为 Speaker。在连接时,注意红线对应 1 的位置。

4) POWER LED(电源指示灯)

其接头一般采用三芯插头,使用 1、3 位,1 线通常为绿色。在主板上插针通常标记为 Power,连接时注意绿色线对应于第 1 针。

5) ATX SW(ATX 电源开关)

它是一个两芯的插头,与 Reset 的接头一样,按下时短路,松开时通路。可以在 BIOS 中设置为开机时必须按电源开关 3 秒钟以上才会关机,或者只能靠软件关机。

6) AUDIO(前置音频接口)

通过连线,可以供用户使用机箱面板上的音频接口。

7) USB(前置 USB 接口)

通过连线,可以供用户使用机箱面板上的 USB 接口。

根据主板说明书,将机箱面板引出线连接到指定位置,如图 6.40 所示。如果用户找不到说明书,可以根据主板上的英文提示信息连接,如图 6.41 所示。

机箱面板引出线连接完成后,主机的组装完成。

图 6.40　连接机箱面板引出线

图 6.41　连接完成

12. 收尾工作

组装主机后,主机内部连接线可能四处散落,搞不清线头线尾,给日后计算机的维护与机箱散热带来不利因素。因此在组装后最好整理主机内的连接线,可以使用捆线将散乱的电源线捆在一起,并用橡皮筋将数据线长出的部分捆扎起来,如图 6.42 所示。

图 6.42　整理机箱内电源线与连接线

最后盖好机箱两侧的盖板,紧固机箱螺丝,如图 6.43 所示。

目前,有些机箱生产厂商为了让用户组装和维护计算机时更加容易的打开机箱,使用了免螺丝刀的螺丝,如图 6.44 所示。用户不需要使用工具,用手直接可以打开机箱。

完成了机箱内部的电源和数据线的连接后,盖好机箱两侧的盖板

图 6.43　主机安装完成

图 6.44　机箱免螺丝刀螺丝

任务 6.2　连接外部设备

任务描述

机箱内部的部件安装完成后,可以进行机箱外部设备的连接了。

实施过程

(1) 连接显示器;
(2) 连接鼠标、键盘;
(3) 连接音箱;
(4) 连接网线;
(5) 连接主机电源。

6.2.1　连接外部设备概述

计算机的主机组装完成后,还要连接鼠标、键盘和显示器等外部设备才能使用。

1. 连接显示器

显示器信号线插头一般是 D 形 15 针插头,在连接显示器时,注意信号线的方向即可,如图 6.45 所示。

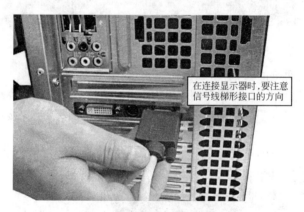

在连接显示器时,要注意信号线梯形接口的方向

图 6.45　连接显示器信号线

2. 连接鼠标、键盘

鼠标、键盘的信号线插头有串口、PS2 口、USB 口,分别连接在主机的 9 针串行口、PS2 接口、USB 接口上。

串行鼠标、串行键盘插头是 D 型 9 孔插头,安装时将其插入主机后面板的串行口上。这些设备已经淘汰,用户可以忽略。

连接 PS2 接口鼠标、键盘时,将鼠标、键盘插头插在主板 PS2 接口上。插接时注意鼠标、键盘接口插头的凹形槽方向与 PS/2 接口上的凹形卡口相对应,方向错误则插不进去。一般将键盘的紫色接口连接到机箱后面的紫色接口中,如图 6.46 所示;将鼠标的绿色接口连接到机箱后面的绿色接口中,如图 6.47 所示。

图 6.46　连接 PS2 接口键盘

图 6.47　连接 PS2 接口鼠标

连接 USB 接口鼠标、键盘时,将鼠标、键盘插头插在主板任意 USB 接口上即可,如图 6.48 所示。

图 6.48　连接 USB 口鼠标或键盘

3. 连接音箱

通常有源音箱接在 Speaker 端口或 Line-out 端口上,无源音箱接在 Speaker 端口上。连接有源音箱时,将有源音箱的 3.5mm 双声道插头插入机箱后侧声卡的线路输出插孔中,如图 6.49 所示。一般情况下,机箱后面声卡的接口有三个:绿色的是 Speaker 接口,连接音箱或耳机;红色的是 MIC 接口,连接麦克风;蓝色的是 Line In 接口,连接双头音频线,用于音频无损转换。

将音箱的音源线接头连接到主机声卡的对应插口中(通常是绿色的插口)

图 6.49　连接音箱

4. 连接网线

将网线的 RJ45 标准接口(也称为水晶头)插入网卡接口中,如图 6.50 所示。

5. 连接主机电源

机箱后主机电源接口上有一个 3 针电源输入插座。连接主机电源时将电源线一端插头插入主机电源插座,如图 6.51 所示。

接下来将网线的水晶头插入网卡接口中

图 6.50　连接网线

AC/220

最后连接机箱电源线和显示器电源线,即可完成计算机组装操作

图 6.51　连接主机电源

6.2.2　排除安装与连接中的故障

1. 开机时不显示

计算机开机后,能接通电源,但不进行自检,甚至没有任何文字或声音提示。这是因为计算机没有检测到启动必要的关键设备造成的,如 CPU、内存和显卡等。除了硬件本身损坏外,还可能是硬件与主板接触不良造成的。

如果不能确定具体是哪个硬件与主板接触不良,就需要逐个测试,将各个硬件都重新插拔一次,确定硬件已安装到位,还要重点检查硬件的插脚与主板的插槽是否出现了氧化现象。对于 CPU 还要检查它的针脚是否有弯折现象,如果有则试着将它矫正,矫正时不可太用力,否则容易导致针脚折断。如果判断是针脚与插槽出现了氧化现象时,可以通过多次插拔 CPU 使针脚与插槽进行摩擦来去除氧化层。

2. 连接线路不正常

硬件与主板的连接线经常被用户遗忘,与硬件相比,各种线路更容易导致莫名其妙的故障。比如,连接线插头在多次插拔后容易出现针脚弯折,内部的金属线也极脆弱,时间久了就容易出现断线、虚接等现象,而且连接线的故障通常不会以硬件无法使用这种极端形式表现出来,更多的是表现在文件容易丢失、无法读盘、系统性能下降或死机等现象中,而且时好时坏,所以容易被忽视。

连接线的故障不容易判断,最好的办法就是多准备几根备用线,用替换的方法进行检查,既快又准。当然,最好选购品质比较好的连接线。

3. 主板变形

首先主板变形并不常见,但是一旦发生这种情况,由它引起的故障就很复杂,迷惑性也很大,常常无法判断问题到底出在哪里,而且后果有时非常严重,会直接损坏硬件。引起主板变形的原因也多种多样,比如安装主板时,在拧螺丝的时候用力不均匀,导致一边紧,另一边松;或是安装主板时的疏忽让螺丝等硬物掉落在主板下面,由于硬物长期顶着主板导致主板鼓起;或是主板质量不好,高温也会导致主板变形,当然也有伪劣主板由于使用时间过长而自动变形等。

如果计算机出现了故障,一时间又检查不出到底是哪个硬件出现故障时,就应当考虑是否是主板变形所致。先将主板从机箱中取出,平放到桌面上,再插上各个硬件进行开机测试,如果能正常启动则说明是主板变形导致故障产生。

目前对主板变形还没有什么好的解决方法,通常都是让放置在平面上几天,看能否自动恢复,或是使用加吊重物的方法强行矫正,但具有一定的危险性,要谨慎操作。要防止主板变形,除了要避免以上的误操作外,还有就是在安装主板时,移动要平,放稳后,牢固固定主板螺丝才可以。有些主板背面还安装了专用的"主板防变形托架",可以减缓散热器对主板的挤压等。

项 目 小 结

本项目对计算机的组装过程进行了详细的介绍,包括组装主机和连接外部设备两大部分。用户在了解计算机各部件性能指标,熟悉组装过程的基础上,可以自己动手尝试组装计算机。

实 训 练 习

(1) 仔细阅读主板说明书,尝试将机箱面板引出线连接到主板上。

(2) 自己动手组装计算机。

课 后 习 题

(1) 组装计算机时需要注意哪些问题?

(2) 简述计算机的装机步骤。

(3) 安装硬盘主要有哪几项工作?

设置 BIOS

项目学习目标

- 掌握 BIOS 的基础知识,了解在计算机组装与维修中 BIOS 设置的重要性;
- 熟悉常见的 BIOS 的设置;
- 掌握 BIOS 的升级;
- 在 BIOS 设置中常见的故障及解决方法。

案例情景

在计算机组装以及日常使用过程中,用户需要经常更换或者添加新的硬件,需要设置计算机 BIOS,调整 CMOS 参数。对于刚刚组装的计算机,正确的设置 CMOS 参数是非常重要的。

项目需求

当计算机系统配置参数调整、遗失或者系统不稳定时,需要设置 BIOS,调整 CMOS 参数。否则,由于硬件配置与系统 CMOS 参数不相符,容易导致计算机无法正常工作。因此,了解并能够熟练的设置 BIOS 是十分重要的。

实施方案

对于 BIOS 设置这部分知识,要求读者一定亲自动手对各种主板的 BIOS 进行设置,并且比较相互之间的差异。通过设置不同的参数,观察系统启动后的各种现象,进而达到融会贯通的程度。对于第一次进行 BIOS 升级的读者,建议在教师或计算机维修人员的指导下进行,以免出现不必要的损失。

任务 7.1　了解 BIOS 与 CMOS

任务描述

很多用户认为 BIOS 与 CMOS 是相同的概念,其实两者并不是一回事,不可混为一谈。

实施过程

(1) 了解 BIOS;
(2) 了解 CMOS。

7.1.1 BIOS

BIOS(Basic Input Output System,基本输入输出系统)是被固化到计算机主板上的 ROM 芯片中的一组程序,为计算机提供最低级的、最直接的硬件控制。它保存着计算机系统中最重要的基本输入输出程序、系统信息设置、POST 自检和系统自举程序,并反馈诸如设备类型、系统环境等信息。当用户开机后,系统的启动工作完全都要依靠存储于 ROM 中的 BIOS。即使是操作系统启动之后,有些工作还是得依靠 BIOS 中的中断服务来完成。BIOS 是主板的一个重要组成部分。现在的主板还在 BIOS 芯片中加入了电源管理、CPU 参数调整、系统监控、PnP(即插即用)和病毒防护等功能,BIOS 的功能变得越来越强大,而且许多主板厂商还不定期地对 BIOS 进行升级。

1. BIOS 的结构

现在的主板 BIOS 都存储在 Flash ROM 芯片中,它实际上就是一种可快速读写的 EEPROM 芯片,在一定的电压、电流条件下,可以进行更新的集成电路块,如图 7.1 所示。在 Flash ROM 中保存着计算机最重要的基本输入输出的程序、系统设置信息、开机上电自检程序和系统启动自举程序等信息。因此,随着计算机功能的不断强大,Flash ROM 的容量也越来越大,现在一般有 2MB、4MB 或 8MB 等几种规格。

图 7.1 Flash ROM 芯片

2. BIOS 的类型

现在较常见的主板 BIOS 主要有 Award BIOS、AMI BIOS 和 Phoenix BIOS 三种类型,这种分类方法主要是以公司品牌为基础的。

Award(惟尔科技)BIOS 是由 Award Software 公司开发的 BIOS 产品,它的功能较为齐全,支持许多新硬件,目前市面上很多台式机主板都采用了这种 BIOS。虽然 Award 被 Phoenix(凤凰科技)所并购,但是仍然以 Award 的名义销售其台式计算机 BIOS。

AMI(安迈)BIOS 是 American Megatrends Inc 公司出品的 BIOS 产品。AMI BIOS 的特点是细致的选项,菜单化、控制条的界面设计,对各种软、硬件的适应性好,能保证系统性能的稳定,新推出的版本功能更加强劲。

Phoenix(美国凤凰科技)BIOS 是 Phoenix Technologies 公司的产品,它的界面简洁,便于操作,多用于高档的 Pentium 原装品牌机和笔记本电脑,尤其是在笔记本上有着一定的应用。早期在台式机主板的 BIOS 设计中和 AMI、Award 可以说是三分天下。Award 被 Phoenix 收购后,Phoenix 渐渐放弃对台式机主板 BIOS 的设计,转向对笔记本 BIOS 领域发展,专心研究笔记本 BIOS;而 Award 专攻台式机 BIOS 市场。目前,市场上的很多笔记本主板使用 Phoenix BIOS,很多台式机主板也大面积使用 Award BIOS,也有部分主板的 BIOS 标记着 Phoenix-Award BIOS。

3. BIOS 的功能

一块主板性能优越与否,很大程度上取决于主板上的 BIOS 所具有的管理功能是否先进。BIOS 包含下面一些具体的功能。

1）BIOS 设置

BIOS 设置程序是储存在 Flash ROM 芯片中的，只有在开机时才可以进行设置。BIOS 设置程序主要是针对计算机的基本输入输出系统进行管理，它使系统运行在最佳状态下。使用 BIOS 设置程序还可以排除系统故障或者诊断系统问题。

2）BIOS 中断

BIOS 中断服务程序是计算机系统中软件与硬件之间的一个可编程接口，主要用于软件与硬件之间实现衔接。操作系统对软驱、硬盘、光驱、键盘和显示器等外围设备的管理都是直接建立在 BIOS 中断服务程序的基础上。

3）开机上电自检

计算机开机后，系统首先由 POST（Power On Self Test，上电自检）程序对内部各个设备进行检查。通常完整的 POST 将包括对 CPU、640K 基本内存、1M 以上的扩展内存、ROM、主板、CMOS 存储器、串口、并口、显卡、软硬盘子系统及键盘进行测试，一旦在自检中发现问题，系统将给出提示信息或鸣笛警告。

4）系统启动自举

BIOS 在完成 POST 自检后，按照 BIOS 设置中保存的启动顺序搜寻软、硬盘驱动器及 CD-ROM、网络服务器等有效的启动驱动器，读入操作系统引导记录，然后将系统控制权交给引导记录，并由引导记录来完成系统的顺利启动。

7.1.2　CMOS

CMOS（Complementary Metal-Oxide Semiconductor，互补金属氧化物半导体）是指制造大规模集成电路芯片用的一种技术或用这种技术制造出来的芯片。计算机主板上的 CMOS 就是一个可读写的 RAM 存储器。

BIOS 与 CMOS 既相关又不同：BIOS 中的系统设置程序是完成参数设置的手段，CMOS RAM 是设定系统参数的存放场所，是结果。由于它们跟系统设置都密切相关，故有 BIOS 设置和 CMOS 设置的说法。完整的说法应该是通过 BIOS 设置程序对 CMOS 参数进行设置。BIOS 设置与 CMOS 设置都是其简化的叫法，指的是一回事。但是 BIOS 与 CMOS 却是完全不同的两个概念，不可混淆。

系统启动时，BIOS 所需要的数据是由用户设定的。由于每个用户的需求不同，所以 BIOS 的设置也就不同，而这些不同的参数就存储在一个以 CMOS 制成的存储器中。采用 CMOS 技术制作的存储器需要的电力较低，用一节纽扣电池便能维持它的数据，所以在主板上都会有一块纽扣电池，以提供 CMOS 所需的电力。图 7.2 所示就是主板上与 BIOS 相关的部件。因为是采用 CMOS 制作的存储器，常常也就把对 BIOS 的设置称为 CMOS 设置。实际上，BIOS 设置程序是完成参数设置的手段，而 CMOS 是参数存放的地方。

图 7.2　BIOS 相关部件

任务 7.2　设置 BIOS

任务描述

BIOS 的设置程序有很多版本,每种设置又针对不同的硬件系统,虽然有所不同,但对于主要的设置选项,基本原理相同。只要掌握了 BIOS 一种版本的设置方法,触类旁通,就能够对大部分版本的 BIOS 进行设置。

实施过程

(1) 进入 BIOS 设置程序;
(2) 典型 AMI BIOS 设置;
(3) 其他类型 BIOS 设置。

7.2.1　进入 BIOS 设置程序

BIOS 设置程序的进入方法目前采用的是计算机刚开机启动时按热键进入。不同类型的机器进入 BIOS 设置程序的按键不同,有的在屏幕上给出提示,有的不给出提示。

- Award BIOS:按 Delete 键。
- AMI BIOS:按 Delete 键或 Esc 键。
- Phoenix BIOS:按 F2 功能键。

AMI 公司是世界上最大的 BIOS 生产厂商之一,其产品被广泛使用,当前很多主流的主板都采用了 AMI BIOS。在此任务中将对 AMI BIOS 的设置进行详细讲解。Award BIOS 的设置与 AMI BIOS 的设置区别不大,不再复述。

7.2.2　典型 AMI BIOS 设置

计算机开机后,系统会开始加电自检过程,当屏幕上出现 Press DEL to enter SETUP 提示时,按 Delete 键即可进入 BIOS 设置主菜单,如图 7.3 所示。

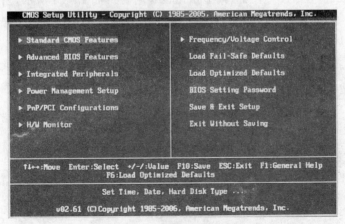

图 7.3　BIOS 设置主菜单

在主菜单中显示了 BIOS 所提供的设置项目,可以使用方向键"↑"、"↓"选择不同的项目,被选择的项目显示为红色背景,提示信息显示在屏幕的底部。如图 7.3 所示,在左侧的项目开始处都有一个"▶"符号,表示此项目中包含着子菜单。当选择了某一项目后,按 Enter 键就进入到子菜单中;如果要返回到主菜单,按 Esc 键即可。在主界面的中下部显示了键位控制。通过对屏幕上显示的各个项目的调节,可以完成对 BIOS 的设置。

1. Standard CMOS Features(标准 CMOS 特性)

Standard CMOS Features 中包含了 BIOS 的基本设置项目,如图 7.4 所示。通过方向键"↑"、"↓"选定要修改的项目,然后使用翻页键 Page Up、Page Down 或"+"、"−"键选择所需要的参数,或按 Enter 键进入子菜单。当进入子菜单后常常有 Auto、Enabled 和 Disabled 三个参数,分别表示"由系统自动设置"、"打开"、"关闭"。在 BIOS 设置时,各个项目中字体颜色不完全一样,其中"黄色"代表当前项目下还有子菜单,"白色"代表可以选择具体参数,"灰色"代表此项目为不可更改的内容。

```
                    Standard CMOS Features
 Date (MM:DD:YY) :          [Thu 05/29/2008]      Help Item
 Time (HH:MM:SS) :          [20:57:54]
                                              While entering setup,
 ▶ IDE Primary Master        [Not Detected]    BIOS auto detects the
 ▶ IDE Primary Slave         [ATAPI CDROM]     presence of IDE
 ▶ SATA 1                    [Hard Disk]       devices. This displays
 ▶ SATA 2                    [Not Detected]    the status of auto
 ▶ SATA 3                    [Not Detected]    detection of IDE
 ▶ SATA 4                    [Not Detected]    devices.

 Floppy A                    [Not Installed]

 ▶ System Information        [Press Enter]
```

图 7.4　**Standard CMOS Features**

1) Date (MM：DD：YY)、Time(HH：MM：SS)

这两个项目设置系统的日期和时间,日期的格式是星期、月、日、年;日期的格式是时、分、秒。其中,星期是根据所设置的日期,由 BIOS 自动给出。

2) IDE Primary Master、IDE Primary Slave(第一主 IDE 控制器、第一从 IDE 控制器)

这两个项目是进行 IDE 设备类型的设置。如果没有连接 IDE 设备,则显示为 Not Detected;如果已经连接 IDE 设备,则显示该设备名称。如图 7.4 所示,当前系统在第一主 IDE 控制器上没有连接任何设备,在第一从 IDE 控制器上连接了一个光驱。

3) SATA 1(第一 SATA 设备)

如果在这个 SATA 上没有连接设备,则显示为 Not Detected;如果已经连接设备,则显示该设备名称,按 Enter 键可以进入子菜单,如图 7.5 所示。

图 7.5　**SATA 1**

(1) Device、Vender、Size(设备、厂商、容量)

显示连接在此 SATA 上的设备名称、厂商(产品型号)、设备容量等信息。

(2) LBA/Large Mode(LBA/Large 模式)

此项目可以打开或关闭 LBA(逻辑区块地址)模式。

(3) DMA Mode(DMA 模式)

此项目可以选择 DMA 模式。DMA(Direct Memory Access,直接内存存取)可以提高外部存储设备的数据传输速度。

(4) Hard Disk S. M. A. R. T. (硬盘的智能检测技术)

此项目可以激活硬盘的 S. M. A. R. T. (自我监控,分析,报告技术)能力,S. M. A. R. T 应用程序是来监控硬盘的状态、预测硬盘失败,可以提前将数据从硬盘上移动到安全的地方。

4) Floppy A(软驱 A)

此项目设置软驱 A 的类型,一般有 Not Installed、360KB、1. 2MB、720KB、1. 44MB 和 2. 88MB 等几种选择。

5) System Information(系统信息)

按 Enter 键可进入子菜单,如图 7.6 所示。在此子菜单中显示了当前系统中 CPU 型号、CPU 代码、CPU 频率(外频×倍频)、BIOS 版本号、物理内存、实际使用的内存、缓存和三级缓存等信息。

```
Intel(R) Pentium(R) Dual  CPU  E2140  @ 1.60GHz
CPUID/MicroCode          06FDh/0A1h
CPU Frequency            1.60GHz (200x8)
BIOS Version             V1.2 11132007
Physical Memory          1024MB
Usage Memory             1024MB
Cache Size               1024 KB
L3 Cache Size            0 KB x 2
```

图 7.6 **System Information**

2. Advanced BIOS Features(高级 BIOS 特性)

Advanced BIOS Features 是用来深入设置系统的性能,其中有些内容在主板出厂时已经确定,有些内容用户可以进行修改,如图 7.7 所示。

```
                  Advanced BIOS Features
Boot Sector Protection    [Disabled]        Help Item
Full Screen Logo Display  [Enabled]
Quick Booting             [Enabled]         Enable/Disable
Boot up Num-Lock LED      [On]              Boot Sector Virus
IOAPIC Function           [Enabled]         Protection.
MPS Table Version         [1.4]
► CPU Feature             [Press Enter]
► Chipset Feature         [Press Enter]
► Boot Sequence           [Press Enter]
```

图 7.7 **Advanced BIOS Features**

1) Boot Sector Protection(引导扇区保护)

此项目的功能是系统是否对硬盘引导扇区内容的改变进行监视并启动警报功能。如果选择 Enabled,当有数据试图写入该区块时,BIOS 将会在屏幕上显示警报信息并发出警报声。

2）Full Screen Logo Display（全屏显示 LOGO）

此项目能在启动画面上显示主板厂商的 Logo 标志。当选择 Disabled，系统启动时显示系统自检画面。

3）Quick Booting（快速启动）

当此项目设为 Enabled 时，允许系统跳过部分自检内容，在 5s 内快速启动。

4）Boot up Num-Lock LED（启动时 Num-Lock 状态）

此项目是用来设定系统启动后，键盘上小键盘区 Num-Lock 键的状态。设为 On 时，系统启动后将打开 Num-Lock 键，小键盘数字有效；当设定为 Off 时，系统启动后 Num-Lock 键关闭，小键盘方向键有效。

5）IOAPIC Function（IOAPIC 功能）

此项目允许控制 APIC（Advanced Programmable Interrupt Controller，高级可编程中断控制器）。APIC 的主要作用是管理 IRQ 的分配，可以把传统的 16 个 IRQ 扩展到 24 个，以适应更多的设备。

6）MPS Table Version（MPS 版本）

此项目用以选择当前操作系统所使用的 MPS（Multi-Processor Specification，多处理器规格）版本。

7）CPU Features（CPU 特性）

此项目下有两个选项，分别是 Execute Bit Support（执行位支持）和 Set Limit CPUID MaxVal to 3（设置 CPUID 最大值到 03h）。Execute Bit Support 利用 CPUID 指示，可以避免恶意代码在 IA-32 系统中运行；Set Limit CPUID MaxVal to 3 是把最大 CPUID 输入值限制在 03h 内。

8）Chipset Features（芯片特性）

在此项目下只有 HPET（High Precision Event Timer，高精准事件计时器）这个参数。它用于在操作系统中寻找计时器，并建立供驱动程序下载的基本计时器服务。

9）Boot Sequence（启动次序）

此项目中有三个选项，分别是 1st Boot Device（第一引导设备）、2nd Boot Device（第二引导设备）和 Boot From Other Device（其他引导设备）。其中，可以通过 1st Boot Device、2nd Boot Device 设定 BIOS 载入操作系统时，引导设备的引导次序，有 CD-ROM、软盘和硬盘等参数可以选择。当系统从第一、第二设备引导失败时，如果此时 Boot From Other Device 设置为 Yes，则允许系统从其他设备引导。

3. Integrated Peripherals（整合周边设备）

Integrated Peripherals 是用来对计算机系统的外部设备进行特别设置，以改善系统的性能，如图 7.8 所示。

1）USB Controller（USB 控制器）

此项目可以对主板上的 USB 控制器进行打开或关闭。

2）USB Device Legacy Support（USB 设备支持）

如果需要在不支持 USB 设备或没有安装 USB 驱动的操作系统（DOS）下使用 USB

图 7.8　Integrated Peripherals

设备,则应将此项目设置为 Enabled。

3) Onboard LAN Controller(板载网络控制器)

此项目允许打开或关闭主板上集成的网络控制器(网卡)。当前很多主板上都集成有网卡、声卡甚至显卡,用户既可以使用这些设备,又可以使用独立的设备。但是,如果使用独立的设备就应该将这些集成的设备关闭,否则容易引起冲突。对于 Onboard LAN Controller 这个项目,如果选择 Enabled 就是启用主板集成的网卡;如果选择 Disabled 则是禁用此网卡。

4) LAN Option ROM(选择网络只读存储器)

此项目允许打开或关闭主板上集成的网络控制器的只读存储器。如果需要通过网络启动系统,则设置为 Enabled。

5) HD Audio Controller(HD 音频控制器)

此项目用于打开或关闭 HD 音频控制器。HD Audio(High Definition Audio)就是高保真音频。

6) On-Chip ATA Devices(各种 ATA 设备)

此项目是对各种 ATA 设备进行设置。ATA(AT Attachment,AT 计算机上的附加设备)是 IDE 设备的相关技术标准,可以使用户方便地在计算机上连接硬盘等设备。SATA(Serial ATA,串行 ATA)是一种完全不同于并行 ATA 的新型硬盘接口类型,由于采用串行方式传输数据而得名。SATA 总线使用嵌入式时钟信号,具备了更强的纠错能力。与以往相比,其最大的区别在于能对传输指令进行检查,如果发现错误会自动矫正,这在很大程度上提高了数据传输的可靠性。串行接口还具有结构简单、支持热插拔的优点。在 On-Chip ATA Devices 下面还有三个选项,分别是 On-Chip IDE Controller(IDE 控制器设置),打开或关闭板载的 IDE 控制器;PCI IDE BusMaster(PCI IDE 总线控制),打开或关闭 PCI 总线的 IDE 控制器的总线控制能力;On-Chip SATA Controller(SATA 控制器设置),打开或关闭板载的 SATA 控制器。

7) I/O Devices(输入输出设备)

此项目用于设置主板上的各种输入输出设备。按 Enter 键进入子菜单,如图 7.9 所示。

```
COM Port 1              [3F8/IRQ4]
Parallel Port           [378]
Parallel Port Mode      [Bi-Direction]
```

图 7.9　I/O Devices

（1）COM Port 1（第一个 COM 端口）

此项目是为第一个 COM 端口选择地址和相应的中断，有 Disabled、3F8/IRQ4、2F8/IRQ3、3E8/IRQ4 和 2E8/IRQ3 等几个参数。

（2）Parallel Port（并行端口）

此项目是为主板上的并行端口选择地址，有 Disabled、378、278、3BC 等几个参数。

（3）Parallel Port Mode（并行端口模式）

此项目可以为主板设置多种并行端口模式，有 Normal（标准）、Bi-Direction（双向并行端口）、ECP（扩充功能并行端口）、EPP（增强并行端口）和 ECP & EPP（ECP 和 EPP 混合）等几种模式。一般选择 ECP & EPP 即可。

4. Power Management Setup（电源管理设置）

此项目是对系统电源进行各种方式的管理，如图 7.10 所示。

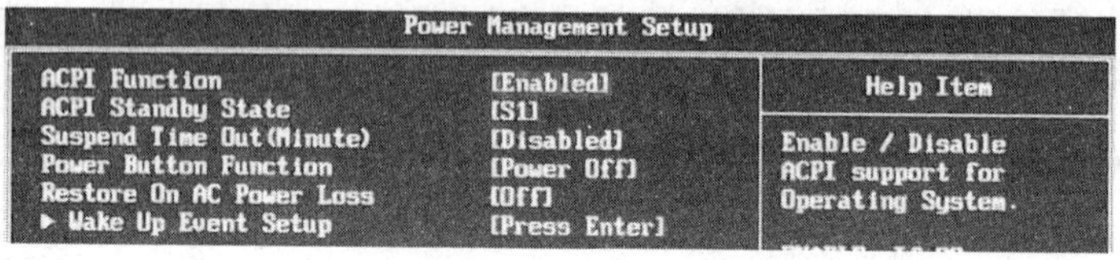

图 7.10　Power Management Setup

1）ACPI Function（ACPI 功能）

此项目可开启 ACPI 功能。如果将要安装的操作系统支持此功能，则将其设置为 Enabled。

ACPI（Advanced Configuration and Power Interface，高级配置与电源接口）是一种电源管理标准，它帮助操作系统控制划拨给每一个设备的电量，有了 ACPI，操作系统就可以把不同的外设关闭。ACPI 共有 6 种状态，分别是 S0～S5。S0 是指计算机处于工作状态，所有设备全部启动；S1 称为 POS（Power on Suspend），是一种低耗能状态，这时除了通过 CPU 时钟控制器将 CPU 关闭之外，其他的部件仍然正常工作，硬件保留所有的系统内容；S2 指 CPU 处于停止运作状态，总线时钟也被关闭，但其他的设备仍然工作；S3 也称为 STR（Suspend to RAM），在此状态下，仅对内存和可唤醒系统设备等主要部件供电，并且系统内容将被保存在内存中，一旦有"唤醒"事件发生，储存在内存中的这些信息被用来将系统恢复到以前的状态；S4 也称为 STD（Suspend to Disk），这时系统主电源关闭，但是硬盘仍然带电，信息存储于硬盘中，并可以被"唤醒"；S5 是指包括电源在内的所有设备全部关闭。

2）ACPI Standby State（ACPI 待用状态）

此项目设定 ACPI 功能的状态，如果将要安装的操作系统支持 ACPI 功能，则可以选择计算机进入睡眠模式时是处于 S1 状态还是处于 S3 状态。

3）Suspend Time Out（Minute）（闲置时间）

此项目设定系统经过多少分钟的闲置后进入休眠状态。

4）Power Button Function（电源按钮功能）

此项目设置计算机电源按钮的功能，有两个参数可以选择：Power Off 是指按计算机开关一次即关机;Suspend 是指按计算机开关一次即进入休眠模式。而按住开关超过 4s,计算机将立即关闭。

5) Restore On AC Power Loss(断开后电源恢复时的状态)

此项目决定着当计算机非正常断电之后,电流再次恢复时,计算机所处的状态。有三个参数可以选择:Last State 是指将计算机恢复到最近一次的状态,也就是断电时的状态;On 是指让计算机处于开机状态;Off 是指继续保持计算机所处的关机状态。

常常会发现某台计算机一插上电源线就会自动开机,为什么呢? 实际上,就是因为此项目选择了 On 而导致的。如果是选择了 Last State 也有可能导致这种情况出现。

6) Wakeup Up Event Setup(唤醒事件设置)

此项目设置当计算机处于休眠状态时,通过什么样的事件将系统唤醒。其中,Resume From S3 By USB Device(用 USB 设备从 S3 唤醒)是指通过 USB 设备的活动将系统从 S3 模式中唤醒;Resume From S3 By PS/2 Keyboard(用 PS/2 键盘从 S3 唤醒)是指通过 PS/2 键盘输入将系统从 S3 模式中唤醒;Resume From S3 By PS/2 Mouse(用 PS/2 鼠标从 S3 唤醒)是指通过 PS/2 鼠标输入将系统从 S3 模式中唤醒;Resume By PCI Device(PME♯)(用 PCI 设备唤醒)是指可以通过任何 PME(电源管理事件) 将系统从休眠模式唤醒;Resume By PCI-E Device(用 PCI-E 设备唤醒)是指通过任何 PCI-E 设备将系统从休眠模式唤醒;Resume By RTC Alarm(用 RTC Alarm 唤醒)是指通过设定的日期时间唤醒计算机。对于这个项目,如果选择 Enabled,就会出现 Date、HH:MM:SS 两个参数,可以对日期和时间进行设置。

5. PnP/PCI Configurations(PnP/PCI 配置)

此项目是对系统的 PnP 和 PCI 设备的工作状态进行设置,如图 7.11 所示。

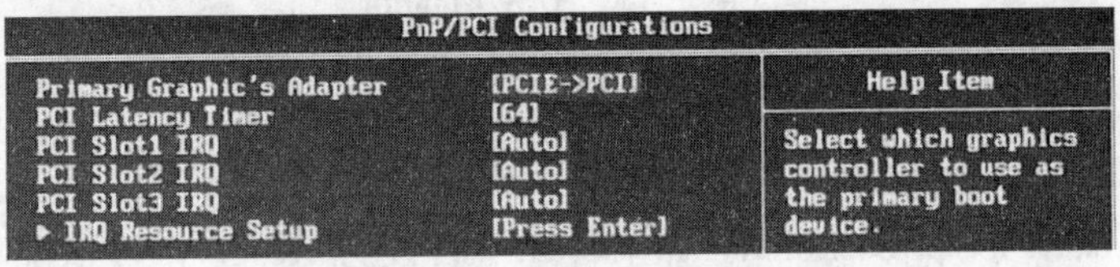

图 7.11　PnP/PCI Configurations

PnP(Plug and Play,即插即用设备)是指用户不必干预计算机的各个外部设备对系统资源的分配,由系统自身去解决底层硬件资源,包括 IRQ(中断请求)、I/O(输入输出端口)地址、DMA(直接内存读写)和内存空间等的分配问题。对用户而言,只要将外部设备插到主板上就能够使用。

1) Primary Graphic's Adapter(基本图像适配器)

此项目设置计算机的主要显卡。如果当前计算机装有多个显卡,系统启动时,通过此项目的设置来决定由哪个显卡进行显示。其中,PCIE→PCI 是指先使用 PCIE 显卡,如果有问题,就使用 PCI 显卡;而 PCI→PCIE 则恰恰相反。

2) PCI Latency Timer(PCI 延迟时钟)

此项目控制每个 PCI 设备在占用另外一个之前占用总线时间。此值越大,PCI 设备保留控制总线的时间越长。每次 PCI 设备访问总线都要初始化延迟。PCI 延迟时钟的低值会降低 PCI 频宽效率,而高值会提高效率,设定值从 32 到 128,以 32 为单位递增。

3) PCI Slot 1/2/3 IRQ(1/2/3 号 PCI 的中断请求值)

此项目规定了每个 PCI 插槽的中断请求值。有 Auto、3、4、5、7、10、11 等多个参数。

4) IRQ Resource Setup(中断请求资源设置)

此项目设置各个中断请求的状态。有 IRQ 3、IRQ 4、IRQ 10 和 IRQ15 等多个参数,这些参数指定了各个 IRQ 使用时所占用的总线。主板使用的 IRQ 是由 BIOS 自行设定的,如果更多的 IRQ 要从 IRQ 组中被移开,可以设置为 Reserved(预留),这样可以保留 IRQ;而所有板载的 I/O 设备使用的 IRQ 要设置为 Available(通用)。

6. H/W Monitor(硬件监视)

此项目显示了当前的 CPU、风扇和整个系统的运行状态等各种数据,只有当主板有硬件监控装置时,监控功能才被激活。如图 7.12 所示,在此菜单中除前两项外,其他数据是不能直接修改的。

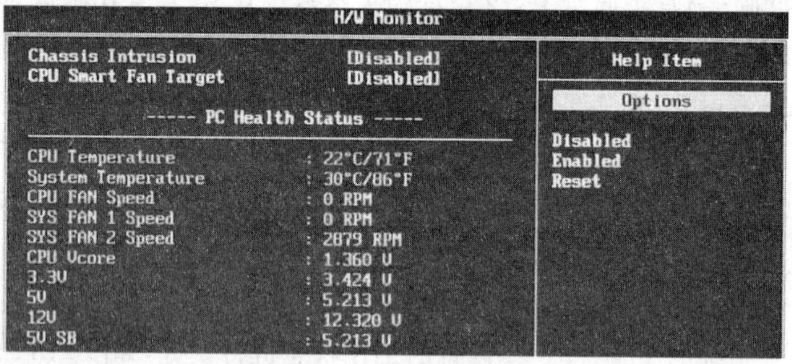

图 7.12　H/W Monitor

1) Chassis Intrusion(机箱入侵监视)

此项目是用来打开或关闭机箱入侵监视功能,并提示机箱曾被打开过的警告信息,设定值有 Enabled、Reset 和 Disabled。如果将此项目设为 Reset,则可清除警告信息,并且此项目会自动恢复到 Enabled 状态。

2) CPU Smart Fan Target(CPU 风扇智能监测)

此项目是指在一个指定范围内根据当前 CPU 温度自动控制风扇转速。可以设定一个温度,如果当前温度达到此值,主板的 Smart Fan 功能将被激活,风扇将会加速运转来降低 CPU 温度,参数有 Disabled、40℃、45℃和 70℃等。

3) PC Health Status(PC 健康状态)

此项目下包括当前温度、电压等基本内容。CPU/System Temperature 是指 CPU 和系统的当前温度;CPU FAN/ SYS FAN1/ SYS FAN2 Speed 是指 CPU 风扇、系统风扇 1、系统风扇 2 的转速(分/转);CPU Vcore 是指 CPU 核心电压;3.3V /5V /12V /5V SB 是指系统所提供的 3.3V、5V、12V、5V 待机电压的实际测试结果。

7. Frequency/Voltage Control（频率/电压控制）

此项目可以进行主板频率和电压的特别设置，如图 7.13 所示。

1）Current CPU Frequency（当前 CPU 频率）

此项目显示当前 CPU 时钟频率，CPU 的时钟频率＝外频×倍频。

2）Current DRAM Frequency（当前内存频率）

此项目显示当前内存的时钟频率。

3）D. O. T Control（D. O. T 控制）

D. O. T（Dynamic Overclocking Technology，动态超频技术）具有自动超频功能，可以侦测 CPU 在处理应用程序时的负荷状态，并且自动调整 CPU 的最佳频率。当主板检测到 CPU 正在运行程序，它会自动为 CPU 提速，可以更流畅、更快速的运行程序；在 CPU 暂时处于挂起或在低负荷状态下，它就会恢复默认设置。一

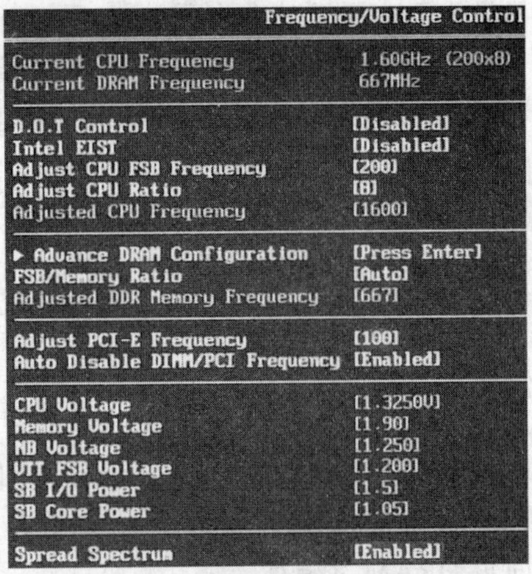

图 7.13　Frequency/Voltage Control

般 D. O. T 只有在用户的计算机需要运行大数据量的程序，例如 3D 游戏或是视频处理时才会发挥作用，此时 CPU 频率的提高会增强整个系统的性能。通常这种动态超频技术要比常规超频稳定和安全，有 Disabled、Private 1%、Sergeant 3% 和 Commander 15% 等参数，超频的幅度是依次上升的。

4）Intel EIST（增强的 Intel SpeedStep 技术）

这是一种智能降频技术，是 Intel 公司专门为移动计算机开发的一种节电技术，能够根据系统不同的工作状态自动调节 CPU 的电压和频率，以减少耗电量和发热量。Intel 的 Pentium 4 6xx 系列及 Pentium D 全系列 CPU 都已支持 EIST 技术。为了启用 EIST 技术，需要进行一些设置：将 Intel EIST 选项设置为 Enabled；使用支持 EIST 技术的操作系统，如 Windows XP；在 Windows XP 中，利用"控制面板"→"电源选项"→"属性"→"电源使用方案"将电源使用方案改为"最少电源管理"。如果需要关闭 EIST 功能，则需要将"电源使用方案"设置为"一直开着"。

5）Adjust CPU FSB Frequency（调整 CPU FSB 频率）

FSB（Front Side BUS，前端总线）就是 CPU 外频。

6）Adjust CPU Ratio（调整 CPU 倍频）

此项目可以进行 CPU 倍频的调整。但需要注意的是，只有在当前 CPU 支持此功能时才显示，并且只有当 Intel EIST 设为 Disabled 时才可用。

7）Adjusted CPU Frequency（已调整的 CPU 频率）

此项目的值是前两项数值的乘积。

8）Advance DRAM Configuration（高级 DRAM 配置）

此项目是对内存的参数进行设置，在其中共有 4 个参数。

（1）Configuration DRAM Timing by SPD（用 SPD 配置内存时钟）

选择是否由内存模组中的 SPD EEPROM 控制内存时钟周期。如果选择 Enabled，

则开启内存时钟周期,并允许相关项目由 BIOS 根据 SPD 的配置来自动决定;如果选择 Disabled,则可由用户个人手动设置内存时钟周期和相关选项。以下选项都是由于将本项目设为 Disabled 才会出现。

(2) DRAM CAS# Latency(内存 CAS# 延迟)

CAS(Column Address Strobe,列地址选通脉冲)控制着从收到命令到执行命令的间隔时间,通常为 2、2.5、3 等几个时钟周期。一般来说,在稳定的基础上,这个值越低越好。

(3) DRAM RAS# to CAS# Delay(RAS 至 CAS 的延迟)

RAS(Row Address Strobe,行地址选通脉冲)允许设置在向 DRAM 写入、读取、刷新时,从 CAS 脉冲信号到 RAS 脉冲信号之间延迟的时钟周期数。时钟周期越短,内存的性能越好。

(4) DRAM RAS# Precharge(内存 RAS 预充电周期)

此项目用来控制 RAS 预充电过程的时钟周期数,如果在内存刷新前没有足够时间给 RAS 积累电量,刷新过程可能无法完成,而且将不能保持数据。此项目仅在系统中安装了同步 DRAM 才有效。

9) FSB/Memory Ratio(FSB/内存倍频)

此项目可以设置 FSB/内存的倍频。

10) Adjusted DDR Memory Frequency(调整 DDR 内存频率)

此项目可以调整 DDR 内存的频率。

11) Adjust PCI-E Frequency(调整 PCI-E 频率)

此项目可以调制 PCI-E 设备的频率。

12) Auto Disable DIMM/PCI Frequency(自动关闭 DIMM/PCI 时钟)

此项目用于自动关闭 DIMM/PCI 插槽。

13) Spread Spectrum(频展)

此项目的功能是减少电磁干扰,优化系统的性能表现和稳定性。但如果要进行超频,必须选择 Disabled。

除此之外,还有 CPU/Memory/NB Voltage(调整 CPU、内存、北桥芯片组电压)、SB I/O /Core Power(调整南桥输入输出、核心电压)等项目。

CUP 的频率一般具有一个上下浮动的范围,浮动的大小与 CPU 自身有关。超频可以在一定的范围内提高 CPU 的主频,从而使计算机的运行速度加快,但超频也会减少 CPU 的寿命。CPU 的主频是外频和倍频的乘积。例如一个 CPU 的外频为 133MHz,倍频为 9,因此它的主频=外频×倍频=133MHz×9≈1200MHz。CPU 超频可以通过改变 CPU 的外频或倍频来实现。但是,修改倍频对 CPU 性能的提升不如修改外频好,因为外频的速度通常与前端总线、内存的速度紧密关联。因此,当提高了 CPU 外频后,CPU、芯片组和内存的性能都同时得到了提高。CPU 超频既可以通过设置 BIOS 超频,也可以在操作系统中通过软件来超频。

在 BIOS 设置中,可以选择 D. O. T Control 进行智能动态超频(不是每款主板都具有这种功能);也可以选择 Adjust CPU FSB Frequency 来调整 CPU 的外频或选择 Adjust CPU Ratio 来调整 CPU 的倍频。

CPU 超频后,如果系统无法正常启动或工作不稳定,可以通过提高 CPU 的核心电压来解决。因为 CPU 超频后,功耗也就随之提高,如果供应电流还保持不变,有些 CPU 就会因功耗不足而导致无法正常稳定的工作,因此需要提高电压来解决这个问题。选择 CPU Voltag 就可以提高 CPU 核心电压。但是,提高电压的副作用很大,既会使 CPU 发热量增大,又容易出现电压过高,烧毁 CPU 的现象。所以,提高 CPU 电压时一定要慎重,一般以 0.025V、0.05V 或者 0.1V 为单位逐步提高。

8. 其他的项目

在 BIOS 的主菜单中还有几个较为简单的项目:Load Fail-Safe Defaults(载入故障保护默认值)可以载入为稳定系统性能而设定的默认参数,这个项目主要是注重系统的稳定,如果对 BIOS 不太了解,那么选择这个项目较为合适;Load Optimized Defaults(载入优化设置默认值)可以载入系统默认优化性能设置的参数;BIOS Setting Password(BIOS 设置密码)可以为 BIOS 设置密码,如果要防止别人进入 BIOS,就可以在此进行设定;Save & Exit Setup(保存并退出)是将前面修改的参数进行保存,然后退出 BIOS 设置程序;Exit Without Saving(不保存并退出)是放弃前面已修改的参数,然后退出 BIOS 设置程序。

7.2.3 其他类型 BIOS 设置

很多主板厂商采用不同版本的 BIOS,即使是同一个公司的 BIOS 产品,但在屏幕上的显示也截然不同。再简单地讲解一个其他版本的 BIOS 设置。

1. Main(主菜单)

进入采用 AMI BIOS V02.58 版本的主菜单中,会发现与前面看到的 BIOS 主界面有很大差异,如图 7.14 所示。System Time 和 System Date 分别是对系统的时间和日期进行设置;Legacy Diskette A 是设置软驱 A 的类型;SATA 是对 4 个 SATA 设备进行设置。

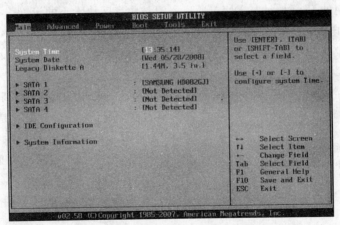

图 7.14 AMI BIOS V02.58 主菜单

1) IDE Configuration(IDE 设置)

此项目可以设置 IDE 设备。在它所包含的子菜单中,Onboard IDE Controller(板载

IDE 控制器)可以启用或禁用 IDE 设备;SATA Configuration(SATA 设置)可以启用或禁用 SATA 设备。

2) System Information(系统信息)

此项目显示当前系统的基本情况,例如 CPU 类型、频率和内存容量等内容。

2. Advanced(高级)

高级菜单中可以改变 CPU 与其他系统设备的细节设置,但是如果设置的不正确,可能会导致设备故障,如图 7.15 所示。

1) Jumperfree Configuration (免跳线设置)

此项目可以进行 CPU 的超频设置。在子菜单中,AI Overclocking(智能超频)可以选择已经设定好的参数进行超频,但是如果参数选择太高可能会引起系统的不稳定,出现这种情

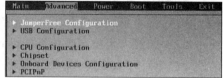

图 7.15 Advanced

况时,可以恢复到默认值;Memory Voltage(内存电压)设置内存所需电压。

2) USB Configuration (USB 设置)

此项目可以进行 USB 的相关设备设置,例如 USB 端口的个数、传输模式等。

3) CPU Configuration(CPU 设置)

此项目显示了 BIOS 自动检测到的与 CPU 相关的信息。

4) Chipset(芯片组)

此项目可以让用户更改芯片组的高级设置。

5) Onboard Devices Configuration(板载设备的设置)

通过此项目可以对主板集成的设备进行各种参数的设置。

6) PCI PnP(PCI 即插即用设备)

此项目可以使用户更改 PCIPnP 设备的高级设置。这里包含了供 PCIPnP 或 Legacy ISA 设备所使用的 IRQ 地址与 DMA 通道资源与内存区块大小的设置。

3. Power(电源)

电源管理菜单中可以对 APM(高级电源管理)和 ACPI 进行各种设置,如图 7.16 所示。

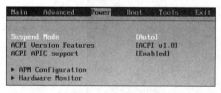

图 7.16 Power

APM 与 ACPI 都是一种高级电源管理方式,但它们是有区别的。APM 是操作系统定义电源管理时间,由 BIOS 负责执行;而 ACPI 是 BIOS 收集硬件信息,定义电源管理方案,由操作系统负责执行。或者说,APM 是一种软件解决方案,因此是与操作系统有关的;而 ACPI 是工业标准,包括了软件和硬件方面的规范。

1) Suspend Mode (暂停模式)

此项目可以设置系统的休眠模式。有 S1 Only 和 Auto 两个参数可以选择。

2) ACPI Version Features(ACPI 版本特征)

此项目可以设置 ACPI 的版本。

3）ACPI APIC support（ACPI APIC 支持）

此项目可以将 ACPI APIC 表单增加至 RSDT 指示清单中。

4）APM Configuration（APM 配置）

此项目可以进行高级电源管理的设置。在它所包含的子菜单中，主要是对当前计算机的启动方式进行设置。如图 7.17 所示，分别是设置系统断电恢复后是否启动计算机；是否可以定时启动；是否可以通过调制解调器启动；是否可以通过 PCI 设备启动；是否可以通过 PCIE 启动；是否可以通过 PS/2 键盘、鼠标启动等。

5）Hardware Monitor（硬件监视）

此项目主要是显示当前系统硬件的基本工作状态等信息。

4．Boot（启动）

此项目可以改变系统的启动设备以及相关功能，如图 7.18 所示。其中，Boot Device Priority（优先启动设备）主要是设置系统的启动顺序；Boot Settings Configuration（启动设置配置）是设置启动时系统相关的状态；Security（安全）是设置系统启动和进入 BIOS 设置所需要的密码。

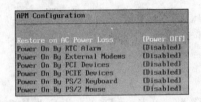

图 7.17 APM Configuration

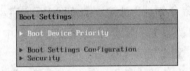

图 7.18 Boot

5．Tools（工具）

在此项目中主要是该主板所提供的几个基本工具。由于生产主板的厂商不同，因此工具也不相同，本书就此略过。

6．Exit（退出）

此项目主要具有保存或不保存设置，恢复出厂默认值，退出 BIOS 设置程序等功能。

任务 7.3 更新 BIOS

任务描述

一般来说，主板厂商在出品一款主板后，会定期的推出新版本的 BIOS 程序。这些程序既可以弥补主板的一些缺陷，又可以提高主板的性能。因此，许多用户会定期到厂商的网站上下载相关程序，将当前主板升级。

早期主板的 BIOS 程序是在芯片生产的过程中固化进去的，因此不能修改。现在的主板 BIOS 则采用 Flash ROM 作为设置程序的载体，在一定的电压、电流条件下，可对其 BIOS 程序进行更新与升级。

实施过程

现在,许多主板都提供多种方式的 BIOS 升级。例如,可以在 Windows 中直接进行升级;可以通过登录官方网站,在网站中对主板的 BIOS 进行升级;可以利用 U 盘进行升级;还有的主板在 BIOS 设置程序中直接可以进行升级等。这几种方式比较简单,这里不具体介绍。但是,最通用的 BIOS 升级方法是利用系统启动软盘,在 DOS 模式下进行升级。

1. 文件准备

要想对 BIOS 升级,应该准备好两个程序:一个是为 BIOS 升级的程序,扩展名为.exe;另一个是新版本的 BIOS 程序,扩展名一般是.rom、.bin 或.awd 等。在操作的过程中,是利用 BIOS 升级程序(.exe)把新版本的 BIOS 程序写入到 Flash ROM 芯片中去。

AMI BIOS 升级程序名一般为 Amiflash.exe,Award BIOS 升级程序名一般为 Awdflash.exe,但有时也有其他的名称。不论是为 BIOS 升级的程序,还是新版本的 BIOS 程序都可以在主板配套的驱动光盘中或是在主板厂商的官方网站中找到。

2. 制作升级软盘

将软盘插入软驱,单击“我的电脑”,右击“软盘(A:)”,从弹出的快捷菜单中选择“格式化”命令勾选“创建一个 MS-DOS 启动盘”,单击“开始”。格式化结束后,把 BIOS 升级程序和新版本 BIOS 程序复制到软盘中。

3. 重新启动计算机

将软盘插入软驱,启动计算机,进入 BIOS 设置,将 1st Boot Device 设置为软盘。保存后重新启动,计算机将通过软盘启动,并进入 DOS 界面。

4. 保存当前 BIOS 程序

为了防止新版本的 BIOS 程序出现问题,应该先保存当前的 BIOS 程序,以便出现问题时可以恢复当前的状态。如图 7.19 所示,输入 amiflash/oB1.ROM。其中/o 是此命令进行 BIOS 程序保存时所要求的参数,B1.ROM 是给当前的 BIOS 程序所起的文件名和扩展名(该款主板的 BIOS 程序扩展名必须是.ROM)。

```
A:\>amiflash/oB1.ROM
AMI Firmware Update Utility - Version 2.21
Copyright (C) 2002 American Megatrends, Inc. All rights reserved.
   Reading flash ..... done
   Write to file...... ok
A:\>
```

图 7.19　保存原有 BIOS 程序

由于每款主板的 BIOS 都有区别,所使用的命令与参数也不相同。因此,在升级 BIOS 时,请认真阅读主板说明书或到厂商官方网站找到对应主板的使用手册和相关程序。

5. 升级 BIOS 程序

输入 amiflash/iB2.ROM。其中,/i 是将新版本 BIOS 程序写入 Flash ROM 芯片中

的参数,B2.ROM 是新版本的 BIOS 程序,如图 7.20 所示。当 BIOS 升级成功后,还需要重新启动计算机。

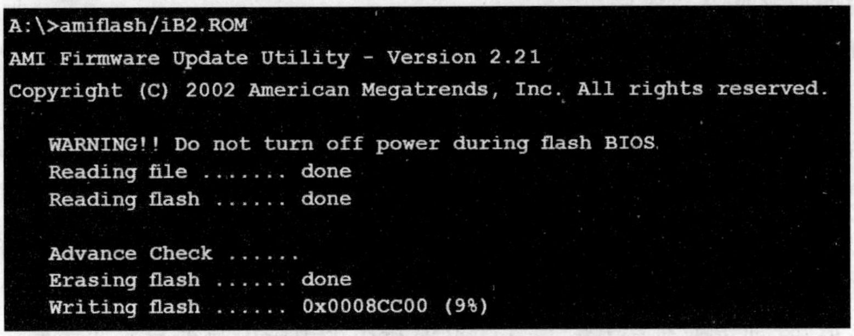

```
A:\>amiflash/iB2.ROM
AMI Firmware Update Utility - Version 2.21
Copyright (C) 2002 American Megatrends, Inc. All rights reserved.

    WARNING!! Do not turn off power during flash BIOS.
    Reading file ....... done
    Reading flash ...... done

    Advance Check ......
    Erasing flash ...... done
    Writing flash ...... 0x0008CC00 (9%)
```

图 7.20 更新 BIOS 程序

实际上,除了主板外,计算机上的很多具有 BIOS 的设备都可以进行升级,例如显卡、网卡和调制解调器等。其中,显卡的 BIOS 升级十分常见。

任务 7.4 BIOS 常见故障排除

任务描述

由于 BIOS 设置不当或者 BIOS 本身的问题而造成的计算机故障是十分常见的。因此,不掌握好 BIOS 相关知识,就很难真正学会计算机组装与维修。

实施过程

1. BIOS 参数清除

BIOS 参数清除也被称为 CMOS 参数清除。一般来说,有两种情况需要将 BIOS 的参数清除:一是忘记了以前为 BIOS 设置的密码,因此无法进入 BIOS 设置;二是由于 BIOS 设置参数错误而导致计算机出现黑屏,不能启动系统。当对 BIOS 进行设置后,参数实际上存储在 CMOS 中,如果清除了 CMOS 中保存的参数,密码也就被清除掉了,错误的参数自然也被清除了。由于 CMOS 本身是一个 RAM 芯片,其中保存的数据在断电后就会丢失。前面讲到,在主板上有一个纽扣电池为其供电。所以,CMOS 参数的清除就是使其供电停止。

首先关闭计算机电源,然后用工具将纽扣电池从主板取出即可。但这种方式往往不能立刻清除 CMOS 参数,需要等待一段时间。实际上,最常用的方法是在主板上找出清除 CMOS 参数的跳线。但是怎么找这个跳线?这个跳线有什么样的特征呢?

在主板上这个跳线由三根竖起来的金属针和一个跳线帽组成,如图 7.21 所示。而且通常这个跳线被设计在 BIOS 芯片和纽扣电池的附近,如果有主板说明书,可以很方便地找到。主板在默认的情况下,清除

保持CMOS参数　　清除CMOS参数

图 7.21 CMOS 参数的清除

CMOS 参数的跳线预设为"保持 CMOS 参数"状态。如果要清除 CMOS 参数,只需将插在跳线上(通常是 1、2 针)的跳线帽拔起,然后将它插在另外两根针上。等待几秒钟后,再将跳线帽插回原来所在位置即可。

将 CMOS 参数清除后,重新启动计算机,这时系统会出现提示,并进入 BIOS,此时 BIOS 参数已经恢复到初始状态。

2. 主板电池耗尽

一台使用了较长时间的计算机,每次启动后,系统的时间都是以前的某个固定时间,无论通过 BIOS 进行设置还是在 Windows 下设置,每次启动,故障依旧。还有的计算机,无论在 BIOS 中如何设置,每次启动,BIOS 参数都会丢失。

一般来说,这种故障都是主板上为 CMOS 供电的电池电量耗尽所造成的。CMOS 中的参数必须在持续供电的情况下才可以存储,一旦为 CMOS 供电的电池损坏或电量不足,就会引起参数丢失。在系统启动的时候,会自动恢复到 BIOS 出厂的默认值。

这个故障的排除方法也十分简单,只需要更换主板的电池即可。有的主板也会显示 CMOS Battery Failed(CMOS 电池失效),同样是说明电池电量不足。主板上的一块电池可以持续供电两三年,但有时刚刚更换了电池,还是出现上述的问题,这就说明主板有漏电或短路的故障。

3. BIOS 参数设置不当

若 BIOS 的参数不正确,就会导致故障的出现。将 DDR 266 内存条设置成 DDR 333 的规格,这样硬件会因达不到要求而造成系统不稳定,即使是能在短时间内正常工作,电子元件也会随着使用时间的增加而逐渐老化,产生的质量问题也会导致计算机频繁的死机等。除了手工修改 BIOS 参数容易出错外,其他像安装了设计不规范的程序、给硬件超频、刷新 BIOS 版本和给老式计算机添加硬件时也都会出现类似情况。

对于手工修改参数或超频导致出错后,只需重新启动计算机并按 Delete 键进入 BIOS 设置,选择 Load Default BIOS Setup 选项,将主板的 BIOS 恢复到出厂时默认的初始状态即可。

对于因刷新 BIOS 和添加新硬件后导致硬件无法正常使用时,则需要手工设置该硬件合适的 BIOS 参数。

4. 外存储器设置故障

在计算机中有很多种原因会造成外存储器设置故障,这里只讨论由于 BIOS 设置不当而造成的故障。当开机无法进入系统,屏幕显示始终停留在自检画面,并有英文短句提示时,根据英文提示即可知道原因和解决方法。如 Hard disk install failure 说明是硬盘的电源线或数据线可能未接好或者硬盘跳线设置不当,导致硬盘安装失败等。计算机在使用过程中对软盘进行操作时,显示 General Failure Reading Drive A:Abort,Retry,Fail?,这种情况表示软驱出错。在 BIOS 中,如果软驱类型设置不当,例如把 1.44MB 的软驱设置成 720KB 或 360KB,就会出现上述错误。只要在 BIOS 进行正确的设置即可解决此故障。如果在 BIOS 中把软驱设置成 Not Installed,则读、写软盘时会出现软驱中无磁盘的提示。当然,如果软驱本身或者是软驱的数据线出现故障,也会出现这些提示。

5. 引导扇区保护提示

有时当对计算机的硬盘进行分区和格式化时,出现图 7.22 所示提示。提示说明由于感染病毒,引导扇区要被写入信息。这是在 BIOS 中把 Boot Sector Protection(引导扇区保护)设置为 Enabled 造成的。由于进行硬盘的分区、格式化时要对磁盘的引导扇区进行清除操作,所以系统出现这种提示。解决的办法就是把此项目改为 Disabled。

```
BootSector Write !!
VIRUS: Continue (Y/N)?
```

图 7.22　引导扇区保护提示

项 目 小 结

本项目主要介绍了 CMOS 和 BIOS 的区别,详细介绍了 BIOS 的设置方法、升级方法,以及密码遗忘的处理方法等。通过学习和操作,可以提高对 BIOS 的认识,能够熟练掌握 BIOS 的设置。

实 训 练 习

(1) 如果想对计算机进行各种节能的设置,需要在 BIOS 中设置哪些参数? 还应该在操作系统中进行怎样的设置? 查找资料,了解对于要求较高的笔记本电脑,应该如何设置才能更好地节能?

(2) 对于 CPU 进行超频时,需要在 BIOS 中进行怎样的设置? 上网下载一些相关的软件,试着进行软件超频,并比较超频后的性能。查找资料,了解如何对显卡进行超频? 显卡超频时需要调节哪些参数?

(3) 试一试 BIOS 中的 Wakeup Up Event Setup(唤醒事件设置),了解如何利用不同的部件将计算机从休眠中唤醒。

(4) 找一款采用 Award BIOS 的主板,对照该主板的说明书对它进行设置,了解它与 AMI BIOS 之间的异同。

课 后 习 题

(1) 有什么方法可以清除 CMOS 参数?

(2) BIOS 和 COMS 有什么区别?

项目 8

外存储器操作

项目学习目标

- 硬盘的低级格式化操作；
- 硬盘的分区操作；
- 硬盘的高级格式化操作。

案例情景

硬盘出厂后不能直接使用，必须将其分区并格式化后才能进行读写操作，分区和格式化是组装计算机的必经之路，是安装操作系统的必备条件。只有合理的为硬盘分区并选择恰当的文件系统进行格式化，才能提高硬盘的利用率，从而实现资源的有效管理。

项目需求

目前使用的硬盘大多数都是大容量存储设备，为了有效管理硬盘上的文件和文件系统的类型，必须对硬盘进行分区和格式化。

实施方案

(1) 了解硬盘初始化操作；
(2) 硬盘分区；
(3) 硬盘格式化。

存储器的种类很多，按其用途可分为主存储器和辅助存储器，主存储器又称为内存储器(简称内存)，辅助存储器又称为外存储器(简称外存)。外储存器是指除计算机内存及CPU缓存以外的储存器，能够长期保存信息。并且不依赖于电来保存信息。外储存器一般断电后仍然能保存数据，但是它由机械部件带动，速度比内存储器慢。常见的外储存器有硬盘、光盘和 U 盘等。有关外存储器的操作主要是针对硬盘的操作，包括分区、格式化等。

任务 8.1　了解硬盘初始化

任务描述

硬盘的初始化操作包括三个方面：低级格式化、分区、高级格式化。

实施过程

（1）了解低级格式化；

（2）了解分区；

（3）了解高级格式化。

8.1.1　低级格式化

低级格式化就是将空白的磁盘划分出柱面和磁道，再将磁道划分为若干个扇区，每个扇区又划分出标识部分 ID、间隔区 GAP 和数据区 DATA 等。低级格式化是物理级的格式化，主要是用于划分硬盘的磁柱面、建立扇区数和选择扇区间隔比。低级格式化只能针对一块硬盘而不能支持单独的某一个分区。每块硬盘在出厂时已经由硬盘生产商进行低级格式化，因此通常用户不需要进行低级格式化操作。当硬盘受到外部强磁体、强磁场的影响，或因长期使用，硬盘盘片上由低级格式化划分出来的扇区格式磁性记录部分丢失，容易出现大量的坏扇区以及坏道。用户可以通过低级格式化来重新划分扇区，前提条件是硬盘的盘片没有受到物理性损伤。

1．低级格式化的功能

硬盘低级格式化是对硬盘最彻底的初始化方式，经过低级格式化后的硬盘，原来保存的数据将会全部丢失。对于硬盘上出现逻辑坏道或者软性物理坏道，使用低级格式化能起到一定的缓解或者屏蔽作用。用户可以使用低级格式化来达到屏蔽坏道的作用，但需要用户注意，屏蔽坏道并不等同于消除坏道，低级格式化硬盘能把原来硬盘内所有分区都删除，但坏道依然存在，屏蔽坏道只是将坏道隐藏起来，不让用户在存储数据时使用这些坏道，这样能够在一定程度上保证用户数据的可靠性，但是坏道会随着硬盘分区、格式化次数的增长而扩散蔓延。

2．相关术语

1）逻辑坏道

总的来说，坏道可以分为物理坏道和逻辑坏道。其中逻辑坏道相对比较容易解决，它指硬盘在写入时受到意外干扰，造成有 ECC 错误。从过程上讲，它是指硬盘在写入数据的时候，会用 ECC 的逻辑重新组合数据，一般操作系统要写入 512 个字节，但实际上硬盘会多写几十个字节，而且所有的这些字节都要用 ECC 进行校验编码，如果原始字节算出的 ECC 校正码和读出字节算出的 ECC 不同，这样就会产生 ECC 错误，这就是所谓的逻辑坏道产生原因。

2）物理坏道

至于物理坏道，它对硬盘的损坏更具致命性。它也有软性和硬性物理坏道的区别，磁盘表面物理损坏就是硬性的，这是无法修复的，它是对硬盘表面的一种最直接的损坏，所以即使再低格或者使用硬盘工具也无法修复。而由于外界影响而造成数据的写入错误时，系统也会认为是物理坏道，而这种物理坏道是可以使用一些硬盘工具来修复的。此外，对于微小的硬盘表面损伤，一些硬盘工具就可以重新定向到一个好的保留扇区来修正错误。

3. 计算机病毒与硬盘低级格式化

当大量的计算机病毒侵入到计算机硬盘的某一扇区时，而且一般的格式化无法清除计算机病毒，需要用户通过低级格式化来清除病毒。这种现象主要体现在计算机不能进入到正常的工作界面，无论用户怎样操作，如高级格式化硬盘、重新安装操作系统等，计算机仍然不能正常工作。有的病毒文件系统采用了前后缀加密的编码方法，高级格式化是很难清除此类病毒的。病毒文件前后缀编码加密后，可以阻止对此所占用的磁盘扇区进行高级格式化。如果计算机出现了上述特征，用户可以对硬盘进行低级格式化。低级格式化完成后，再进行常规的分区、高级格式化并装入软件操作系统。

4. 低级格式化工具

常见的硬盘低级格式化工具有 Lformat、DM 及硬盘厂商们推出的各种硬盘工具等。

8.1.2 硬盘分区

硬盘分区就是规划硬盘使用方式的动作，不经过这个规划动作，硬盘根本无法使用。实质上，硬盘分区也是对硬盘的一种格式化，分区后才能使用硬盘保存各种信息。一般情况下，在用户创建分区之前，生产厂商已经设置好了硬盘的各项物理参数，同时指定了硬盘主引导记录（Master Boot Record，MBR）和引导记录备份的存放位置。创建硬盘分区完全可以只创建一个分区，使用全部或部分的硬盘空间；也可以划分多个分区，使用全部或部分的硬盘空间。但是用户需要注意，无论硬盘划分多少个分区，必须把硬盘的主分区设定为活动分区，只有这样才能够通过硬盘启动系统。在 Windows 操作系统环境中，真实的硬盘被称为物理磁盘（Physical Disk）；硬盘分区后使用的 C 盘、D 盘等泛称为逻辑磁盘。一个物理磁盘可以分割成一个逻辑磁盘，也可以分割成多个逻辑磁盘，可依据需要来调整。

1. 硬盘分区的原因

数据存储的最小单位为簇。簇是指可分配的用来保存文件的最小磁盘空间。操作系统规定一个簇中只能放置一个文件的内容，因此文件所占用的空间只能是簇的整数倍；而如果文件实际大小小于一个簇，也要占用一个簇的硬盘空间。所以簇的划分越小，硬盘保存数据的效率就越高，浪费就越少。

2. 硬盘分区类型

硬盘分区之后，会形成三种形式的分区状态：主分区、扩展分区和非 DOS 分区。

1）主分区

主分区（Primary Partition）是一个比较单纯的分区，通常位于硬盘的最前面一块区域中，构成逻辑 C 磁盘。其中的主引导程序是它的一部分，此段程序主要用于检测硬盘分区的正确性，并确定活动分区，负责把引导权移交给活动分区的 DOS 或其他操作系统。此段程序损坏将无法从硬盘引导，但是用户能够通过其他外存储器引导之后对硬盘进行读写操作。

2）扩展分区

扩展分区（Extended Partition）的概念是比较复杂的，极容易造成硬盘分区与逻辑磁盘混淆。DOS 和 FAT 文件系统最初都被设计成可以支持在一块硬盘上最多建立 24 个分区,分别使用从 C 到 Z 共 24 个驱动器盘符。但是 MBR 中的分区表最多只能包含 4 个分区记录,为了有效地解决驱动器盘符和分区记录不匹配这个问题,DOS 的分区命令 FDISK 允许用户创建一个扩展分区,并且在扩展分区内再建立最多 23 个逻辑分区,其中的每个分区都单独分配一个盘符,可以被计算机作为独立的物理设备使用。这样有关逻辑分区的信息都被保存在扩展分区内,而主分区和扩展分区的信息被保存在硬盘的 MBR 内。无论硬盘有多少个分区,其主引导记录中只包含主分区和扩展分区两类分区的信息。一块硬盘最多可以划分 4 个主分区,只能有一个扩展分区,扩展分区不分配盘符。

3) 非 DOS 分区

非 DOS 分区是一种特殊的分区形式,它是将硬盘中的一块区域单独划分出来供另一个操作系统使用,对主分区的操作系统来讲,是一块被划分出去的存储空间。只有非 DOS 分区的操作系统才能管理和使用这块存储区域。

主分区、扩展分区、逻辑分区之间的关系如下:

在对硬盘进行分区时,如果不划分非 DOS 分区,一般应遵守以下原则:首先创建一个主分区用来安装操作系统;其次将剩余的全部空间创建为一个扩展分区;最后在扩展分区上按照用户使用的需要,一次创建多个逻辑分区,直到将所有硬盘空间划分完毕。

3. 硬盘分区格式

1) FAT16

采用 16 位的文件分配表,能支持的最大分区为 2GB,是曾经应用最为广泛和获得操作系统支持最多的一种磁盘分区格式,几乎所有的操作系统都支持这一种格式,从 DOS、Win 3. x、Win 95、Win 97 到 Win 98、Windows NT、Windows 2000、Windows XP 以及 Windows Vista 和 Windows 7 的非系统分区,一些流行的 Linux 都支持这种分区格式。

但是 FAT16 分区格式有一个最大的缺点,那就是硬盘的实际利用效率低。因为在 DOS 和 Windows 系统中,磁盘文件的分配是以簇为单位的,一个簇只分配给一个文件使用,不管这个文件占用整个簇容量的多少。而且每簇的大小由硬盘分区的大小来决定,分区越大,簇就越大。例如 1GB 的硬盘若只分一个区,那么簇的大小是 32KB。也就是说,即使一个文件只有 1 字节长,存储时也要占 32KB 的硬盘空间,剩余的空间便全部闲置在那里,这样就导致了磁盘空间的极大浪费。FAT16 支持的分区越大,磁盘上每个簇的容量也越大,造成的浪费也越大。

2) FAT32

FAT32 格式采用 32 位的文件分配表,使其对磁盘的管理能力大大增强,突破了 FAT16 对每一个分区的容量只有 2GB 的限制。运用 FAT32 的分区格式后,用户可以将一个大硬盘定义成一个分区,而不必分为几个分区使用,大大方便了对硬盘的管理工作。而且,FAT32 还具有一个最大的优点:在一个不超过 8GB 的分区中,FAT32 分区格式的每个簇容量都固定为 4KB,与 FAT16 相比,可以大大地减少硬盘空间的浪费,提高了硬盘利用效率。支持这一磁盘分区格式的操作系统有 Windows 97/98/2000/XP/Vista/7/8 等。

但是,这种分区格式也有它的缺点,采用 FAT32 格式分区的磁盘,由于文件分配表的扩大,运行速度比采用 FAT16 格式分区的硬盘要慢。

3) NTFS

NTFS格式早期在 Windows NT 网络操作系统中常用，随着安全性的提高，在 Windows Vista 和 Windows 7 操作系统中广泛使用这种格式。优点是安全性和稳定性极其出色，在使用中不易产生文件碎片，对硬盘的空间利用及软件的运行速度都有好处。它能对用户的操作进行记录，通过对用户权限进行非常严格的限制，使每个用户只能按照系统赋予的权限进行操作，充分保护了网络系统与数据的安全。

4) exFAT

exFAT(Extended File Allocation Table File System，扩展 FAT，即扩展文件分配表)是 Microsoft 在 Windows Embeded 6.0 中引入的一种适合于闪存的文件系统。对于闪存，NTFS 文件系统过于复杂，exFAT 更为适用。

与 FAT 文件系统格式相比，exFAT 格式的优点在于：增强了台式计算机与移动设备的互操作能力；单文件大小最大可达 16EB(16MB 个 TB，1TB＝1024GB)；簇大小可高达 32MB；采用了剩余空间分配表，剩余空间分配性能改进；同一目录下最大文件数可达 65 536 个。

exFAT 分区只有 Vista、Win7 和 Win8 等系统支持，其他系统不能使用。Windows XP 可以通过替换驱动文件的方式支持此格式，但是只能读写，不能格式化。

5) linux Ext2

Ext2 是 GNU/Linux 系统中标准的文件系统。它是专门为 Linux 设计的，拥有极快的速度和极小的 CPU 占用率。Ext2 既可以用于标准的硬盘设备，也被应用在移动存储设备上。

6) linux Ext3

Ext3 是 Ext2 的下一代，也就是在 Ext2 的格式之下再加上日志功能。Ext3 是一种日志式文件系统，最大的特点是它会将整个磁盘的写入动作完整的记录在磁盘的某个区域上，以便有需要时回溯追踪。当在某个过程中断时，系统可以根据这些记录直接回溯并重整被中断的部分，重整速度相当快。该分区格式被广泛应用在 Linux 系统中。

7) Linux swap

Linux 中一种专门用于交换分区的 swap 文件系统。Linux 使用整个分区作为交换空间。一般 swap 格式的交换分区是主内存的 2 倍。在物理内存不够时，Linux 会将部分数据写到交换分区上，类似于 Windows 中的虚拟内存。

8) VFAT

VFAT(长文件名系统)是一个与 Windows 系统兼容的 Linux 文件系统，支持长文件名，可以作为 Windows 与 Linux 交换文件的分区。

8.1.3 高级格式化

高级格式化就是清除硬盘上的数据、生成引导区信息、初始化 FAT 表、标注逻辑坏道等。高级格式化主要是对硬盘的各个分区进行磁道的格式化，在逻辑上划分磁道。简单地说，高级格式化就是和操作系统有关的格式化，低级格式化就是和操作系统无关的格式化。

　　无论是系统中运行 DOS 命令 format，还是在磁盘管理，在 PE 系统中，或者是 Windows 系统内的 DM，PM 工具所进行的格式化都属于高级格式化。目前，硬盘的容量比较大，用户执行高级格式化时需要大量的时间，可以考虑使用快速格式化。所谓的快速格式化，在格式化过程中重写引导记录，不检测磁盘坏簇，文件分配表中除坏簇以外所有表项清 0，根目录表清空，数据区不变。而正常的高级格式化会重写引导记录，重新检查标记坏簇，其余表项清 0，清空根目录表，对数据区清 0。

　　低级格式化、高级格式化、快速格式化的主要区别如表 8.1 所示。

表 8.1　低级格式化、高级格式化、快速格式化的区别

类型	主要工作	特点	备注
低级格式化	介质检查；磁盘介质测试；划分磁道和扇区；对每个扇区进行编号；设置交错因子	只能在 DOS 环境或自写的汇编指令下进行。低级格式化只能整盘进行。硬盘出厂时都经过了低级格式化，用户不要轻易使用低级格式化	低级格式化对硬盘有损伤，如果硬盘已有物理坏道，则低级格式化会更加损伤硬盘，加快报废。低格的时间消耗较长
高级格式化	清除数据；检查扇区；重新初始化引导信息；初始化分区表信息	可以在 DOS 和操作系统上进行，只能对分区操作。高级格式化只是存储数据，但如果存在坏扇区可能会导致长时间磁盘读写	DOS 下可能有分区识别问题。使用 Format 命令格式化不会自动修复逻辑坏道，如果发现有坏道，最好使用 SCANDISK 或 Windows 系统的磁盘检查功能，还有其他第三方软件进行修复或隐藏。逻辑坏道既可以通过磁盘检查，也可以通过低格解决，这取决于是扇区的哪个部分出现了错误
快速格式化	删除文件分配表；不检查扇区损坏情况	可以在 DOS 和操作系统上进行，只能对分区操作。快速格式化也只是存储数据	DOS 下可能有分区识别问题。另外，部分 Linux 系统没有快速格式化命令

任务 8.2　硬盘操作

任务描述

　　生产出来的硬盘必须经过低级格式化、分区和高级格式化三个初始化处理工作后才能使用。低级格式化虽然在出厂时已经完成，但硬盘出现逻辑坏道时也可以借助低级格式化修复硬盘。

实施过程

　　(1) 硬盘低级格式化；

　　(2) 硬盘分区；

　　(3) 硬盘高级格式化；

（4）使用硬盘工具。

硬盘要经过低级格式化、分区、高级格式化三个过程后才能使用。一般低级格式化在出厂的时候就已经完成了。对于一般用户来说，购置新硬盘后，只要进行分区和高级格式化后就可以使用了。

8.2.1　硬盘低级格式化

以 Lformat 工具为例，对硬盘进行低级格式化。Lformat 是一个硬盘的低级格式化工具，对目前市场的硬盘都支持。Lformat 工具的工作环境必须是纯 DOS 环境，在

Windows 视窗操作系统下无法工作。在 DOS 环境中，Lformat 命令属于外部命令，所以用户应当制作启动盘，同时把 Lformat. exe 复制到启动盘中。

图 8.1　DOS 环境输入 lformat 命令

（1）用启动盘启动系统进入 DOS 环境，输入命令 lformat. exe，然后按 Enter 键，如图 8.1 所示。

（2）打开 Lformat 的主画面窗口，按下 Y 键启动程序。如果按下其他键则退出此程序。如图 8.2 所示。

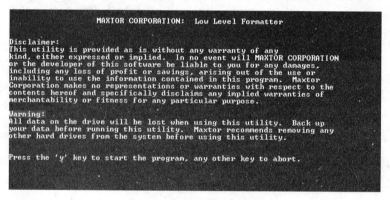

图 8.2　Lformat 启动程序

（3）低格式程序主界面窗口如图 8.3 所示，有 Select Device（选择驱动器磁盘）、Low Level Current Device（低格当前驱动器）和 EXIT（退出）三个选项。

（4）使用方向键选择第一项，然后按 Enter 键，如图 8.4 所示。打开驱动器选择对话框，这时在屏幕中间有一个红色的对话框，并出现 Which Device do you want to select? 的提示，询问选择哪一个硬盘(0,1,2,3)。

图 8.3　Lformat 程序主界面

图 8.4　Lformat 程序选择驱动器界面

（5）在选择了硬盘后，下面就可以选择开始格式化硬盘了。选择主菜单中的 Low

level Current Device 命令,然后按 Enter 键,此时会提示 Do you want to use LBA mode if not sure press(Y/N),按下 Y 键开始,如图 8.5 所示。系统会出现一个警告信息,提示所有数据将全部丢失,如果确定格式化即可按下 Y 键,否则按下 N 键。低格过程中可以按 Esc 键随时中止。

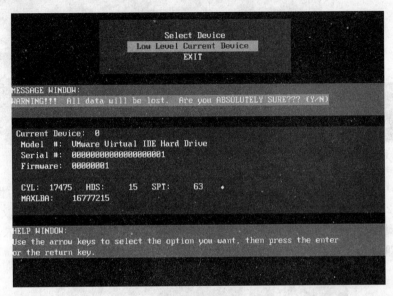

图 8.5 低级格式化警告界面

(6) 格式化过程完成以后,可以按下 Esc 键返回主菜单,然后选择第三项 Exit,并且按 Enter 键退出。

8.2.2 硬盘分区

1. 硬盘分区前的准备

在建立分区之前,要先对硬盘的配置进行规划,硬盘需要划分多少个分区,以便于维护和整理;每个分区占用多大的容量;每个分区使用的文件系统以及安装的操作系统的类型及数目。

用户一般划分成多个分区比较利于管理。例如硬盘分割成三个分区,一个用于储存操作系统文件,一个用于储存应用程序、文件等,一个用于备份。对于分区使用何种文件系统,则要根据具体的操作系统而定。目前,操作系统常用的分区格式有 FAT32、NTFS 格式。

2. 启动盘的制作及所需的文件

在进行硬盘分区之前,先要准备启动盘,该系统盘应包含以下两个文件:Fdisk. exe (硬盘分区程序)和 Format. com(硬盘格式化程序)。

3. 使用 FDISK 对硬盘进行分区

对硬盘进行分区最基本的工具是 FDISK。下面详尽的介绍用 FDISK 进行硬盘分区的步骤。由于对大容量硬盘进行分区操作需要花费较长的时间,这里选用一块容量较小的硬盘作为演示对象。

　　系统正常引导后,在 DOS 提示符下直接输入 FDISK 命令,如图 8.6 所示。然后按 Enter 键,将显示图 8.7 所示的提示界面。

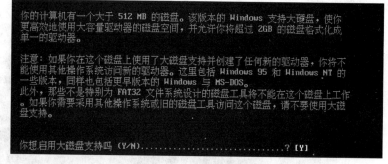

图 8.6　输入 FDISK　　　　　　　　　　　图 8.7　分区提示信息

　　图 8.7 中提示信息是磁盘容量已经超过了 512MB,为了充分发挥磁盘的性能,建议选用 FAT32 文件系统格式进行磁盘分区。如果计算机的硬盘分区有 NTFS 文件系统格式的,会出现提示信息,如图 8.8 所示。按 Y 键再按 Enter 键后将进入 FDISK 命令的主操作界面,如图 8.9 所示。

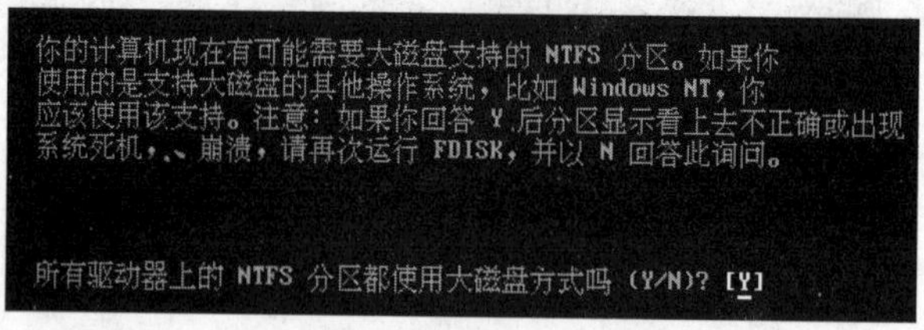

图 8.8　NTFS 分区提示信息

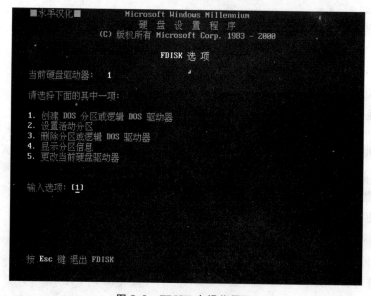

图 8.9　FDISK 主操作界面

图 8.9 中各项的含义如下:

(1) 创建 DOS 分区或逻辑 DOS 驱动器。

(2) 设置活动分区。

(3) 删除分区或逻辑 DOS 驱动器。

(4) 显示分区信息。

(5) 更改当前硬盘驱动器。

如果用户的计算机上只连接了一块硬盘,则只有 1~4 的选项信息。当用户的计算机上连接了两块及两块以上硬盘时,选项 5 才会出现。

如果要建立分区,则输入 1 再按 Enter 键,此时的界面如图 8.10 所示。

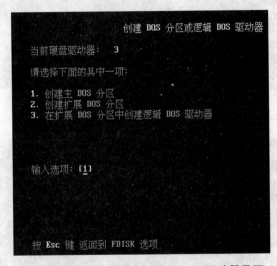

图 8.10　创建 DOS 分区或逻辑 DOS 驱动器界面

图 8.10 中各项的含义如下:

(1) 创建主 DOS 分区。

(2) 创建扩展 DOS 分区。

(3) 在扩展 DOS 分区中创建逻辑 DOS 驱动器。

用户对硬盘进行分区时应遵循以下顺序:首先创建主分区,接着创建扩展分区,最后创建逻辑分区。一块硬盘可以划分多个主分区,但是一般用户不需要划分得太多,划分一个主分区就可以了。如果没有其他用途,不需要预留硬盘空间,那么主分区以外的硬盘空间全部划分为扩展分区,逻辑分区则是对扩展分区再进行划分所得到的。

使用 FDISK 创建主分区的操作步骤如下:

(1) 在 FDISK 的"创建 DOS 分区或逻辑 DOS 驱动器"界面输入 1 并按下 Enter 键,FDISK 开始检测硬盘。

(2) 检测完成后屏幕提示"是否希望将整个硬盘空间作为主分区并激活",如图 8.11 所示。如果选择 Y,硬盘只划分为一个主分区。这里建议用户选择 N,可以根据自己的规划来划分硬盘空间。选择 N,按 Enter 键继续,FDISK 再次检测硬盘。

(3) 检测完成后,要求用户输入主分区的大小,如图 8.12 所示。用户可以直接输入数值（以 MB 为单位），也可以输入百分比。这里输入 1500MB。

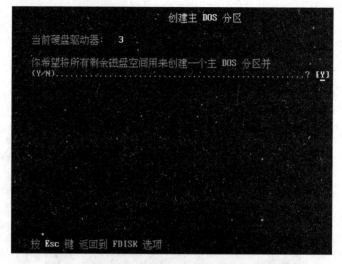

图 8.11　创建主分区信息提示

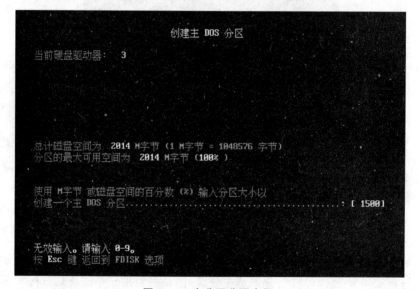

图 8.12　主分区分配空间

（4）输入后按 Enter 键确认，系统将自动地为主分区分配逻辑盘符 C。完成后屏幕将提示主分区已建立，并显示主分区容量和所占的硬盘比例，如图 8.13 所示。

创建扩展分区的操作是在创建主分区之后进行的。使用 FDISK 创建扩展分区的操作步骤如下：

（1）主分区创建完成后按 Esc 键返回 FDISK 主菜单，如图 8.9 所示。选择 1 后按 Enter 键，在 FDISK 的"创建 DOS 分区或逻辑 DOS 驱动器"界面中选择 2，如图 8.14 所示，按 Enter 键继续。

（2）程序开始扫描硬盘可建立为扩展分区的容量。扫描完成后，屏幕将显示当前可

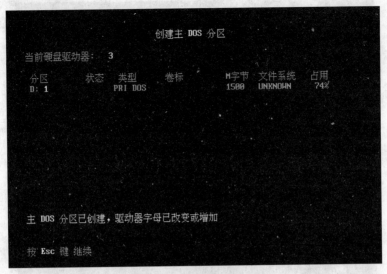

图 8.13 主分区划分完毕

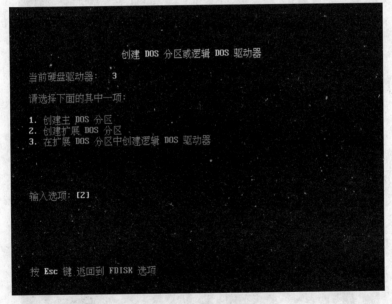

图 8.14 创建扩展分区选项

建立为扩展分区的全部容量,此时直接按 Enter 键即可,如图 8.15 所示。

(3) 直接按 Enter 键,即将全部的剩余空间划分为扩展分区,扩展分区建立完毕后的界面如图 8.16 所示。

扩展分区建立完毕后,使用 FDISK 创建逻辑分区的操作步骤如下:

(1) 按 Esc 键后,屏幕提示没有任何逻辑分区,如图 8.17 所示。在图中输入第一个逻辑分区的大小或百分比,最大不能超过扩展分区的大小。按下 Enter 键,开始扫描剩余的磁盘空间。

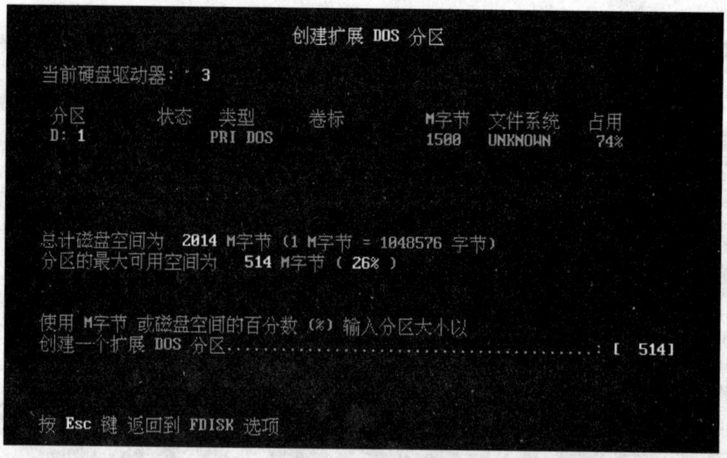

创建扩展 DOS 分区

当前硬盘驱动器： 3

分区	状态	类型	卷标	M字节	文件系统	占用
D：1		PRI DOS		1500	UNKNOWN	74%

总计磁盘空间为 2014 M字节 （1 M字节 = 1048576 字节）
分区的最大可用空间为 514 M字节 （ 26% ）

使用 M字节 或磁盘空间的百分数 （%） 输入分区大小以
创建一个扩展 DOS 分区...: [514]

按 Esc 键 返回到 FDISK 选项

图 8.15　输入扩展分区的容量数值

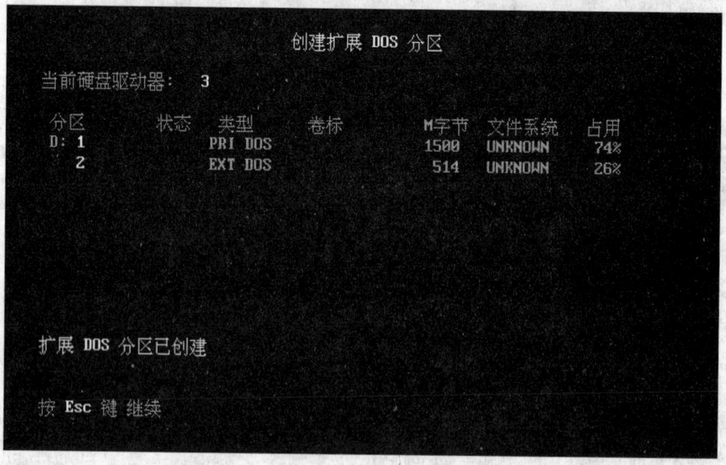

创建扩展 DOS 分区

当前硬盘驱动器： 3

分区	状态	类型	卷标	M字节	文件系统	占用
D：1		PRI DOS		1500	UNKNOWN	74%
2		EXT DOS		514	UNKNOWN	26%

扩展 DOS 分区已创建

按 Esc 键 继续

图 8.16　扩展分区划分完毕

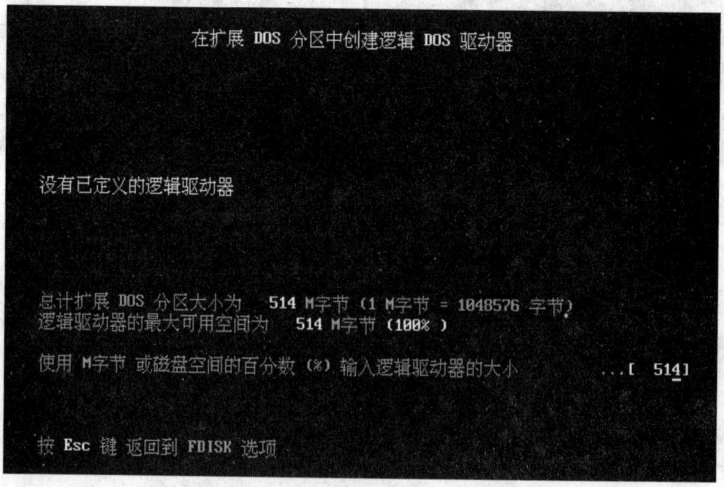

在扩展 DOS 分区中创建逻辑 DOS 驱动器

没有已定义的逻辑驱动器

总计扩展 DOS 分区大小为   514 M字节 （1 M字节 = 1048576 字节）
逻辑驱动器的最大可用空间为   514 M字节 （100% ）

使用 M字节 或磁盘空间的百分数 （%） 输入逻辑驱动器的大小   ...[514]

按 Esc 键 返回到 FDISK 选项

图 8.17　输入逻辑分区的容量数值

（2）扫描完成后，提示用户继续输入第二个逻辑分区的大小或百分比，最大不能超过扩展分区的大小。按下 Enter 键，开始扫描剩余的磁盘空间。

（3）用户将剩余的磁盘空间划分完毕，逻辑分区划分完毕。这里只划分一个逻辑分区，将扩展分区的可用空间全部用于逻辑分区上，如图 8.18 所示。

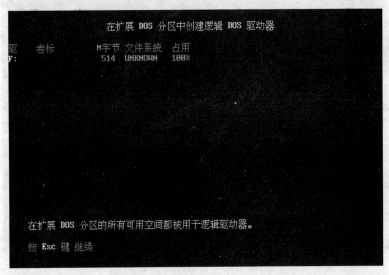

图 8.18　逻辑分区划分完毕

4. 查看硬盘分区信息

用户可以通过 FDISK 命令的主操作界面（如图 8.9 所示）中的选项 4 来查看硬盘的分区信息，判断分区是否正确。在主操作界面选择选项 4 后，可以显示当前硬盘的分区基本信息，如图 8.19 所示，包括硬盘的主分区和逻辑分区信息，同时提示用户是否查看逻辑分区的信息。

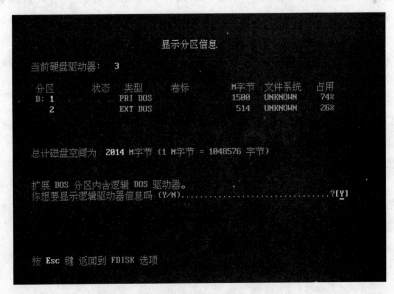

图 8.19　显示分区信息

用户根据提示信息选择 Y,可以看到硬盘的逻辑分区信息,如图 8.20 所示。

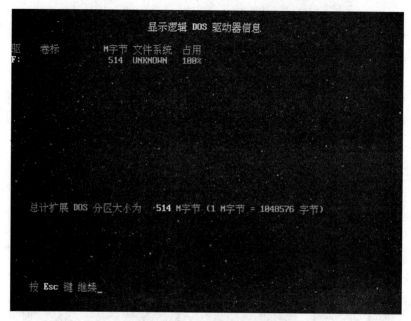

图 8.20　逻辑分区信息

5. 设置活动分区

当硬盘上同时建立有主分区和扩展分区时,必须将主分区设置为活动分区,即将主分区激活,或称为将主分区设置为 active partition,否则硬盘将无法引导。用户还应注意只有主分区才可以设置为活动分区。设置活动分区的步骤如下:

(1) 在 FDISK 主界面选择选项 2,设置活动分区。

(2) 选择主分区进行设置即可。屏幕显示出硬盘上所有分区供用户选择,这里只有主分区和扩展分区,因此只能选择主分区进行激活。当硬盘划分了多个主分区时,可设置其中的任意一个为活动分区。

一台计算机上同时连接两块或两块以上的硬盘时,活动分区只能是第一硬盘驱动器的主分区。如果用户选取硬盘驱动器不正确,会出现提示信息,如图 8.21 所示。图中的操作是在第三硬盘上设置活动分区,软件无法完成该操作并提示用户。

通过 FDISK 主界面的选项 5,可以切换硬盘,查看第一硬盘,如图 8.22 所示。图中有"状态"项目,如果此项目下标记 A,则表示该分区是活动分区。在图 8.19 中,第三硬盘的主分区"状态"项目没有任何标记,则表示该分区虽然是主分区,但是没有设置为活动分区。

一般情况下,用户的计算机只连接一块硬盘,当用户使用 FDISK 分区时,软件会自动地将第一个主分区设置为活动分区。

分区完成后,用户按 Esc 键,退出软件,会出现提示信息,如图 8.23 所示。用户重新启动计算机后,分区操作生效。

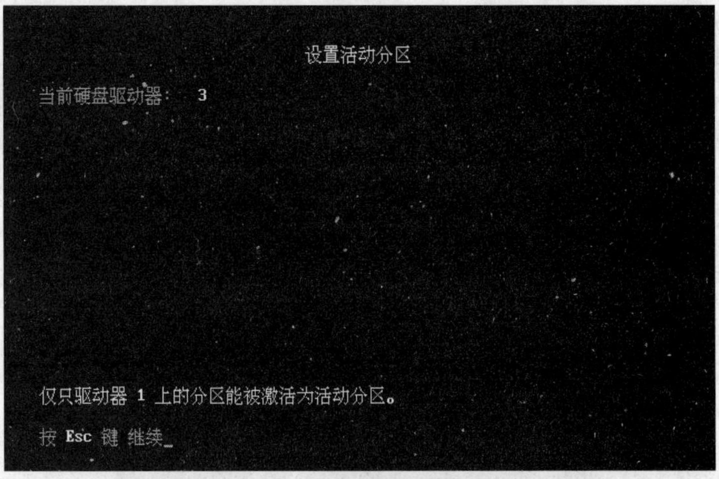

图 8.21 活动分区提示信息

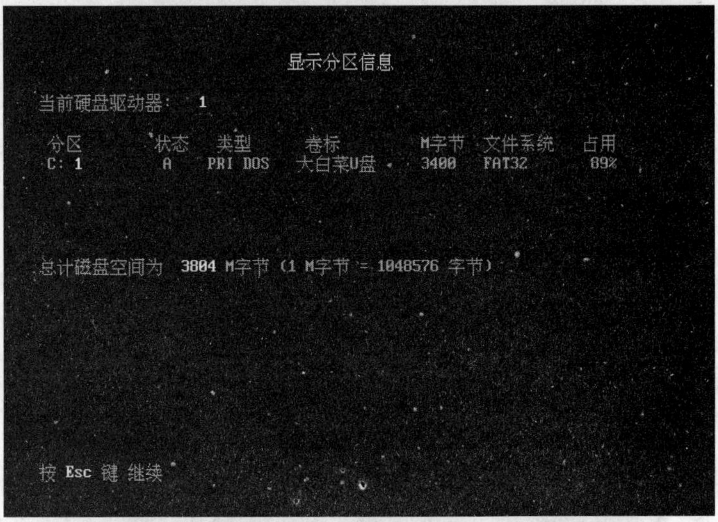

图 8.22 活动分区设置成功

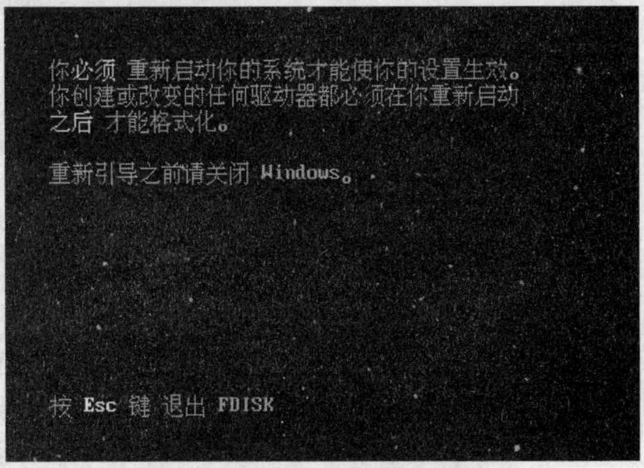

图 8.23 退出提示信息

6. 删除分区

如果用户要对一个已经划分好分区的硬盘重新分区,首先需要把旧的分区删除。删除分区的顺序和建立分区的顺序相反,首先删除非 DOS 分区,非 DOS 分区包括没有划分的硬盘分区、Linux 系统中的分区和 NTFS 分区等,然后删除逻辑分区,接着删除扩展分区,最后删除主分区。以上面建立的分区信息为例,删除分区的具体操作步骤如下:

(1) 删除逻辑分区。前面用户没有建立非 DOS 分区,所以删除分区从逻辑分区开始。在 FDISK 主界面选择项目 3,如图 8.24 所示。

图 8.24　选择删除分区

(2) 按下 Enter 键后,如图 8.25 所示,图中各项的含义如下:

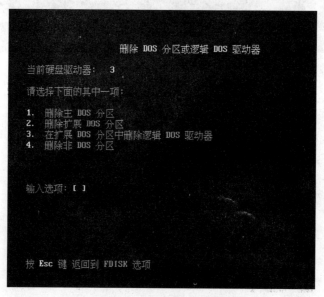

图 8.25　删除逻辑分区选项

① 删除主 DOS 分区。

② 删除扩展 DOS 分区。

③ 在扩展 DOS 分区中删除逻辑 DOS 驱动器。

④ 删除非 DOS 分区。

用户选择项目 3 即可。

（3）用户输入要删除的逻辑分区的盘符、卷标,最后输入 Y,如图 8.26 所示。按 Enter 键后,提示逻辑分区删除成功,如图 8.27 所示。如果硬盘上不是一个逻辑分区,重复操作即可。

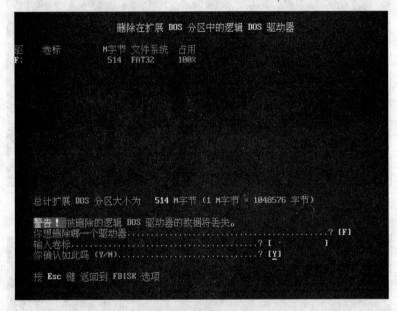

图 8.26 删除逻辑分区确认

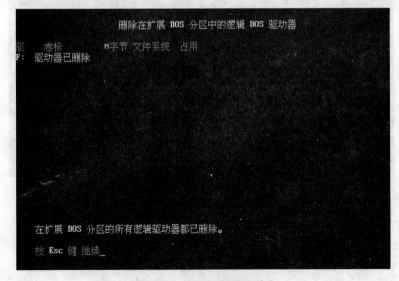

图 8.27 逻辑分区删除成功

（4）逻辑分区删除完成后，接着删除扩展分区。用户在图 8.25 中选择项目 2 即可。一块硬盘最多有一个扩展分区，因此用户不需要输入分区盘符、卷标等信息，只需要输入确认信息，如图 8.28 所示。用户选择 Y 后，扩展分区删除完成，如图 8.29 所示。

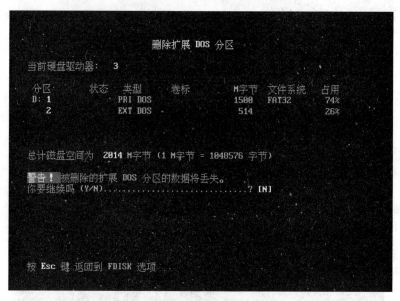

图 8.28　删除扩展分区提示信息

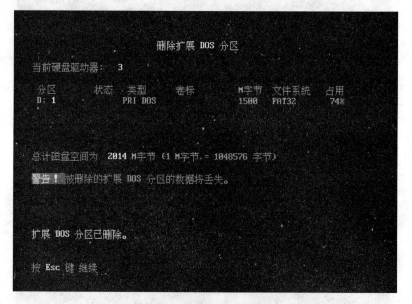

图 8.29　扩展分区删除完成

（5）扩展分区删除完成后，最后删除主分区。用户在图 8.25 中选择项目 1 即可。一块硬盘可以有多个主分区，用户需要输入分区顺序、卷标等信息，还需要输入确认信息，如图 8.30 所示。用户选择 Y 后，主分区删除完成，如图 8.31 所示。

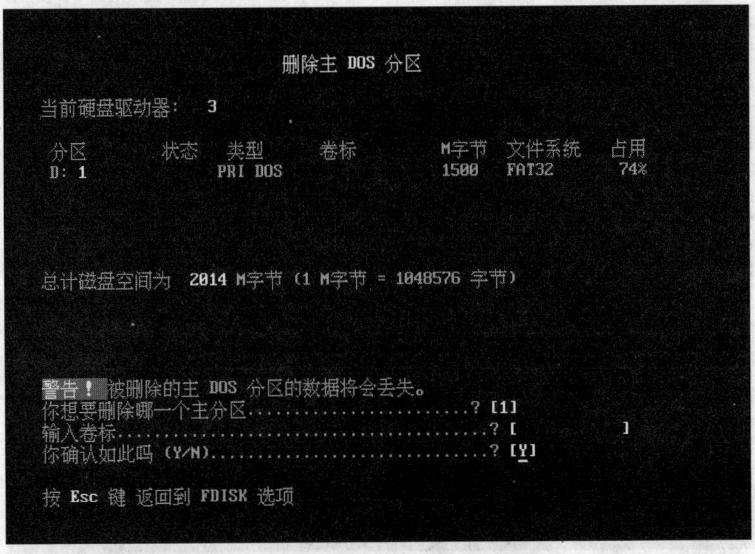

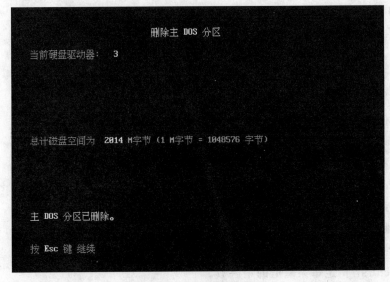

图 8.30　删除主分区提示信息

图 8.31　主分区删除完成

（6）检查删除分区是否成功。用户查看分区信息，提示没有任何分区，如图 8.32
所示。

8.2.3　硬盘高级格式化

硬盘分区之后，还不能立即向硬盘存放文件，必须对硬盘实行一次高级格式化。对硬盘的高级格式化可以使用 Format（格式化磁盘）命令来完成。

Format 是微软公司推出的格式化硬盘工具，从 DOS 时代沿用至今，是格式化硬盘最常用的工具之一。Format 以其操作简单、使用方便、功能强大而受到用户的欢迎。

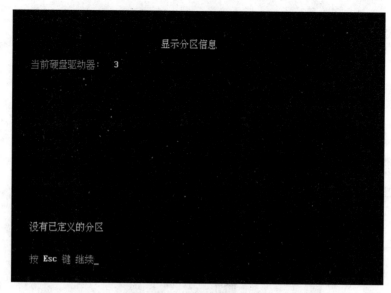

图 8.32　查看空白硬盘信息

Format 的命令格式为：

```
FORMAT drive:[/V:[label]] [/Q] [/F:size] [/B | /S]
FORMAT drive:[/V:[label]] [/Q] [/T:tracks /N:sectors] [/B | /S]
FORMAT drive:[/V:[label]] [/Q] [/1] [/4] [/B | /S]
FORMAT drive:[/Q] [/1]] [/4] [/8] [/B | /S]
```

各参数值意义如下：

/V：［label］：指定卷标。

/Q：执行快速格式化。

/F：size：指定要格式化的软盘大小(160、180、320、360、720、1.2、1.44、2.88)。

/B：为系统文件预留空余空间。

/S：复制系统文件到被格式化的磁盘上。

/T：tracks：为磁盘指定每面磁道数。

/N：sectors：指定每条磁道的扇区数。

/1：格式化单面软盘。

/4：在高密度驱动器内格式化 5.25 英寸 360KB 软盘。

/8：每条磁道格式化 8 个扇区。

Format 的参数比较多,但通常情况下无须指定任何参数就可以很好地完成格式化工作。下面用一个例子来说明 Format 的使用方法。目标是格式化 E 盘,操作方法如下。

(1)系统正常引导后,在 DOS 提示符下直接输入"format e:"命令,如图 8.33 所示,然后按 Enter 键将显示图 8.34 所示的提示界面。Format 程序警告用户:"E 盘上所有的数据将丢失!",直接输入 Y 即可。

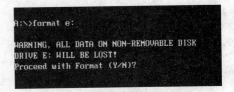

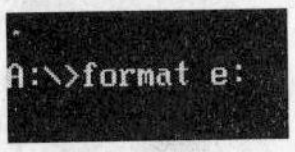
A:\>format e:

图 8.33　输入 format 命令

A:\>format e:
WARNING, ALL DATA ON NON-REMOVABLE DISK
DRIVE E: WILL BE LOST!
Proceed with Format (Y/N)?

图 8.34　格式化提示信息

(2) 开始格式化 E 盘。通过不断变化的数字，用户可以知道当前格式化的进度。完成后，Format 程序提示输入卷标，如图 8.35 所示，可以输入任意字符，但注意字符长度不要超过 11，也可以直接按 Enter 键取消卷标。

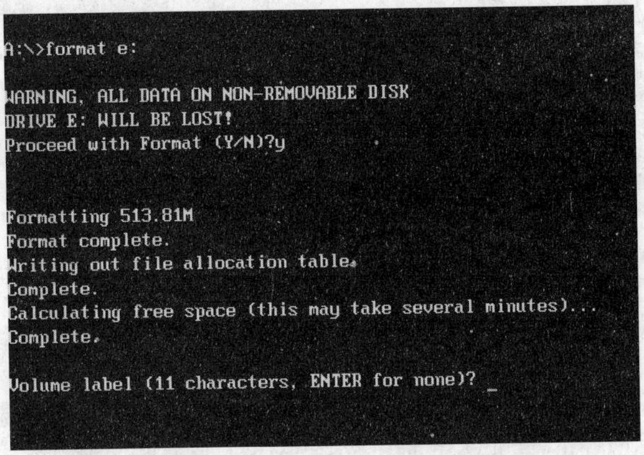
A:\>format e:
WARNING, ALL DATA ON NON-REMOVABLE DISK
DRIVE E: WILL BE LOST!
Proceed with Format (Y/N)?y
Formatting 513.81M
Format complete.
Writing out file allocation table.
Complete.
Calculating free space (this may take several minutes)...
Complete.
Volume label (11 characters, ENTER for none)? _

图 8.35　输入卷标

(3) 格式化完成后，Format 程序还会给出该分区的部分信息，如磁盘容量、系统占用的空间、磁盘的剩余空间和卷标系列号等，如图 8.36 所示。

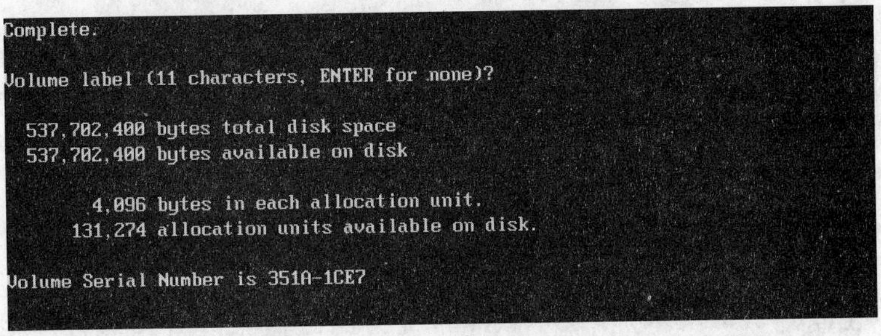
Complete.
Volume label (11 characters, ENTER for none)?
537,702,400 bytes total disk space
537,702,400 bytes available on disk
4,096 bytes in each allocation unit.
131,274 allocation units available on disk.
Volume Serial Number is 351A-1CE7

图 8.36　分区信息

在 Windows 操作系统中，除了使用 Format 程序格式化硬盘外，也可以直接在 Windows 内选择某个磁盘驱动器(系统盘除外)，然后单击鼠标右键，从弹出的快捷菜单中选择"格式化"命令，如图 8.37 所示。在弹出的"格式化"对话框中单击"开始"按钮即可，如图 8.38 所示。这种方法比 Format 格式化硬盘要快很多，但不能应用于还没有安装操作系统的新计算机上。

图 8.37   快捷菜单

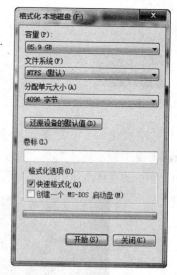

图 8.38   "格式化"对话框

8.2.4   使用硬盘工具

在 DOS 环境中使用 fdisk、format 等命令可以实现硬盘的分区以及格式化操作。用户也可以使用硬盘工具软件来完成类似的操作。目前常用的硬盘工具软件有 DM、DiskGen 和 PartitionMagic 等。这里简单介绍一下工具软件。

1. DM

DM 是一个简便高效的分区工具。主要特点是：首先使用了下拉菜单界面，操作直观；其次，功能全面，包含低级格式化、分区、高级格式化等一系列功能；第三，支持快速高级格式化功能，可以大大减少分区的时间。

2. DiskGen

DiskGen，原名 DiskMan，主要特点是操作直观、简便。不仅提供基本的硬盘分区功能，如建立分区、设置活动分区、删除分区、隐藏分区等；还具有强大的分区维护功能，如分区表备份和恢复、分区参数修改、硬盘主引导记录修复、重建分区表等。此外，还具有分区格式化、分区无损调整、硬盘表面扫描、扇区拷贝、彻底清除扇区数据等实用功能。

3. PartitionMagic

PartitionMagic(分区魔术师)是一款非常优秀的磁盘分区管理软件，支持大容量硬盘，可以非常方便地实现分区的拆分、删除、修改，轻松实现 FAT 和 NTFS 分区相互转换，还能实现多 C 盘引导功能，能够优化磁盘使应用程序和系统速度变得更快。在不损失磁盘数据的情况下，可以调整分区大小。部分版本支持在 Windows 系统下操作。

项 目 小 结

本项目主要介绍了硬盘初始化的三种操作，详细介绍了格式化和分区的操作方法。通过学习和操作，可以提高对硬盘初始化的认识，能够熟练掌握硬盘初始化操作。

实 训 练 习

（1）尝试使用分区魔法师为新硬盘分区并格式化。

（2）尝试使用分区魔法师调整 C 盘容量。

（3）尝试使用 DM 为新硬盘分区并格式化。

课 后 习 题

（1）为什么要对硬盘进行分区和格式化？

（2）分区有哪些类型？

（3）设置活动分区的目的是什么？

项目 9

安装软件及系统测试

项目学习目标

- 了解操作系统的基本知识；
- 熟悉安装 Windows 7、RHEL5 操作系统；
- 熟悉安装驱动程序；
- 熟悉安装并使用常见的应用软件。

案例情景

一台安装好硬件的计算机，只是为其正常的使用做好了准备，要使计算机能够完成具体的任务，必须有软件系统的支持才能实现。软件系统主要包括系统软件和应用软件，具体使用软件时将经常接触操作系统、驱动程序和应用软件。

项目需求

某公司的员工需要在 Windows 操作系统下进行日常的事务工作，主要运用的常用软件包括 Office、飞信、迅雷和暴风影音等。同时，网络部门又需要在 Linux 操作系统下搭建 Apache、FTP 和 E-mail 等常用网络服务器，以便能够让公司的员工进行局域网服务器的访问。

实施方案

根据公司的实际需求，通过广泛的市场调查，得出以下实施方案，具体的实施步骤如下：

(1) 安装 Windows 7 操作系统。Windows 7 操作系统是目前公司、企业或家庭中最常运用的操作系统之一。

(2) 安装 Red Hat Enterprise Linux 5(RHEL5)操作系统。Linux 分为众多版本，而 RHEL5 以其服务器的稳定性而著称。

(3) 安装各种常用的应用软件。进行日常的事务工作离不开杀毒软件或下载软件。除此之外，根据公司员工的需要再进行其他常用软件的安装。

(4) 整机测试或其他部件测试。安装完成各种操作系统及常用软件后，应当进行相应的测试，方能保证系统的正常运行。

任务 9.1 安装操作系统

任务描述

Windows 操作系统以其简单、易用而被众多用户所青睐。根据项目需求,需要完成 Windows 7 操作系统的安装工作,以满足多数公司员工的需求。Linux 操作系统以稳定、开源著称,网络部门需要安装 Red Hat Enterprise Linux 5 操作系统。

实施过程

(1) 安装 Windows 7 操作系统;

(2) 安装 Red Hat Enterprise Linux 5 操作系统。

9.1.1 安装 Windows 7 操作系统

1. 前期准备

在安装 Windows 7 操作系统之前,应该对操作系统的软、硬件进行检查,以满足系统的最低配置要求。Windows 7 操作系统的配置要求具体来说包括以下几个方面:

(1) Windows 7 操作系统的最低配置。

CPU:1000MHz 及以上。

内存:最低内存要求是 512MB,建议 1GB 及以上。

硬盘:最低要求 9GB,建议分区至少有 20GB 及以上的空间。

显卡:集成显卡,显存 64MB 以上(128MB 显存为打开 Aero 效果最低配置,不打开的情况下 64MB 即可)。

显示器:VGA 或分辨率更高的显示器。

其他设备:键盘、鼠标、CD-ROM 或 DVD-ROM。

(2) Windows 7 操作系统的推荐配置。

CPU:64 位双核以上等级的处理器。

内存:1.5GB DDR2 以上内存,3GB 效果最佳。

硬盘:建议分区至少有 20GB 及以上的空间。

显卡:支持 DirectX 10 或者 Shader Model 4.0 以上级别的独立显卡。

显示器:VGA 或分辨率更高的显示器。

其他设备:键盘、鼠标、CD-ROM 或 DVD-ROM。

通信服务:互联网连接。

(3) 硬盘的分区。

在安装 Windows 7 操作系统之前,应该先对硬盘进行区域的划分,即分区。一块硬盘中可以存在多个分区,以便于安装多个操作系统。

(4) 选择合适的文件系统。

目前 Windows 操作系统所使用的文件系统格式主要包括 FAT32 和 NTFS 等。几乎所有的操作系统都支持 FAT32 格式,在进行多操作系统安装时,为了文件系统格式的兼容性,最好将第一个操作系统的分区格式设置为 FAT32,但采用 FAT32 文件系统格式的硬盘的利用效率较低,每个分区的最大容量只能为 32GB,并且该分区不支持安全权限的设置。因而,为了使分区具有安全性和稳定性,现在大多采用 NTFS 文件系统,但是 Windows 以前版本的操作系统是不支持 NTFS 文件系统的。到底选择哪种文件系统,应该根据要安装的操作系统的类型来进行选择,一般情况下采用 FAT32 文件系统即可。任务实施过程中,如果只安装 Windows 7 操作系统,则建议采用 NTFS 文件系统。

2. 开始安装

首先调整 BIOS 设置,将 CD-ROM 设置为系统引导的第一启动项;然后将 Windows 7 的光盘放到光驱里面,开机启动;接着计算机将会自动读取光盘中的内容,出现图 9.1 和图 9.2 所示的界面。

图 9.1　读取 Windows 7 的文件界面

图 9.2　开始 Windows 7 的引导安装界面

(1)在此界面中,选择安装的语言为中文(简体),时间和货币格式选择"中文(简体＋中国)",键盘和输入方法选择"中文(简体)＋美式键盘"。还可以在安装后安装多语言包,升级支持其他语言显示,如图 9.3 所示。

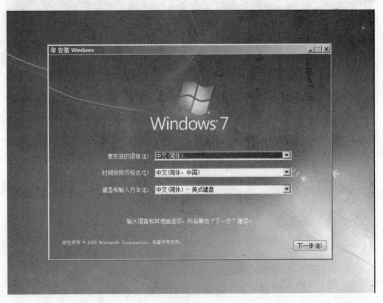

图 9.3　语言和其他首选项界面

(2) 单击"下一步"按钮,弹出图 9.4 所示界面。单击"现在安装"按钮,即可开始 Windows 7 操作系统的安装过程。在图中左下角有"安装 Windows 须知"和"修复计算机"两个选项。其中,"安装 Windows 须知"一项说明了安装 Windows 7 之前应了解的常规信息。"修复计算机"一项可以对已安装好的操作系统进行维护。

图 9.4　Windows 7 开始安装界面

(3) 接下来出现图 9.5 所示的界面,开始 Windows 7 操作系统的安装程序的启动过程。

图 9.5　安装程序启动过程界面

（4）接下来出现图 9.6 所示的界面，请仔细阅读并接受 Microsoft 的 Windows 7 旗舰版的许可协议才能继续进行操作系统的安装。选中"我接受许可条款"复选框。

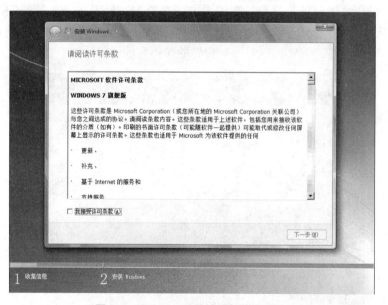

图 9.6　Windows 7 阅读许可协议界面

（5）单击"下一步"按钮，弹出图 9.7 所示的界面。该界面中包括"升级"和"自定义"两种安装方式。"升级"选项表示将现有的操作系统进行升级。因为 Windows 7 升级安装只支持在打上 SP1 补丁的 Vista 操作系统上进行升级，所以建议大家还是采用"自定义（高级）"的方式进行系统的安装。

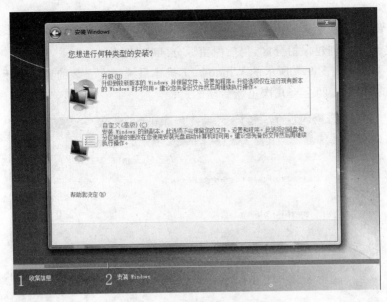

图 9.7　选择安装类型界面

（6）接下来出现图 9.8 所示的界面。如果需要对磁盘进行格式化、删除驱动器和扩展等操作，就需要单击"驱动器选项（高级）"一项。在此只有一个磁盘，直接单击"下一步"按钮就可以开始安装 Windows 7 了。

图 9.8　选择安装磁盘界面

另外，还需要注意以下两点：

①　如果删除分区，然后让 Windows 使用 Free 空间创建分区，那么旗舰版的 Windows 7 将在安装时会自动保留一个 100MB 或 200MB 的分区供 Bitlocker 使用，而且

删除起来也非常麻烦。

　　② 如果只是在驱动器操作选项（Drive Options）里对现有分区进行 Format，Windows 7 则不会创建保留分区，仍然保留原分区状态。

　　（7）接下来出现图 9.9 所示的 Windows 7 操作系统正在安装的界面。此过程大约需要 15 分钟的时间，中间会有几次重新启动的过程。

图 9.9　正在安装 Windows 7 界面

　　（8）接下来会弹出图 9.10 所示的界面。设置网络账号，也就是计算机名称，用户根据自己的习惯进行设置即可。

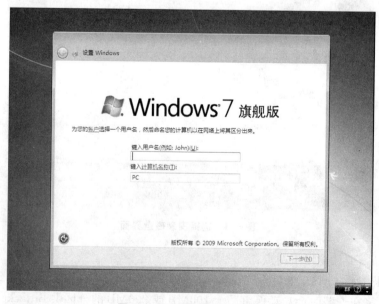

图 9.10　设置网络账号界面

（9）单击"下一步"按钮，出现图 9.11 所示的界面。开始为账户设置密码及提示信息。

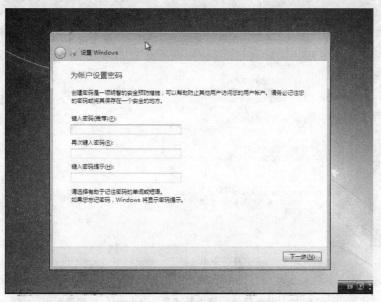

图 9.11　为账户设置密码界面

（10）单击"下一步"按钮，出现图 9.12 所示的界面。开始输入 Windows 7 的 25 位的产品序列号，这个也可以暂时不输入，可以在稍后进入系统后再激活。

图 9.12　输入 Windows 产品密钥界面

（11）单击"下一步"按钮，弹出图 9.13 所示的界面。这一步是关于 Windows 7 的更新配置，有三个选项："使用推荐配置"、"仅安装重要的更新"和"以后询问我"，这里选择最后一项。

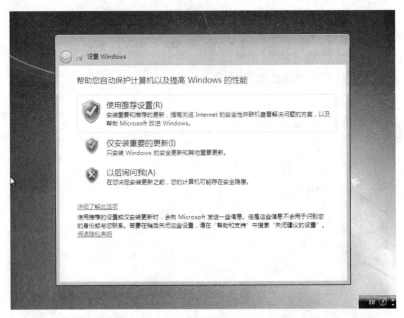

图 9.13 自动保护计算机及提高 Windows 的性能界面

（12）接着开始配置日期和时间，检查一下是否设置正确，如图 9.14 所示。然后单击"下一步"按钮。

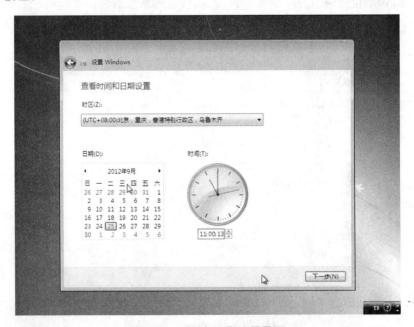

图 9.14 时间与日期设置界面

（13）上述步骤设置完后，在中文旗舰版上是直接启动进入系统了，但是在早前的英文旗舰版上还需要设置网络连接,有三个选项:"家庭网络"、"工作网络"和"公用网络",如图 9.15 所示。随便选择一个后系统会自动进行相关网络配置,并开始准备一些用户设置信息和桌面配置等,完成后就会进入 Windows 7 操作系统,如图 9.16 所示。

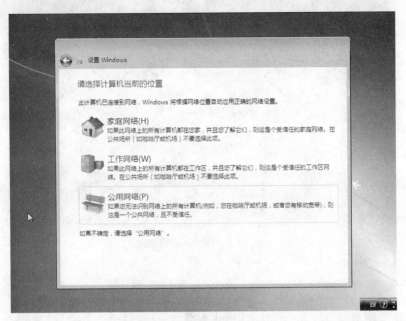

图 9.15　设置 Windows 界面

图 9.16　Windows 启动过程界面

(14) 这样 Windows 7 就已经成功安装完成了,正常进入系统后的界面如图 9.17 所示。普通的 PC 基本不需要再手动安装任何驱动就可以使用,速度也非常快。

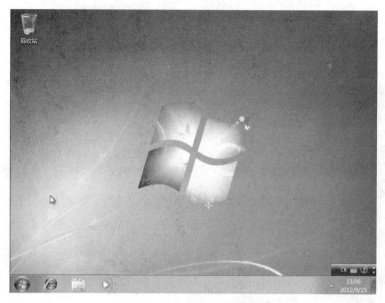

图 9.17　Windows 7 的桌面

9.1.2　安装 Red Hat Enterprise Linux 5 操作系统

1. 准备安装 Red Hat Enterprise Linux 5 操作系统

在安装 Red Hat Enterprise Linux 5 操作系统之前,应该做一些准备工作,例如硬件兼容性检查、磁盘分区的划分与选择等。

1) 硬件准备

在安装操作系统之前,首先应该考虑硬件与 Linux 操作系统是否兼容。Red Hat 网站提供了 Red Hat Enterprise Linux 5 的硬件兼容列表,可以通过访问 http://bugzilla. redhat. com/hwcert 去查找配置的硬件是否在列表中。其实,大多数 PC 的硬件都是可以支持操作系统的安装。

Red Hat Enterprise Linux 5 操作系统对硬件的最低要求为:

(1) CPU 为 Pentium 以上处理器。

(2) 内存至少为 128MB(推荐为 256MB 以上)。如果使用虚拟机,则建议内存至少为 1GB。

(3) 硬盘至少 1GB,完全安装大概需要 5GB 的空间。

2) Linux 的磁盘分区

任何一个操作系统的安装都需要进行分区的划分,然后还要为每个分区选择合适的文件系统。在安装 Red Hat Enterprise Linux 5 操作系统时,通常需要创建根分区(/)、/boot 分区和 Swap 分区,其中根分区和 Swap 分区是必须要创建的两个分区。

(1) 根分区。用于存储大部分系统文件和用户文件,一般要求大于 5GB。

(2) /boot 分区。用于引导系统,包含操作系统内核和启动过程中所要用到的文件,大小约为 100MB。

(3) swap 分区。用来提供虚拟内存空间,其大小通常是物理内在的 1.5～2 倍左右。

在 Linux 操作系统的整个树型目录结构中,只有一个根目录(用"/"表示)位于根分区,文件和目录都是建立在根目录之下的,通过访问挂载点目录即可实现对这些分区的访问。

2. 安装 Red Hat Enterprise Linux 5 操作系统

Linux 安装分为文本和图形界面两种安装方式,建议初学者选择图形界面的安装方式。这里通过在虚拟机中安装 Red Hat Enterprise Linux 5 来实现。

1) 启动安装程序

在 Linux 引导成功出现 boot:提示符时直接按 Enter 键,则采用图形界面安装;若输入 Linux text 并按 Enter 键,则采用文本模式安装;若输入 Linux askmethod 并按 Enter 键,会询问采用何种安装方式。

启动虚拟机,将鼠标切换到虚拟机的界面,然后在 boot:提示符状态下直接按 Enter 键,开始以图形界面的方式安装 Linux 操作系统,如图 9.18 所示。

图 9.18　选择安装方式界面

2) 检测光盘

选择安装方式后,过会儿会弹出一个窗口,询问是否需要测试光盘的正确性,如图 9.19 所示。如果能够保证光盘没有问题,可以单击 Skip 按钮,跳过光盘的检查。

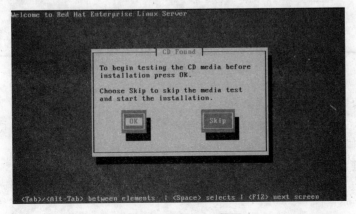

图 9.19　CD Found 界面

如果单击 OK 按钮，就会弹出图 9.20 所示的界面。单击 Test 按钮，就开始进行测试。如果要更换其他光盘，则单击 Eject CD 按钮。

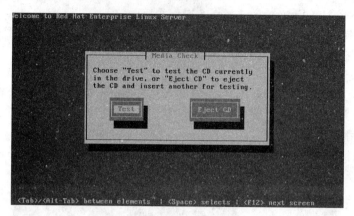

图 9.20　Media Check 界面

然后系统就会启动进入图形界面的安装方式，如图 9.21 所示。如果内存不足，系统会自动进入文本安装方式。

图 9.21　图形安装欢迎界面

3）选择安装界面所使用的语言

单击 Next 按钮，会弹出图 9.22 所示选择语言的安装界面。Linux 支持多国语言，在此选择"简体中文"。

4）选择键盘类型

单击 Next 按钮，出现选择键盘类型界面，如图 9.23 所示。键盘类型默认为"美国英语式"，无须修改。

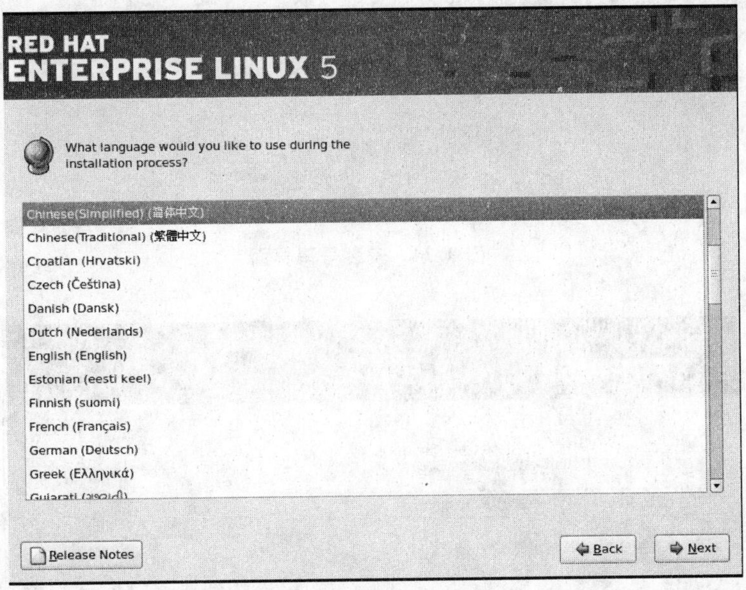

图 9.22 选择语言安装界面

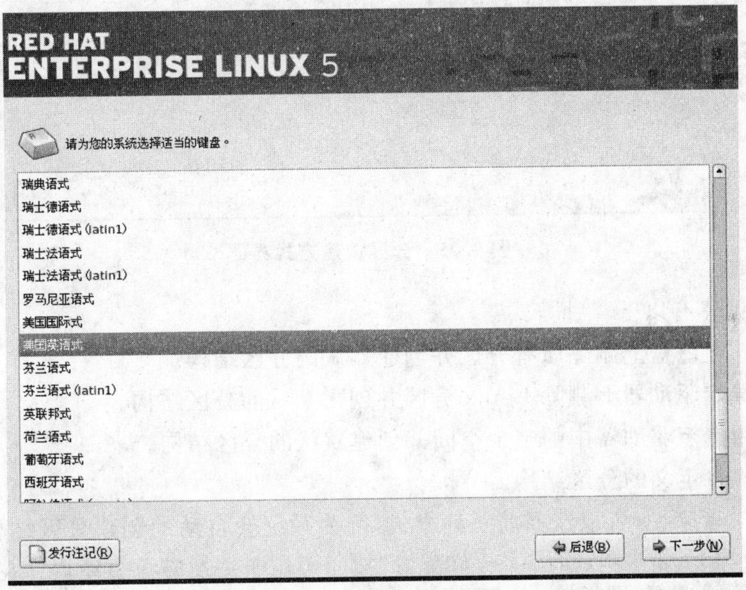

图 9.23 键盘设置界面

5) 输入安装序列号

单击"下一步"按钮,输入安装序列号,如图 9.24 所示。Red Hat Enterprise Linux 5 在安装时需要用户输入正确的安装序列号才能继续安装,否则某些软件包将不能被安装。

6) 创建 Linux 分区

输入正确的产品序列号后,进入分区的创建界面,如图 9.25 所示。在该界面可以对硬盘进行分区和创建。

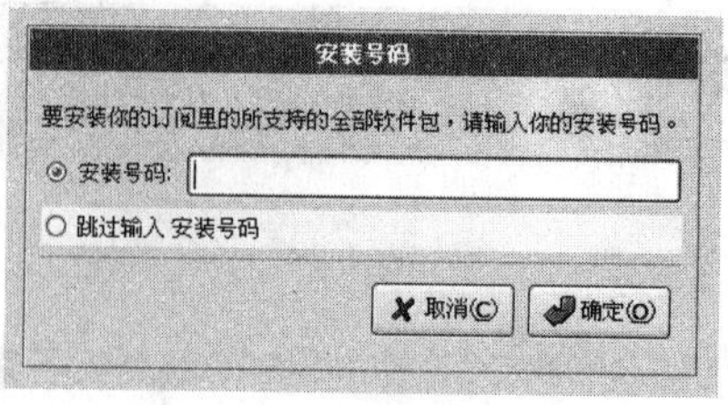

图 9.24　安装号码界面

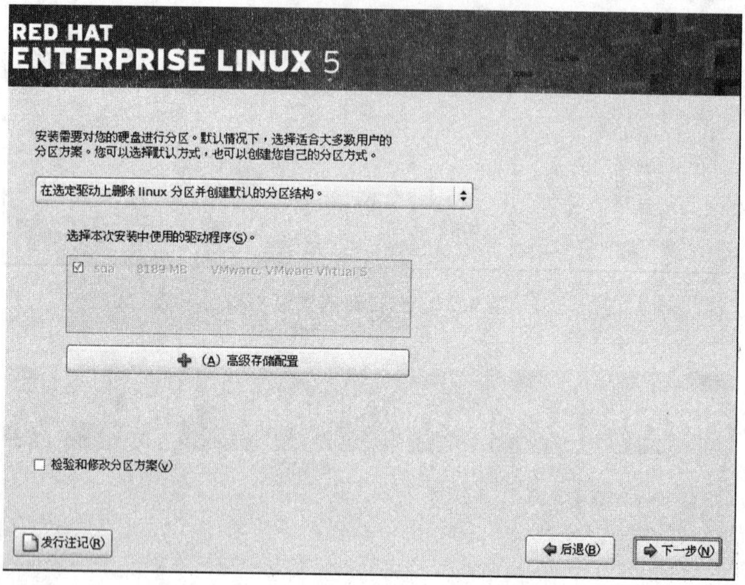

图 9.25　分区创建方式界面

分区的创建有以下 4 种方式：

（1）在选定磁盘上删除所有分区并创建默认的分区结构。

（2）在选定驱动器上删除 Linux 分区并创建默认的分区结构。

（3）使用选定驱动器中的空余空间并创建默认的分区结构。

（4）建立自定义的分区结构。

对于初学者来说，可以选择前三种方式，因为系统会自动的创建分区结构。"高级存储配置"按钮可用于添加磁盘驱动器。在此选择第二种分区创建方式，然后单击"下一步"按钮，会弹出询问对话框，提示"您已选择了要在下列驱动器内删除所有 Linux 分区（及其所有数据）"，问是否要执行该项操作，单击"是"按钮，弹出图 9.26 所示的界面。

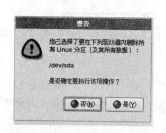

图 9.26　将删除系统上所有 Linux
分区的警告信息

对于熟悉 Linux 操作系统的用户来说，可以选择第 4 种方式，弹出图 9.27 所示的界面，用户就可以根据自己的需要进行分区的创建与文件系统的选择。

单击"下一步"按钮，弹出图 9.28 所示的界面。

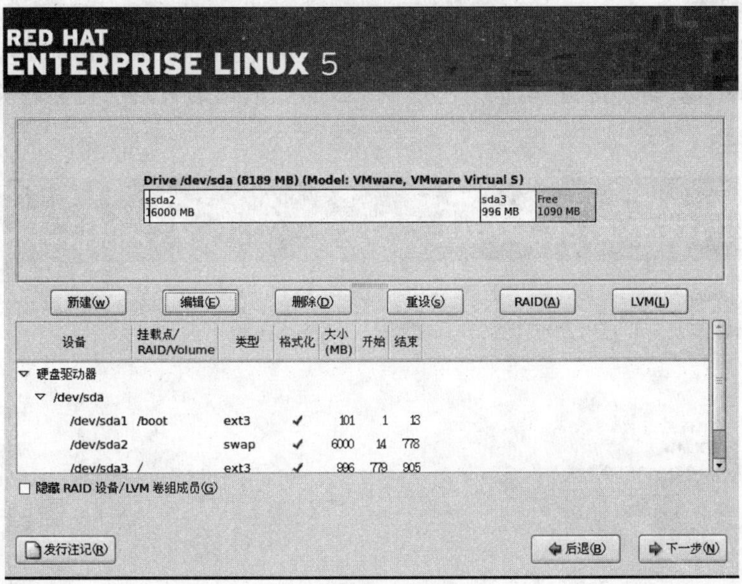

图 9.27　正在分区的界面

该界面可以进行引导装载程序的设置。Red Hat Enterprise Linux 5 默认的引导程序为 GRUB,如果想要保留原来使用的引导装载程序,可以选择"无引导装载程序将会被安装"单选按钮。

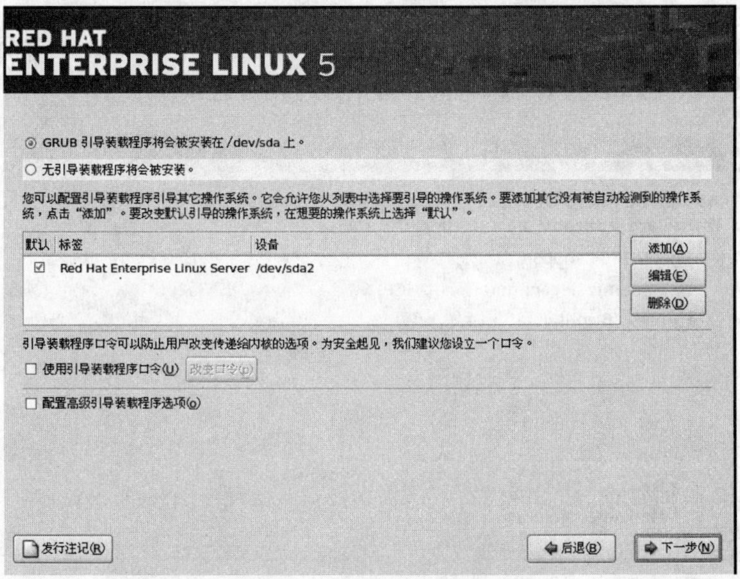

图 9.28　引导装载程序配置界面

此外,还可以通过"添加"、"编辑"和"删除"三个命令按钮来配置启动操作系统的列表。如果选中"使用引导装载程序口令"复选框,就可以为 GRUB 设置密码,这样就禁止了用户传递不安全的参数进入内核而破坏系统的安全性。

7）网络配置

网络配置主要是用于为网卡分配 IP 地址等参数信息的界面，如图 9.29 所示。IP 地址可以通过 DHCP 自动配置，也可以用户手工设置。其他的设置项包括网关、DNS 等的配置。

图 9.29　网络设置界面

单击"编辑"按钮，弹出图 9.30 所示的界面，可以设置网卡的 IP 地址分配方式。如果支持 IPv6，还可以对 Enable IPv6 support 选项进行设置。

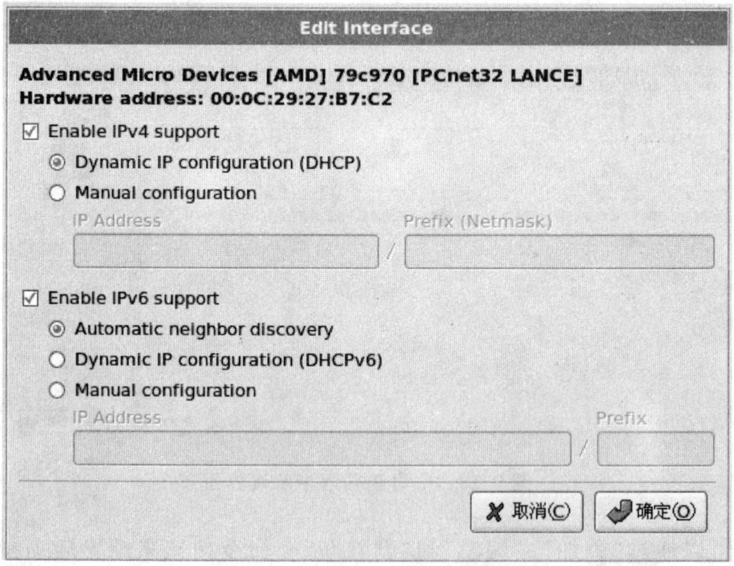

图 9.30　IP 地址的分配方式设置界面

8）选择时区

单击"下一步"按钮，弹出图 9.31 所示的界面。时区通常选择"亚洲/上海"。

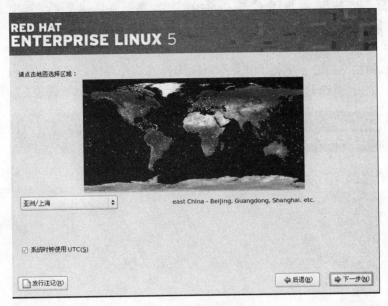

图 9.31　时区选择界面

9）输入管理员账户密码

单击"下一步"按钮，弹出图 9.32 所示的界面。Linux 操作系统默认的管理员名称为 root，此界面要求用户输入 root 用户的密码。为了安全性，用户应该为其设置一个具有复杂性并且具有一定长度的密码。密码的组成应该包括数字、字母和特殊字符等的组合，例

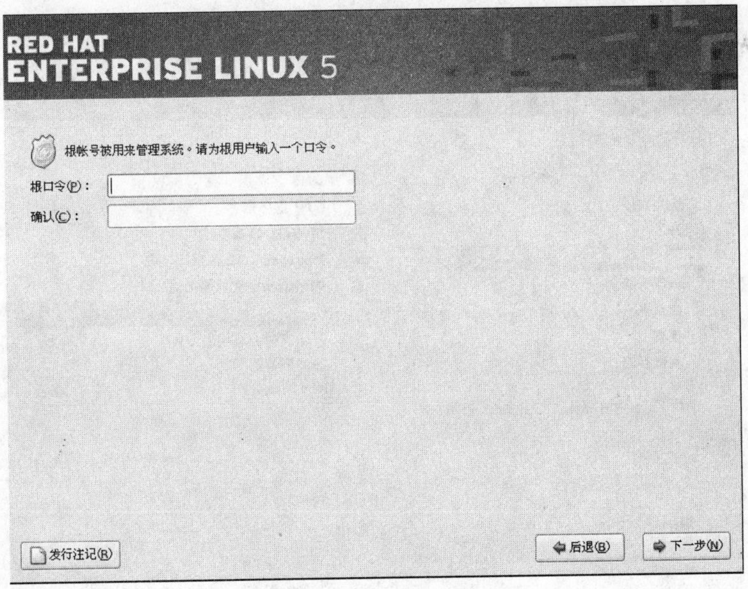

图 9.32　设置根口令界面

如 P@ssw0rd。Linux 系统默认情况下,要求根口令的长度至少为 6 个字符。

10) 定制安装软件

单击"下一步"按钮,弹出图 9.33 所示的界面。系统默认情况下仅选中了"群集"和"存储群集"和"虚拟化"等选项。如果用户需要安装其他的软件包,应当选择"现在定制"单选按钮,单击"下一步"按钮,弹出图 9.34 所示的界面。在左侧栏中选择某一软件包的类别后,在右侧栏中会进一步显示该类别可供选择的软件包列。若该软件包还有更详细的选项,可以单击"可选的软件包"按钮,更详细地选择所要安装的软件包。

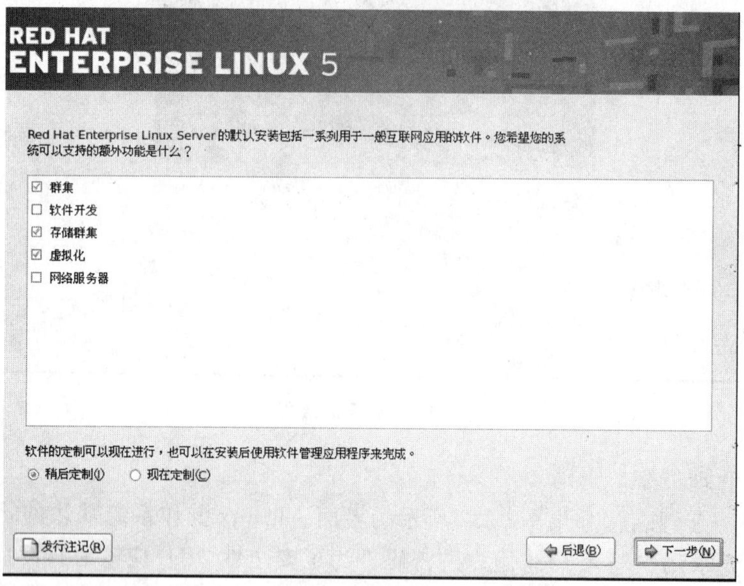

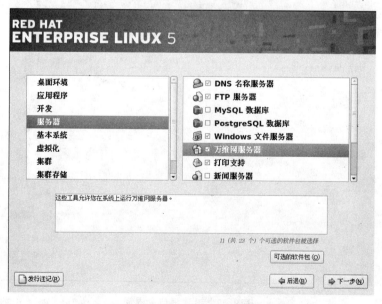

图 9.33 系统提供的默认安装包界面

图 9.34 定制选择要安装的软件包界面

11）复制安装文件

单击"下一步"按钮，系统会根据所选定的软件包来进行依赖关系的检查，以决定具体要安装哪些软件包。再单击"下一步"按钮，弹出图 9.35 所示的界面，开始 Red Hat Enterprise Linux 5 的文件复制过程。安装完成后，系统会自动弹出光盘，最后单击"重新引导"按钮就完成了 Linux 操作系统的安装，如图 9.36 所示。

图 9.35 软件包复制界面

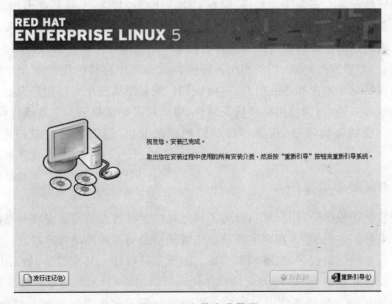

图 9.36 安装完成界面

任务 9.2　安装驱动程序

任务描述

硬件连接好后并不是所有硬件都能够马上使用,根据在 Windows 系统下安装硬件驱动程序的操作特点,可以将硬件分为即插即用和非即插即用设备。根据厂商提供驱动程序的方式,可以分为自动安装型和 Windows 识别型。

实施过程

一般在购买新的硬件后,首先要查看外包装盒,了解产品的型号、盒内部件及产品对系统的最低要求等信息。然后打开包装盒,取出硬件产品、说明书和驱动盘(光盘或软盘),认真阅读说明书或驱动器上的 readme 文件,查看说明书上的安装方法和步骤以及安装注意事项。

硬件驱动指的是硬件的驱动程序(Device Driver),全称为设备驱动程序,它是一种特殊的程序。驱动程序的作用是将硬件本身的功能告诉操作系统,主要功能就是完成硬件设备电子信号与操作系统及软件的高级编程语言之间的互相翻译。当操作系统需要使用某个硬件时,例如让声卡播放音乐,它会先发送相应指令到声卡驱动程序,声卡驱动程序接收到后,马上将其翻译成声卡才能听懂的电子信号命令,从而让声卡播放音乐。驱动程序提供了硬件到操作系统的一个接口以及协调二者之间的关系。

现在的操作系统能够识别很多的硬件设备,而且操作系统开发商也希望操作系统能够自动识别硬件设备并安装驱动程序,但在实际使用的过程之中,还是会出现无法正确识别的硬件设备,无法自动安装驱动程序,硬件设备无法正常使用的情况。通常,要识别操作系统未能识别出的硬件设备可以有两种方法:一是利用硬件检测软件检测获得硬件设备的详细信息,然后进行判断;二是利用各种硬件设备之中存储的生产商和产品信息,通过查询硬件设备的生产商和产品的 ID 进行识别。安装驱动程序可以用户自己手动安装,或者是通过软件安装,例如使用驱动精灵软件,驱动精灵能够检测大多数流行硬件并自动下载安装最合适的驱动程序;还能够自动检测驱动升级,随时保持计算机的最佳工作状态。

9.2.1　手动安装驱动程序

手动安装驱动程序前,用户应当首先了解计算机上哪些设备需要安装驱动程序,哪些设备不需要安装。主板、显卡和声卡等设备正常使用是离不开驱动程序的,目前的操作系统中集成了较多的驱动程序,能够识别市场上的大部分硬件。其他设备,如 CPU、内存和光驱等这些设备能够被 BIOS 所固化的程序代码所识别,一般不需要单独安装驱动程序。下面以在 Windows 7 操作系统中安装打印机驱动程序为例来进行讲解。打印机是惠普 LaserJet P1005,从惠普官方网站下载相应的驱动程序。手动安装驱动程序包括两种情况。

1. 自动安装

自动安装也可以称为傻瓜式安装。现在的硬件厂商越来越注重产品的人性化设计，相应的驱动程序安装也尽可能的简单化。很多驱动程序都带有一个 Setup. exe 或者 Install. exe 的可执行文件，用户只要双击运行这个文件，然后根据提示信息，就可以完成驱动程序的安装。有的硬件厂商提供的驱动程序就是一个后缀为. exe 的可执行文件，直接双击安装即可。有的硬件厂商提供驱动程序光盘，在驱动程序光盘中加入了 Autorun 自启动文件，用户只需要把光盘放到计算机的光驱中，光盘就可以自动启动。

从惠普官方网站上下载的驱动程序是一个可执行文件，双击运行，如图 9.37 所示。单击"下一步"按钮，开始安装驱动程序，如图 9.38 所示。

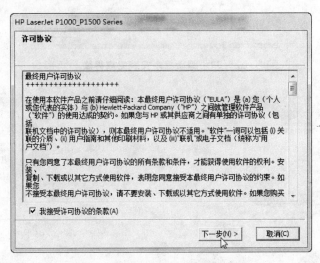

图 9.37　HP LaserJet 许可协议界面

图 9.38　正在安装驱动程序界面

驱动程序安装完成，如图 9.39 所示。

2. 手动指定安装

当驱动程序文件中没有 Setup. exe 或者 Install. exe 这类可执行文件时，用户就要自己指定驱动程序文件，进行手动安装了。用户可以从设备管理器中来指定驱动程序的位置，然后进行安装。当然，用户应当首先准备好所要安装的驱动程序。

（1）查看打印机设备。选择"开始"→"设备和打印机"命令，或者在"控制面板"中双击"设备和打印机"图标，如图 9.40 所示。

（2）单击"添加打印机"按钮，系统提示用户要安装什么类型的打印机，单击"添加本

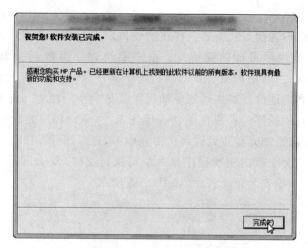

图 9.39　驱动程序安装完成界面

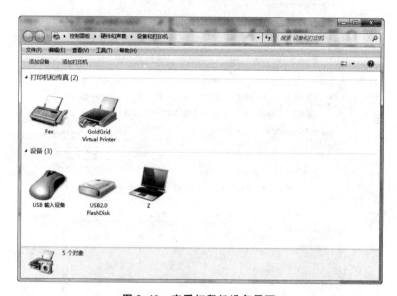

图 9.40　查看打印机设备界面

地打印机"一项,如图 9.41 所示,然后单击"下一步"按钮。

　　(3) 系统提示用户选择打印机端口,用户根据打印机和计算机的接口连接类型选择,如图 9.42 所示。默认是 LPT1 并口,这种端口传输速度较慢,已经基本淘汰。目前打印机使用 USB 接口较多,用户根据实际情况选择端口,然后单击"下一步"按钮。

　　(4) 系统提示用户选择打印机的生产厂商及打印机型号,如图 9.43 所示。这里的列表是操作系统能够自动识别的打印机品牌及型号,对于操作系统无法直接识别安装的打印机,用户单击"从磁盘安装"按钮。

　　(5) 系统提示用户指定驱动程序的安装目录,如图 9.44 所示,默认情况下系统指向 A 盘根目录。A 盘一般指的是软盘驱动器,已经淘汰停用。这里用户单击"浏览"按钮,可以手动指定驱动程序安装目录。

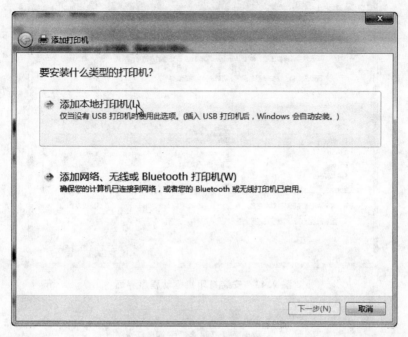

图 9.41　添加打印机界面

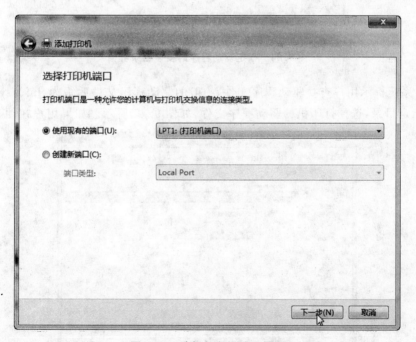

图 9.42　选择打印机端口界面

图 9.43　安装打印机驱动程序界面

图 9.44　指定驱动程序的安装目录界面

（6）系统提示用户查找驱动程序文件，一般的驱动程序文件后缀为.inf、.sys 等。用户打开指定目录，选择打印机的驱动程序文件，如图 9.45 所示。如果用户在硬盘上无法

图 9.45　选择打印机的驱动程序文件界面

找到相应的 .inf 驱动程序文件,那么用户准备的驱动程序是不对的,应当返回第一步,重新准备驱动程序文件。

(7) 用户到指定目录打开打印机的驱动程序文件后,系统提示用户选择打印机的型号,如图 9.46 所示。选择打印机后,单击“下一步”按钮。

图 9.46　选择打印机的型号界面

(8) 系统提示用户输入打印机的名称,如图 9.47 所示。输入完成后,单击“下一步”按钮。

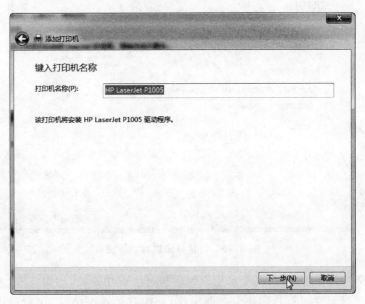

图 9.47　输入打印机的名称界面

（9）系统开始安装打印机驱动程序，如图 9.48 所示。

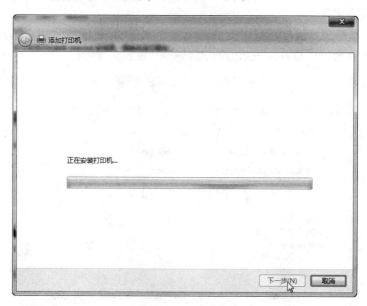

图 9.48　安装打印机驱动程序的界面

（10）安装完成后，系统提示用户是否设置打印机共享，如图 9.49 所示。设置完成后，单击"下一步"按钮。

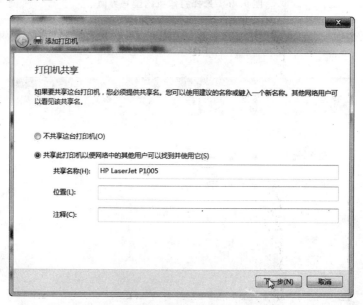

图 9.49　设置打印机共享界面

（11）共享设置完成后，系统提示用户打印机已经成功安装，如图 9.50 所示。用户可以单击"打印测试页"按钮，打印机会立即工作，打印有关系统信息，用户可以查看打印效果，判断打印机是否安装成功。

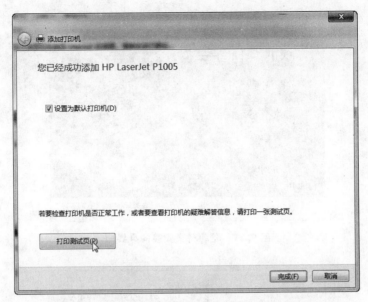

图 9.50 打印机安装完成界面

（12）用户还可以到"设备和打印机"窗口查看打印机状态，带有绿色标记的打印机是操作系统默认打印机。至此，打印机驱动程序安装完成。

9.2.2 智能安装驱动程序

手动安装驱动程序需要一定的专业知识。如果用户不具备一定的专业知识，这个过程将变得异常烦琐，而且可能因为驱动光盘丢失，或者误操作，导致硬件驱动程序安装失败。用户可以使用智能软件来安装驱动程序，一切变得轻松自如。一款功能卓越的驱动程序工具软件，不仅能够识别各种类型的硬件设备，实现驱动程序的智能安装，而且它还能将操作系统中已经安装好的驱动程序完整的备份下来，并且压缩后存储在任何存储介质中。这一类的软件比较多，这里以驱动精灵、驱动人生为例进行讲解。

1. 驱动精灵的安装和使用

用户可以通过网络下载驱动精灵的最新版本。在软件的使用过程中，用户应当保证计算机已经连接互联网。

（1）安装驱动精灵，如图 9.51～图 9.53 所示。用户按照提示信息安装即可，这里不再详细叙述。

（2）运行驱动精灵软件，软件首先检测计算机相关硬件信息，如图 9.54 所示。

（3）检测完成后，软件根据目前计算机的状态给出建议，是否需要更新或者安装驱动程序，如图 9.55 所示。

（4）用户可以单击"驱动程序"按钮，查看有哪些驱动程序需要更新或者安装，根据需要可以进行选择性的下载，如图 9.56 所示。

（5）用户可以单击"硬件检测"按钮，了解目前计算机的硬件概要，如图 9.57 所示。根据需要可以深入了解不同硬件的相关信息，如图 9.58 所示，查看处理器的详细信息。

图 9.51　驱动精灵安装向导界面

图 9.52　驱动精灵正在安装界面

图 9.53　驱动精灵安装完成界面

图 9.54　检测计算机的相关硬件界面

图 9.55　建议用户是否更新驱动程序界面

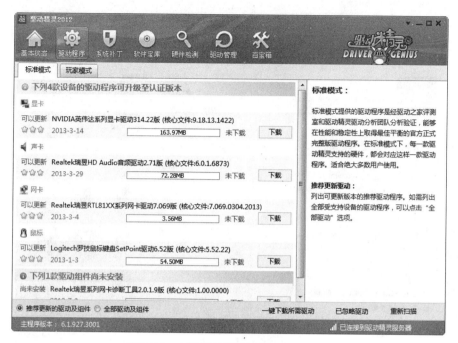

图 9.56　查看需要更新的驱动程序界面

图 9.57　驱动精灵的"硬件概览"选项卡界面

图 9.58 查看处理器的详细信息界面

（6）用户可以单击"驱动管理"按钮，打开"驱动备份"选项卡，如图 9.59 所示。可以把目前计算机已经安装好的驱动程序备份到指定的目录，在重新安装操作系统之后，可以使用已经备份好的驱动压缩包将所有的驱动程序正确地恢复到系统当中，而且是一次性安装所有硬件设备，重新启动计算机之后，所有的设备都能正常工作了。

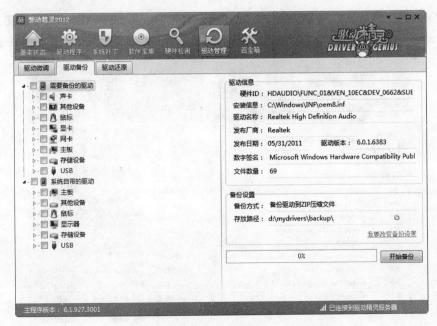

图 9.59 驱动精灵的"驱动备份"选项卡界面

驱动精灵还有修复操作系统漏洞等功能,用户可以根据需要自己摸索,这里不再详细叙述。

2. 驱动人生的使用

　　用户可以通过网络下载驱动人生的最新版本,安装过程不再详细叙述。同样,在软件的使用过程中,应当保证计算机已经连接互联网。

　　(1)运行驱动人生软件,软件首先检测计算机相关硬件驱动信息,如图9.60所示。

图9.60　运行驱动人生的界面

　　(2)检测完成后,驱动人生软件根据目前计算机的状态给出建议,是否需要更新或者安装驱动程序,如图9.61所示。可以根据需要摸索软件的使用,这里不再详细叙述。

图9.61　驱动人生的检测结果界面

任务 9.3　安装常用软件

任务描述

在安装完操作系统和硬件驱动程序后,为了方便工作和增加计算机的功能,将安装各种应用软件。对于一些已安装的不需要的软件,用户可以进行卸载。

实施过程

(1) 安装杀毒软件;

(2) 安装即时通信软件;

(3) 安装多媒体播放软件;

(4) 安装网络下载软件;

(5) 卸载不常用软件。

9.3.1　安装杀毒软件

随着各种各样计算机病毒的日益频繁发作,杀毒软件的使用已成为计算机用户日常工作中必不可少的工作。反病毒软件的种类也比较繁多,比较常用的有瑞星、360 和卡巴斯基等杀毒软件。这些软件各有千秋,每个用户也都有不同的偏爱。在这一节里,将介绍常用的瑞星杀毒软件的安装及使用方法。

"瑞星杀毒软件"是北京瑞星科技股份有限公司自主研制开发的反病毒工具,主要用于对病毒或黑客等的查找、实时监控、清除病毒、恢复被病毒感染的文件或系统,以及维护计算机系统的安全。瑞星是一款非常有特色的杀毒软件,由于界面简单易用、功能强大而备受用户的喜爱。下面就对瑞星杀毒软件进行详细的介绍:

"瑞星杀毒软件"的安装相当简便,目前在瑞星公司的官方网站上提供瑞星杀毒软件的免费文件,登录其官方网站即可下载。下载完成后,双击该文件,按照提示进行安装就可以使用了。图 9.62 所示为语言选择界面,在此选择"中文简体"单选按钮,然后再选中

图 9.62　安装瑞星杀毒软件语言选择界面

"我已经阅读并同意瑞星"复选框,最后单击"开始安装"按钮。图9.63所示为杀毒软件的安装过程。

图9.63 瑞星杀毒软件的安装过程界面

当软件安装成功后会出现以下对话框,默认是启动"瑞星杀毒软件"和"瑞星注册向导",当用户单击【完成】按钮,就完成了瑞星杀毒软件的安装,如图9.64所示。

图9.64 完成瑞星杀毒软件安装界面

当安装完成后,启动瑞星后会弹出图9.65所示的界面。在任务栏右边会出现一个图标,这就说明瑞星监控中心已经启动了。如果用户安装完成后,还启动了瑞星助手,那么在屏幕上还会出现一个小狮子,它就是瑞星的助手。

9.3.2 安装即时通信工具软件

即时通信(Instant Messenger,IM)是一种基于互联网的即时交流消息的业务,是一个终端服务,允许两人或多人使用网路即时的传递文字信息、档案、语音与视频交流。即时通信按使用用途分为企业即时通信和网站即时通信,根据装载的对象又可分为手机即

图 9.65 瑞星杀毒软件主界面

时通信和 PC 即时通信。

即时通信是一个终端连接一个即时通信网络的服务。即时通信不同于 E-mail 在于它的交谈是即时的。在早期的即时通信过程中,使用者输入的每一个字都会即时显示在双方的荧幕上,且每一个字的删除与修改都会即时的反应在荧幕上。这种模式比起使用 E-mail 更像是电话交谈。在现在的即时通信程式中,交谈中的一方通常只会在另一方本地端按下"发送"键后才会看到对方的信息。常用的即时通信工具软件有 QQ、飞信和阿里旺旺等。下面以飞信为例,说明如何进行即时软件的安装。

飞信是中国移动推出的"综合通信服务",即融合语音(IVR)、GPRS、短信等多种通信方式,覆盖三种不同形态(完全实时、准实时和非实时)的客户通信需求,实现互联网和移动网间的无缝通信服务。飞信不但可以免费从 PC 给手机发短信,而且不受任何限制,能够随时随地与好友开始语聊,并享受超低语聊资费。飞信实现无缝链接的多端信息接收,MP3、图片和普通 Office 文件都能随时随地任意传输,让用户随时随地都可与好友保持畅快有效的沟通,工作效率高。

从网上下载飞信软件包后,双击该软件包就弹出图 9.66 所示的界面,单击"快速安装"或"自定义安装"按钮,即可开启飞信的安装过程。

接下来,在弹出的图 9.67 所示的界面中选择程序安装的目录、选择是否安装飞信卫士组件以及快捷方式创建的选项。

单击"下一步"按钮后,在弹出图 9.68 所示的界面中,选择个人文件夹(用于保存消息记录等数据)的保存位置。默认保存到"我的文档"中,用户也可以自定义设置。

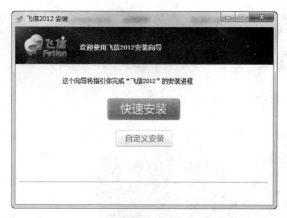

图 9.66 选择飞信安装方式界面

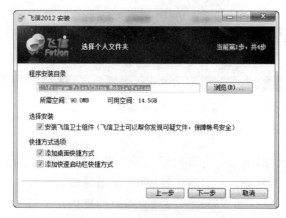

图 9.67 飞信安装目录界面

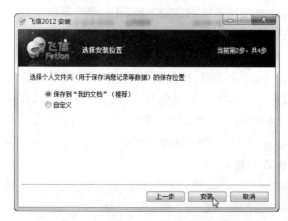

图 9.68 飞信消息记录的存放目录界面

单击"安装"按钮,就弹出图 9.69 所示的界面,进行飞信软件的安装过程。

文件复制并注册完成后,就弹出图 9.70 所示的界面。

单击"完成"按钮,完成飞信软件的安装过程,并启动飞信软件,如图 9.71 所示。

图 9.69　飞信安装界面

图 9.70　飞信安装完成界面

在输入手机号、飞信号或邮箱及密码后,单击"登录"按钮,就可以开始使用飞信与别人进行交流了,如图 9.72 所示。

图 9.71　飞信登录界面(一)

图 9.72　飞信登录界面(二)

9.3.3　安装多媒体播放工具软件

在网络日益发达的今天,人们除了通过网络查看新闻、收发电子邮件、语音聊天等工作以外,还可以通过多媒体播放工具浏览新闻等视频文件。暴风影音是常用的多媒体播放工具之一。

暴风影音是北京暴风网际科技有限公司推出的一款视频播放器,该播放器兼容大多数的视频和音频格式。"暴风"的意愿是为全球互联网用户提供最好的互联网影音娱乐体验。经过艰苦创业,凭借领先的技术和对用户的诚信服务,暴风成为了国内媒体播放软件开发和互联网客户端运营的领先企业。下面具体说明暴风影音软件的安装过程。

从暴风影音官方网站上下载暴风影音软件包后,双击该软件包就弹出图 9.73 所示的界面。单击"开始安装"按钮,就弹出图 9.74 所示的界面。在该界面中通过单击"浏览"按钮,可以改变暴风影音的安装目录。如果需要安装其他的工具或软件,可以选中相应的复选框。

图 9.73　暴风影音开始安装界面

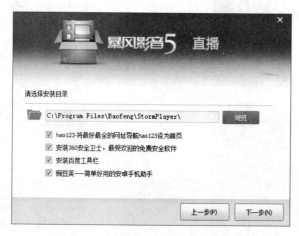

图 9.74　暴风影音选择安装目录界面

单击"下一步"按钮,弹出图 9.75 所示的界面。播放 Real 文件需要下载相应组件,暴风自动搜索到以下可供下载的链接地址,询问用户是否下载。用户可以选择相应的插件进行下载,也可以选择"无需下载"单选按钮,然后单击"下一步"按钮,弹出图 9.76 所示的界面。单击"立即体验"按钮,会弹出图 9.77 所示的界面,用户就可以开始使用暴风影音观看视频了。

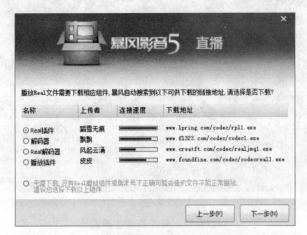

图 9.75　暴风影音插件安装界面

图 9.76　立即体验暴风影音界面

9.3.4　安装网络下载工具软件

随着计算机网络的迅速发展,人们经常需要借助网络找到自己所需的各种资源,为了快速、高效的将资源下载下来,最好使用专门的工具进行下载。常用的网络下载软件有迅雷、电驴、QQ 旋风和 FlashGet 等。下面以迅雷软件为例进行说明。

迅雷是一个提供下载和自主上传的工具软件。迅雷的资源取决于拥有资源网站的多少,同时只要有任何一个迅雷用户使用迅雷下载过相关资源,迅雷就能有所记录。迅雷使用的多资源超线程技术基于网格原理,能够将网络上存在的服务器和计算机资源进行有

图9.77　暴风影音主界面

效的整合,构成独特的迅雷网络,通过迅雷网络各种数据文件能够以最快的速度进行传递。下面具体说明迅雷软件的安装过程。

　　从迅雷官方网站下载迅雷软件包,双击该软件包,开始迅雷软件的安装过程,如图9.78所示。单击"接受"按钮,弹出图9.79所示的界面。在该界面中,通过单击"浏览"按钮,可以选择"迅雷"软件的安装目录。如果需要安装其他工具、添加快捷方式、开机时启动迅雷等,可以在图中选中相应的复选框。

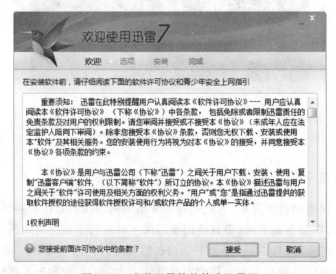

图9.78　安装迅雷软件的欢迎界面

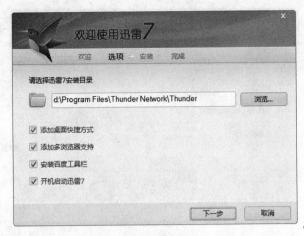

图 9.79   迅雷软件选项界面

单击"下一步"按钮,弹出图 9.80 所示的界面。询问用户是否在开机的同时启动迅雷,如果确认,则单击"确定"按钮,否则单击"取消"按钮。

若指定的迅雷软件安装目录已经存在,还会弹出图 9.81 所示的界面,询问用户是否要覆盖其中的文件。若要进行覆盖,则单击"确定"按钮,否则单击"取消"按钮。

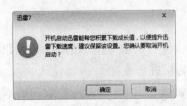

图 9.80   开机时是否启动迅雷软件界面

图 9.81   询问是否覆盖指定的安装目录界面

图 9.82 所示的界面为迅雷软件的安装过程界面。安装完成后会弹出图 9.83 所示的界面,表明迅雷软件已经安装完成。如果需要启动迅雷或者查看该软件的新特性,可以选中下面的复选框。

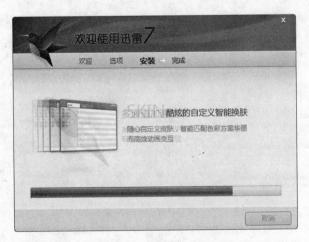

图 9.82   迅雷软件安装界面

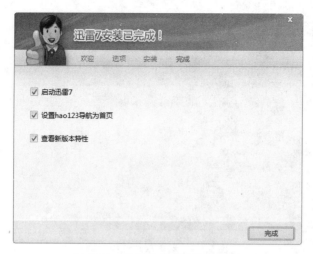

图 9.83　迅雷软件安装完成界面

9.3.5　卸载软件

所谓软件的卸载就是指把软件从计算机中彻底删除。卸载软件的方法有多种,下面介绍几种常用软件的卸载方法。

1. 利用卸载软件进行卸载

有些软件可以利用卸载软件进行卸载。目前比较流行的有 360 软件管家、腾讯电脑管家等。这里以使用 360 软件管家卸载遨游浏览器为例进行叙述。

(1) 启动 360 软件管家,单击"软件卸载"按钮,如图 9.84 所示。用户可以查看目前计算机上的软件安装时间、使用频率等信息。

图 9.84　360 软件管理的"软件卸载"界面

（2）用户选择要卸载的软件，在软件相应的位置单击"卸载"按钮，如图 9.85 所示。这里选择卸载遨游浏览器。

图 9.85　卸载遨游浏览器界面

（3）有些软件的卸载过程是智能化的，卸载完成后直接给用户提示信息；有些软件的卸载过程需要用户进行干预。遨游浏览器的卸载过程需要用户干预，选择是否保存个人信息，如图 9.86 所示。提示用户卸载完成，如图 9.87 所示。

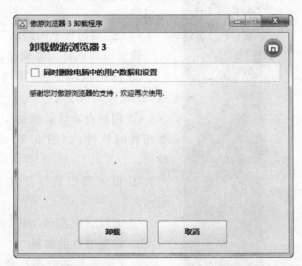

图 9.86　卸载遨游浏览器的同时是否删除用户数据和设置信息的界面

（4）用户单击"完成"按钮后，360 软件管家还要进行扫描，查看是否还有软件的残留信息。检测完成后，将检测结果反馈给用户。如果有残留信息，360 软件管家会建议用户

图 9.87　遨游浏览器卸载完成界面

清理残留。如果没有残留信息,则将结果反馈给用户。

2. 常规卸载

此类卸载方法一般有两种:一种是利用控制面板中的"添加或删除程序"功能进行软件的卸载。另一种是利用软件自带的卸载功能进行软件的卸载。

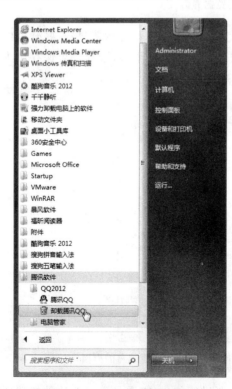

图 9.88　卸载腾讯 QQ 界面

(1) 自带的卸载功能。

这里以卸载 QQ 为例进行叙述。用户打开"开始"菜单,查找 QQ 目录,找到"卸载 QQ"快捷方式,如图 9.88 所示,单击后安装提示即可完成卸载。

(2) 控制面板中的卸载功能。

这里以卸载鲁大师软件为例进行叙述。

① 打开控制面板,单击"程序和功能"链接,如图 9.89 所示。

② 用户查看计算机的安装程序列表,选择要卸载的软件,如图 9.90 所示,单击"卸载"按钮。

③ 提示用户是否要安全卸载,如图 9.91所示。

④ 卸载完成提示,如图 9.92 所示。

3. 绿色软件的卸载

对于无须安装就可以使用的绿色软件,直接删除软件所在的文件夹即可完成软件的卸载工作。

图 9.89　控制面板的"程序和功能"界面

图 9.90　选择要卸载的软件界面

图 9.91　提示是否卸载所选择的软件界面

图 9.92　鲁大师软件卸载完成界面

任务 9.4　整 机 测 试

任务描述

计算机组装完成后,应当进行整机测试操作,包括硬件测试和性能测试。

实施过程

(1) 硬件测试;

(2) 性能测试。

计算机的主要配件包括显示器、CPU、主板、内存、显卡(有些集成在主板上)、声卡(现在大部分集成在主板上)、网卡(板载)、硬盘、光盘驱动器、电源、机箱、键盘、鼠标、音箱和打印机等。品牌机和兼容机基本都是由以上的配件组成。品牌机是由一个品牌的计算机集成商选取不同品牌的配件组装而成,品牌的计算机集成商会在选取配件过程中尽量地减少硬件冲突,并提供相对完善的售后服务。而兼容机在选购组装时的灵活度很多,但是也存在一些问题,如硬件的真伪辨别、硬件是否冲突等。所以计算机组装完成后,应当进行整机测试操作,包括硬件测试和性能测试。这里以鲁大师软件为例进行叙述,如何进行硬件测试和性能测试。鲁大师软件是一款专业而易用的硬件检测软件,检测准确,而且可以向用户提供中文厂商信息,帮助用户了解自己的计算机,拒绝奸商的蒙蔽,适合于各种品牌台式机、笔记本电脑、兼容机的硬件测试,能够实时掌握关键性部件的监控预警以及全面的计算机硬件信息,还能够有效预防硬件故障。

9.4.1　硬件检测

用户可以从互联网下载鲁大师的最新版本。首先运行鲁大师软件,开始进行计算机相关检测,如图 9.93 所示。

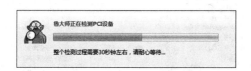

图 9.93　使用鲁大师软件进行计算机检测的界面

检测完成后,直接进入"硬件检测"窗口,如图 9.94 所示,用户可以看到计算机概况。

用户可以根据需要查看不同硬件的信息,图 9.95 所示是处理器的信息,图 9.96 所示是主板的信息,图 9.97 所示是硬盘的信息。图 9.98 所示是显卡的信息。

用户还可以打开"温度监测"窗口,如图 9.99 所示,在温度监测内,鲁大师显示计算机各类硬件温度的变化曲线图表。温度监测包含 CPU 温度、显卡温度、硬盘温度、主板温度和风扇转速。勾选设备图标左上方的选择框可以在曲线图表中显示该设备的温度,温度曲线与该设备图标中心区域颜色一致。单击右侧快捷操作中的"保存监测结果"可以将监测结果保存到文件。

图 9.94 鲁大师的"硬件检测"界面

图 9.95 鲁大师"处理器"信息界面

图 9.96 鲁大师"主板"信息界面

图 9.97 鲁大师"硬盘"信息界面

图 9.98   鲁大师"显卡"信息界面

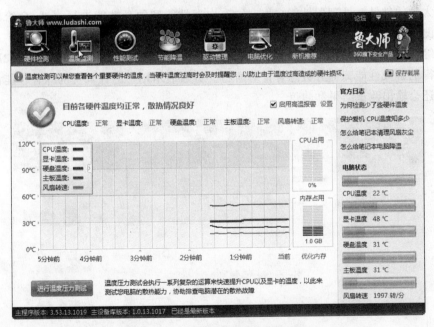

图 9.99   鲁大师"温度监测"界面

9.4.2   性能测试

用户打开"性能测试"窗口,可以对计算机进行性能测试,如图 9.100 所示。单击"开始测试"按钮。

图 9.100　鲁大师"性能测试"信息界面

　　鲁大师软件针对处理器性能、显卡性能、内存性能和硬盘性能进行测试,会给出 4 个项目的测试分数。将 4 项分数相加,给出计算机综合性能得分,如图 9.101 所示。鲁大师计算机综合性能评分是通过模拟计算机计算获得的 CPU 速度测评分数和模拟 3D 游戏场景获得的游戏性能测评分数综合计算所得。分数表示用户的计算机的综合性能。测试完毕后还会输出测试结果和建议。

图 9.101　鲁大师"性能测试"结果界面

鲁大师软件还具有优化与节能的功能。高级优化可以实现高级清理扫描,清理系统垃圾迅速、全面,一键清理还可以让计算机运行得更快捷、更安全。节能降温功能提供自定义调节,用户可以设定报警温度值。最大省电功能可以全面保护硬件,特别适用于笔记本;智能省电功能可对主要部件进行自动控制降温,适用于追求性能的台式机。用户根据需要自行设定,这里不再一一叙述。

项 目 小 结

本项目结合一个公司员工的实际需求,详细的讲述了 Windows 7 操作系统和 Red Hat Enterprise Linux 5 操作系统的安装、驱动程序的安装及各种常用软件的安装。通过本项目的学习,应当掌握操作系统的安装过程,了解驱动程序的安装方法及各种常用软件的安装过程。

实 训 练 习

(1) 自己动手安装 Windows 7 操作系统。
(2) 自己动手安装 Linux 操作系统。
(3) 尝试安装打印机驱动程序。

课 后 习 题

(1) 简要说明在安装 Windows 7 操作系统之前需要进行哪些准备工作?
(2) 什么是驱动程序? 它有什么作用?
(3) 请分类说明常用软件有哪些?
(4) 简要说明通过哪些方式可以卸载软件?

项目 10

计算机维护

项目学习目标

- 了解计算机硬件维护的基本知识；
- 了解计算机使用的日常注意事项；
- 能够熟练使用日常维护方法；
- 能够对计算机硬件进行日常维护操作。

案例情景

同型号的计算机由于使用者的不同,有的可以使用几年并且运转良好,有的则用不到半年时间就经常出现蓝屏、死机甚至不能启动的现象。关键在于日常对计算机的维护和保养有没有做好。

项目需求

为了能够保证计算机长时间的正常工作,在日常使用过程中,应当对计算机的各个主要部件进行基本的硬件维护操作。一旦计算机出现故障,能够运用合适的硬件故障检测方法,遵循故障分析流程,找出计算机故障点。对于不慎损坏的数据可以进行适当的恢复。

实施方案

(1) 计算机日常维护；
(2) 计算机常见故障排除方法；
(3) 数据恢复。

任务 10.1 计算机日常维护

任务描述

计算机只有在合适的环境中工作,并且平时适当注意日常维护才能长时间正常运行,如何进行日常维护？应注意什么问题呢？

实施过程

(1) 计算机各部件日常清洁；

（2）计算机注册表维护；

（3）计算机垃圾文件清理。

10.1.1　计算机各部件日常清洁

在使用计算机的过程中，由于主机各部件长时间地处于工作状态及受周围环境的影响，主机内部的 CPU、内存、硬盘和主板等部件上容易沾染大量的灰尘。灰尘过多会影响计算机的运行效率，情况严重时会使计算机根本无法工作，甚至会烧毁 CPU 等重要部件，所以计算机的日常维护是很重要的。

1. 计算机对环境的要求

（1）清洁。计算机应放置在室内清洁的环境。因灰尘会污染计算机键盘、显示器和主机电路板等重要部件，灰尘对金属触点的接触阻抗有影响，特别容易损伤磁带、磁记录表面，灰尘过多会造成重大故障，所以计算机使用的环境必须保持清洁。

（2）通风。计算机在工作时会散发大量的热。若散热不好，室内温度过高，长期使用会使计算机寿命降低，所以应注意室内的通风。

（3）温度。计算机的安放位置应尽可能地远离热源，因为当温度超过 26℃时，内存中丢失数据的可能性开始出现，逻辑运算、算术运算的结果，甚至磁盘上的数据都可能出现错误。当环境温度超过规定范围时，温度每升高 10℃，计算机可靠性就会降低约 25%，同时加速电子元器件老化。而温度过低也会出现能量浪费，电子设备表面结露，存储媒体性能变差等诸多问题。一般情况下，温度应控制在开机时 18℃～24℃，关机时 0℃～40℃。

（4）相对湿度。适合的湿度是指 30%～80% 的相对湿度。相对湿度太低，又会造成静电荷的聚集。在相同条件下，相对湿度越低，静电压越高，不仅会因为产生放电现象而造成火灾，还易吸附灰尘，造成计算机线路短路和磁盘读写错误，严重时还会使磁盘或磁头受到损伤，导致存储器里的数据丢失或电路芯片被烧毁。相对湿度过高，会引起湿气附着于计算机部件的表面，金属材料易结露、易被氧化腐蚀，计算机内部的接插件及有关接触部分也会因为湿度过大而漏电和接触不良。

（5）电源系统。计算机对电源的要求是交流 220V±10%，频率为 50Hz±5%。若电源波动范围超出上述限制，会影响计算机的正常工作。若计算机现场还有其他用电设备，如复印机、电冰箱和空调等，计算机尽量不与这些设备共用一个电源插座，应当使用独立电源插座。此外，计算机的电源必须要有良好的接地系统作为安全保证。

有条件的家庭或办公室应当加装不间断电源 UPS。UPS 可以在市电突然断电时保护计算机信息不丢失，而且一般 UPS 都具有稳压功能。

（6）电磁干扰。电磁干扰是指无用的电磁信号对接收的有用电磁信号造成的扰乱。电磁干扰会降低电气设备、仪表的工作性能，影响其精度和灵敏度，产生误动作、误指示等。电磁干扰还会干扰遥控装置、数控电路、计算电路等的正常工作，严重的情况下会引起人们中枢系统的机能障碍、植物神经功能紊乱和循环系统综合症。如果计算机放置在有较强磁场的环境中，有可能造成磁盘上数据损失、显示器产生花斑抖动等一些莫名其妙的现象，这是由于电磁干扰引起的。这种电磁干扰主要由音响设备、电机、电源静电以及较大功率的变压器等产生。

（7）静电。静电对计算机的主要危害是由于静电噪声对电子线路的干扰，引起电位瞬时改变，导致存储器的信息丢失或误码。静电不仅会使计算机设备的运转出现故障，而且还会影响操作人员的身心健康。

（8）腐蚀性气体。空气中含有的有害气体对计算机设备具有很大的腐蚀作用。它们可以使金属表面、半导体无器件管脚、电子线路等被氧化、腐蚀、出现锈迹，影响设备的稳定使用。腐蚀性气体对计算机设备的影响是一个长时间的反应，故障开始不明显，损失不直接，这些慢性损坏是难以感觉到的，甚至有时候被忽视。腐蚀性气体与周围环境也有关，在高湿高温状态下，各种腐蚀性气体的腐蚀能力最强。空气中的灰尘吸收水分后，也会加速有害气体的腐蚀作用。

2. 常用清洁维护工具

常用的清洁维护工具有除尘用的毛刷及吸尘器；清洁显示器、打印机，以及主机箱表面灰尘用的清洁剂等。

1）吸尘器

吸尘器主要用于清除计算机主机和打印机内部的灰尘。灰尘是计算机的大敌，许多计算机部件由于沾染了大量的灰尘，使得计算机不能正常工作。如果灰尘过多，会影响内部散热，造成电路板上的元件发生断路或短路现象，严重时还会烧坏 CPU 或板卡，所以必须用吸尘器吸走灰尘，而不能用其他工具将尘土吹得乱飞，这样只会造成尘土在主机箱内搬家，根本达不到清洁计算机的目的。有条件的用户可以考虑购置一个小型的吸尘器，它的除尘效果很好。

2）清洁剂

显示器长时间在办公室条件下工作，常常使其表面蒙上一层尘土，使显示的内容模糊不清，这对显示器的显示及人体的健康极为不利。其主要原因是显示器表面聚积的静电吸附了空气中的灰尘，使显示的内容变得很朦胧，有的用户加大显示器的亮度，这对显示器本身和操作者的健康都十分不利。所以清洁显示器和计算机其他部件表面的灰尘也十分必要。清洁时，要选用显示器专用清洁剂，切不可使用伪劣产品。清洁方法很简单，用干净的软布等蘸上专用清洁剂反复擦拭显示器等部件的表面。

3）清洁光盘

光盘驱动器的激光头如果沾染灰尘，在读写过程中就会影响所发出的激光强度，也会使光驱不能正确读出数据，所以每隔一定的时间应对其进行清洁。清洁时使用清洁光盘。清洁光盘也是一种特殊的盘片，并配有清洁剂。

3. 日常清洁维护

1）清洁维护主机箱

计算机的主机部分尽管有机箱的保护，但由于在一般的办公室条件下长期运行，仍然会沾染许多灰尘。如果不及时进行清洁，会影响芯片的散热，引起接插件部分接触不良，还会严重影响计算机的工作速度。清洁时，先用毛刷将各板卡表面上的灰尘轻轻地刷一下，然后再用吸尘器吸一遍，将灰尘吸干净。

2）清洁维护散热器

在清洁 CPU 散热风扇时，一般是将它拆下来进行。清洁 CPU 风扇的具体方法可分为如下几步。

(1) 清除灰尘。用刷子顺着风扇马达轴心边转边刷,同时对散热片也要一起刷,这样才能达到清洁效果。

(2) 加油。由于风扇经过长期运转,在转轴处积了不少灰尘。揭开风扇后面的不干胶,就是写着厂商的那张标签,小心不要撕破,还要再贴回去。然后弄一点缝纫机油,因为缝纫机油比较细,润滑效果会好一点。如果没有,也可以用其他润滑油代替。在转轴上滴几滴即可,然后再将厂商标签粘贴好。

(3) 清除油垢。如果加油后,风扇转动时还有响声,就应当拆下风扇,清理转子和电刷。拿出尖嘴钳,先把风扇转子上的锁片拆下来,然后把风扇的转子拆下来,转子上的接触环和电刷上面积了一层黑黑的油垢,拿出一瓶无水酒精,或者磁头清洁剂,用镊子缠一团脱脂棉,蘸一点无水酒精,把那些油垢小心地擦去。注意不要把电刷弄斜、弄歪、弄断,清理干净后再安装好。

3) 清洁维护光驱

清洁光驱分为两个部分:一是清洁激光头,二是清洁光驱托盘。清洁激光头可以使用清洁光盘,是在播放光盘的过程中进行的,其方法如下:将清洁盘放入光驱后,在Windows 系统下选择"开始"→"所有程序"→"附件"→"娱乐"→"CD 播放器"命令,打开"CD 播放器"窗口,然后进行不同声道的切换操作,可以进行光盘驱动器的清洁。

清洁光驱托盘时首先要关闭计算机,通过光驱前面板上的应急弹出孔把光驱托盘打开。用干净的软棉布轻轻擦拭干净,注意不要探到光驱里,千万不要使用影碟机上的清洁盘来清洁光驱,这对光驱的损害极大。

4) 清洁维护鼠标

鼠标是不可缺少的工具。不论是光电鼠标还是机械鼠标,由于鼠标要握在手中,手心的汗液与灰尘混合形成污垢也会污染鼠标的外壳,所以应当经常对其进行清洁。清洁外壳时,用软纱布蘸少许的清洁液或无水酒精擦拭其外壳。如果使用的是光电鼠标,则需要注意使用时保持感光板的清洁和感光状态良好,避免灰尘附着在鼠标内部发光二极管和光敏三极管上而遮挡光线接收,影响正常的使用。如果使用的是机械鼠标,由于鼠标经常在桌面上移动,机械鼠标里面的滚球就会积累很多污垢,造成其灵敏度下降,使用起来很不灵活。清洁机械鼠标内部时,可以将橡胶球拆下来,用无水酒精擦拭橡胶球和内部滚轮。清洁后,将其安装好即可。

在使用过程中,还可以通过调整鼠标的采样速率来提高灵敏度。在 Windows 操作系统的"设备管理器"窗口中展开"鼠标和其他指针设备",双击计算机中已安装的鼠标,在打开的窗口切换到"高级设置"标签。其中有一项"采样速率",用来设置系统间隔多少时间确认一次鼠标的位置,采样速率设置得越高,得到的效果越明显。

5) 清洁维护键盘

由于键盘是曝露在空气中的外部输入设备,在长期使用中,按键之间的空隙会落下一些灰尘,有可能导致键盘不能正常工作。

清洁键盘时,首先将键盘倒过来,使有键的面向下,轻轻地敲打键盘背面,有些碎屑可以落下来,但不可用力过猛。然后再将键盘翻过来,用吸尘器进行清除。必要时也可以拆下键盘四周的固定螺钉,打开键盘,用软纱布蘸无水酒精或清洁剂对内部进行清洗,晾干以后再安装好即可。

6)清洁维护显示器

显示器的屏幕及外壳是需要经常维护的地方。清洁显示器屏幕和外壳的具体方法可分为如下几步。

(1)显示屏上的尘埃要用柔软干净的棉布(或镜头纸)从屏幕中心向外轻轻擦拭。如果显示屏上沾有污垢,可用棉布蘸上少许清水擦拭。

(2)显示器机壳上的灰尘用干燥棉布或小型吸尘器来清除。

(3)显示器上散热孔里的灰尘可以用柔软的干布擦去,对于细小的部位可以用棉花棒清除。

(4)显示器内部的灰尘一定要小心地用吹气球清除,因为显示器断电后高压模块中仍可能有余电,接触时非常危险。

目前,液晶显示器的普及程度越来越高。液晶屏幕表面比普通的 CRT 显示器要脆弱得多,所以清洁时最好选择专门的擦屏布及专用清洗剂,擦屏布要有良好的吸水性和良好的吸尘力,灰尘会很容易吸附到布上,而且在反复擦拭中不会重新粘到屏幕上,也不会使灰尘颗粒划伤液晶屏幕。由于液晶面板本身复杂的物理结构设计,所以在擦拭液晶面板的时候,千万不要用不知名的清洁液,更不能使用清水和酒精溶液。使用清水,液体极易滴入液晶显示器和设备内部,造成设备电路短路。液晶屏幕上涂有特殊的涂层,使屏幕具有更好的显示效果,酒精是一种常用的有机溶剂,一旦使用酒精擦拭显示器屏幕,就会溶解这层特殊的涂层,对显示效果造成不良影响。

此外,对于其他的外设,如打印机和扫描仪等清洁方法也相同,需要经常进行维护。

4. 计算机各部件的日常保养维护

1)计算机的保养维护

计算机在平时的使用中,要注意以下几个方面。

(1)系统启动和运行过程中,应随时注意其动作过程(如硬盘、打印机自检、喇叭发声、自检等显示信息)是否正常,以便及早发现故障,及早解决。

(2)开机和关机一定要严格按操作规程进行,不可频繁开主机电源。

(3)对计算机硬件设备定期保养。

(4)对计算机软件系统定期维护。

(5)定期查毒、杀毒,防止病毒的破坏;定期备份硬盘上的一些重要数据信息,以防止信息丢失;定期对硬盘上的文件进行清理,删除不用的文件或目录,减少硬盘上的碎片存储空间。

(6)长时间不用的计算机系统,应定期通电检测运行,以驱除潮气,保证以后正常运行。

2)硬盘的保养维护

硬盘维护的好坏直接关系到其存储的大量数据的安全,数据的价值是远远高于硬盘的。

(1)合理使用和管理硬盘。用文件夹把不同的文件归类,对于不同的文件和文件夹应及时整理。及时进行磁盘碎片整理,执行"开始"→"程序"→"附件"→"系统工具"→"磁盘碎片整理程序"命令。

(2) 要防高温、防潮湿、防磁场、防灰尘、防震动、防静电、防病毒。

3) 板卡的保养维护

(1) 板卡需要完全插入正确的插槽中并固定牢,以免造成接触不良。有时板卡的接触不良可能是因为插槽内积有过多灰尘引起的,这时需要把板卡拆下来,用软毛刷刷掉插槽内的灰尘,重新安装即可。使用过程中有时也会出现主板上的插槽松弛,造成板卡接触不良,这时可以将板卡更换到其他同类型插槽上继续使用。

(2) 如果使用时间比较长,板卡的接头会氧化,这时需要将它拆下来,然后用软橡皮轻轻擦拭接头部位,将氧化物去除。

4) 散热系统的保养维护

在计算机系统中,散热系统一般由风扇和散热片组成,使用一段时间以后,就需要及时对散热系统进行清理和维护,这样才能保证良好的散热效果,防止设备由于过热而损坏。

5) 电源系统的保养维护

计算机在使用过程中,电源唯一会发生的问题就是停止供电。如果发生这种情况,首先检查开机以后电源风扇是否转动,如果电源风扇不转动,那电源损坏的可能性比较大,这时就需要更换电源。

6) 光驱的保养维护

(1) 保持盘面清洁。

(2) 不要在光驱读盘时强行退盘。

(3) 不使用光驱时,就把光盘取出。

(4) 尽量多使用虚拟光驱。

7) 键盘的保养维护

正确使用键盘要注意以下几个方面。

(1) 在键盘操作中,按键动作要适当,击键不可用力太大,以防键盘的机械部件受损。

(2) 当需要拆卸或更换键盘时,必须先关掉主机电源,然后再拔下与主机相连的电缆插头,进行拆卸。更换键盘电缆插头时要注意插头和接口位置对应。

8) 显示器的保养维护

(1) 搬动显示器时,应该先将电源线和数据线拔掉,而插拔电源线和信号电缆时,首先要关机,以免损坏接口电路的元器件(大部分的显示器问题都是接触不良或者受环境影响造成的。如果显示器接触不良,将会导致显示颜色减少或者不能同步。插头的某个引脚弯曲可能会导致显示器不能显示颜色或者颜色出现偏差,而且可能导致屏幕上下翻滚)。

(2) 在 Windows 系统中设置屏幕保护程序。

(3) 避免外界磁场的干扰。

(4) 在日常使用过程中,适当降低显示亮度。

9) 避免非法操作

有的用户过于谨慎而不敢动手维护,当然不正确的计算机操作方法往往会瞬间就让计算机瘫痪。比如,在没有去掉自己身上的静电时就去插拔硬件,或是在不切断电源的情况下插拔硬件等,这些都有可能导致硬件的损伤。另外就是在安装硬件时,安装的方法不对,也容易导致硬件直接损害。

正确操作计算机的方法:切断电源后再去拆开机箱;用洗手等办法将身上的静电排掉后才能插拔硬件;每天关机后应该切断电源;在雷雨天不要打开计算机等。安装硬件时应严格按照说明书的方法去操作。比如内存的安装,应先将内存插槽两端的白色卡子向外侧推开,然后将内存条上的凹槽对准插槽里的凸点插入,用力向下按入内存,直到插槽两边的白色卡子自动闭合为止。

10.1.2 注册表维护

1. 注册表简介

注册表是 Windows 操作系统的核心数据库,其中存放着各种参数,直接控制着 Windows 的启动、硬件驱动程序的加载以及 Windows 应用程序是否正常运行等,巧用注册表可以极大地提高系统性能或者进行个性化设置。

为了维护与设置注册表,需要使用注册表编辑器。Windows 自带了注册表编辑器 Regedit 和 Regedt32,其中 Regedt32 是 Windows 提供的一个 32 位的注册表编辑器,与 Regedit 相比,它的功能比较强,例如设置安全性,但是使用上比较不方便,若用户不需要这些功能,使用常用的注册表编辑器 Regedit 即可。

2. 注册表基本结构

选择"开始"→"运行"命令,在弹出的对话框中的"运行"文本框中输入 regedit,按下 Enter 键就可以打开 Windows 注册表编辑器。

早期 Windows 系统的注册表有 6 个根键,如 Windows 98。目前常用的 Windows 系统,如 Windows XP、Windows 7,注册表有 5 个根键,分别是:

- HKEY_CLASSES_ROOT: HKEY_LOCAL_MACHINE\Software 的子项。此处存储的信息可以确保当使用 Windows 资源管理器打开文件时,将打开正确的程序。
- HKEY_CURRENT_USER:包含当前登录用户的配置信息的根目录。用户文件夹、屏幕颜色和控制面板设置存储在此处。该信息被称为用户配置文件。
- HKEY_LOCAL_MACHINE:包含针对该计算机(对于任何用户)的配置信息。
- HKEY_ USERS:包含计算机上所有用户的配置文件的根目录。HKEY_CURRENT_USER 是 HKEY_USERS 的子项。
- HKEY_CURRENT_CONFIG:包含本地计算机在系统启动时所用的硬件配置文件信息。

Windows 注册表通过键和键值来管理数据,键有根键与子键,键值包括数值名称、数值类型和数值数据三个部分。

- 根键:在"注册表编辑器"中,出现在"注册表编辑器"窗口左窗格中的文件夹。
- 子键:位于根键之下。每个根键和子键下面又可以有一个或多个子项。
- 键值:是注册表中实际显示数据的元素,也是注册表中最重要的部分。任何根键都可以有一个或多个键值,每个键值在注册表中由三个部分组成,即数值名称、数值类型和数值数据。

3. 使用注册表编辑器

注册表编辑器是用来查看和更新系统注册表设置的高级工具,用户可以编辑、备份、还原注册表。

(1)编辑注册表。

利用注册表编辑器新建、删除、修改注册表中的项目是用户修改注册表的重要手段之一。

(2)导入和导出注册表文件。

由于注册表的重要性,在进行一些可能对注册表产生破坏的操作前,必须对注册表进行备份,以便在注册表遭破坏后进行恢复。利用注册表编辑器提供的导出和导入注册表文件的功能,可以很方便地对注册表文件进行备份和恢复。

(3)使用查找功能。

注册表中的子键数目繁多,如果手工在如此众多的子键中查找所需要的信息,犹如大海捞针。不过,注册表编辑器提供的查找功能将这一问题轻松解决。

(4)收藏功能。

Windows 注册表的收藏功能与 IE 的收藏功能类似,只不过 IE 收藏夹中保存的是网址,而注册表中保存的是键的位置。通过 Windows 注册表的收藏功能,可以在修改注册表时将经常访问的一些子键的位置加入到收藏夹中,方便以后快速定位。

(5)利用备份程序备份与恢复注册表。

在 Windows XP 以上的操作系统中自带有一个备份程序,可使用它对系统进行备份。

4. 注册表的应用

(1)禁用"控制面板"。"控制面板"是 Windows 用户调整和设置系统硬件及软件的最主要手段,如果不希望其他用户随意对其中的设置进行改动,可以通过修改注册表达到禁止其他用户使用"控制面板"的目的。首先打开注册表 HKEY_CURRENT_USER 根键,然后依次打开路径 HKEY_CURRENT_USER\Software\Microsoft\Windows\CurrentVersion\Policies\Explorer,寻找注册表 NoControlPanel 子键,将键值改为 1,即可禁用控制面板。如果没有找到 NoControlPanel 子键,用户可以自行添加,类型为 DWORD,基数为十六进制,键值为 1。如果键值设为 0,则表示不禁用,也可以将子键直接删除。

(2)用户还可以通过修改注册表实现以下应用:增加键盘缓存大小;关闭光驱自动播放功能;交换鼠标左右键;优化文件系统;从内存中卸载 DLL 文件;减少关闭无响应程序的等待时间;在命令行方式下实现自动填充命令功能;禁止应用程序在系统启动时运行;清除"添加或删除程序"中残留项目等。用户可以自行研究修改方式,这里不再一一叙述。

(3)用户还可以通过软件对注册表项目进行修改,如 360 安全卫士、腾讯电脑管家和金山卫士等。

10.1.3　垃圾文件清理

垃圾文件是指系统工作时所过滤加载出的剩余数据文件。虽然每个垃圾文件所占系统资源并不多,但是有一段时间没有清理时,垃圾文件会越来越多。因为垃圾文件是用户每次鼠标单击、每次按动键盘都会产生的,虽然少量垃圾文件对计算机伤害较小,但建议用户定期清理,避免累积,过多的垃圾文件会影响系统的运行速度。目前除了手动人工清除垃圾文件外,还有就是通过软件进行简单清理。用户可以使用 360 安全卫士、腾讯电脑管家和金山卫士等软件,这里将以 360 安全卫士为例进行演示讲解。

首先打开 360 安全卫士,打开电脑清理选项。如图 10.1 所示。

图 10.1　360 安全卫士"电脑清理"界面

360 安全卫士将系统的垃圾文件进行了分类,包括 Windows 系统垃圾文件、上网浏览产生的垃圾文件、注册表垃圾文件和应用程序垃圾文件。用户还可以通过"设置"指定垃圾文件的类型,如图 10.2 所示。

单击"开始扫描"按钮,软件将扫描系统中的垃圾文件,如图 10.3 所示。

扫描过程结束后,给予用户反馈信息,如图 10.4 所示。

单击"立即清除"按钮,软件将清理扫描出来的垃圾文件,完成后将清除结果反馈给用户,如图 10.5 所示。

用户根据需要,还可以使用软件清理计算机使用痕迹,如图 10.6 所示。

清理使用痕迹的方法和清理垃圾文件的方法一样,这里不再详细叙述。

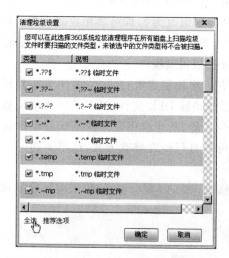

图 10.2　设置清理垃圾文件类型界面

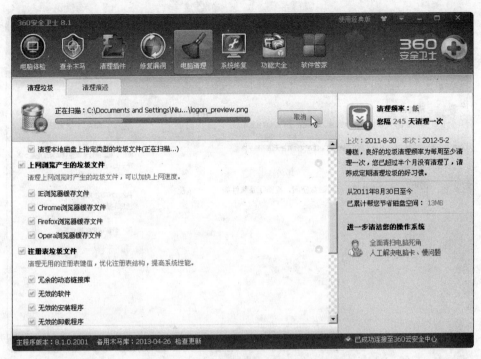

图 10.3　360 安全卫士"开始扫描"界面

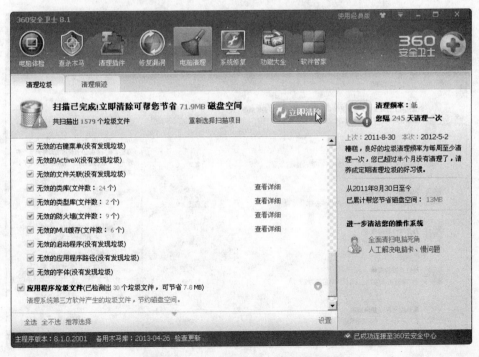

图 10.4　360 安全卫士"反馈信息"界面

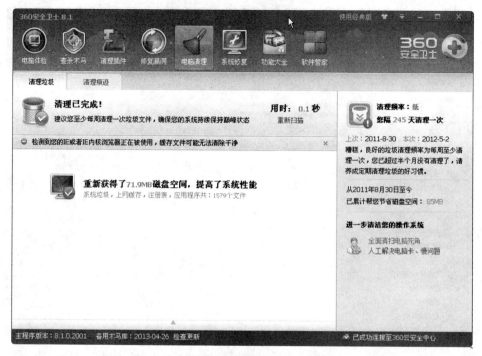

图 10.5　360 安全卫士"清理垃圾"完成界面

图 10.6　360 安全卫士"清理痕迹"界面

任务 10.2　计算机常见故障排除方法

任务描述

能够运用计算机故障检测的一般原则和方法,并遵循计算机故障的分析流程,判断计算机故障产生的原因及故障点。

实施过程

(1) 了解计算机故障分类;

(2) 熟悉计算机故障检测方法;

(3) 掌握计算机故障分析流程。

10.2.1　计算机故障分类

在计算机的使用过程中,引起故障的因素相互交错,故障类型也多种多样,但从整体上来说可以分为软故障和硬故障两类。计算机死机可能单纯是软故障或者硬故障引起的,也可能是软故障和硬故障两者共同造成的。

1. 硬故障

硬故障是由计算机硬件引起的故障,涉及计算机主机内的各种板卡、存储器、显示器和电源等。

1) 磁盘类故障

磁盘类故障表现为两个方面:硬盘、光驱及其介质引起的故障;对硬盘、光驱访问的配件(如主板、内存等)引起的故障。

(1) 硬盘驱动器可能的故障现象。

* 硬盘有异常声响、噪声较大。
* BIOS 中不能正确地识别硬盘、硬盘指示灯常亮或不亮、硬盘干扰其他驱动器的工作。
* 不能分区或格式化、硬盘容量不正确、硬盘有坏道、数据损失。
* 逻辑驱动器盘符丢失或被更改、访问硬盘时报错。
* 硬盘数据的保护故障。

(2) 光盘驱动器可能的故障现象。

* 光驱噪声较大、光驱划盘、光驱托盘不能弹出或关闭、光驱读盘能力差。
* 光驱盘符丢失或被更改、系统检测不到光驱。
* 访问光驱时死机或报错。

(3) 磁盘类故障可能涉及的配件:硬盘、光驱及其设置,主板上的磁盘接口、电源、信号线。

(4) 维修前的准备:磁盘数据线、相应的磁盘检测软件、查毒软件。

(5) 环境检查(对光驱环境的检查与硬盘相同)。

① 检查硬盘连接。

- 硬盘上的 ID 跳线连接是否正确,它应与连接在线缆上的位置匹配。
- 连接硬盘的数据线是否接错或接反。
- 硬盘连接线是否有破损或硬折痕。
- 硬盘连接线类型是否与硬盘的技术规格要求相符。
- 硬盘电源是否已正确连接,不应有过松或插不到位的现象。

② 硬盘外观检查。

- 硬盘电路板上的元器件是否有变形、变色及断裂缺损等现象。
- 硬盘电源插座接针是否有虚焊或脱焊现象。
- 硬盘加电后,硬盘自检时指示灯是否不亮或者常亮;工作时指示灯是否能正常闪烁,硬盘驱动器的运转声音是否正常,不应有异常的声响或过大的噪声。

③ 供电电压是否在允许范围内。

(6) 硬盘驱动器故障判断要点。

① 在软件最小系统下进行检查,并判断故障现象是否消失。

② 参数与设置检查。硬盘能否被系统正确识别,识别到的硬盘参数是否正确。BIOS 中对 IDE 通道的传输模式设置是否正确(最好设为自动)。

③ 硬盘逻辑结构检查。检查磁盘上的分区是否正常、分区是否激活、是否格式化以及系统文件是否存在不完整。

④ 硬盘性能检查。加电后,如果硬盘声音异常、根本不工作或工作不正常时,应检查一下电源是否有问题、数据线是否有故障、BIOS 设置是否正确等,然后再考虑硬盘本身是否有故障。

(7) 光盘驱动器故障判断要点。

光驱的检查,应用光驱替换软件最小系统中的硬盘进行检查判断,且在必要时移出机箱外检查。检查时,用一个可启动的光盘来启动,以初步检查光驱的故障。如不能正常读取,则在软件最小系统中检查。

① 对于读盘能力差的故障,先考虑防病毒软件的影响,然后用随机光盘进行检查,如故障复现,应更换维修。

② 在操作系统下的应用软件能否支持当前所用光驱的技术规格。

③ 设备管理器中的设置是否正确,IDE 通道的设置是否正确。

2) 显示类故障

显示类故障包括由于显示设备所引起的故障或由于其他设备不良引起的在显示方面不正常的现象。

(1) 可能的故障现象。

- 开机无显示、显示器有时或经常不能加电。
- 显示偏色、抖动或滚动,显示发虚、花屏等。
- 在某种应用或配置下花屏、发暗(甚至黑屏)、重影、死机等。
- 屏幕参数不能设置或修改。
- 亮度或对比度不可调或可调范围小,屏幕大小或位置不能调节或范围较小。

- 休眠唤醒后显示异常。
- 显示器异味或有声音。

（2）可能涉及的配件。显示器、显卡及其设置，主板、内存、电源及其他相关配件。特别要注意计算机周边其他设备及地磁对计算机的磁干扰。

（3）环境检查。

① 电压是否稳定在 220V±10%，频率是否为 50Hz 或 60Hz。

② 连接检查。

- 显示器与主机的连接牢固、正确。
- 电缆接头的针脚是否有变形、折断等现象，显示电缆的质量是否完好。
- 显示器是否正确连接电源。

③ 周边及主机环境检查。

- 检查环境温度、温度是否在正常范围内。
- 显示器加电后是否有异味、冒烟或异常声响（如爆裂声等）。
- 显卡上的元器件是否有变形、变色，或升温过快的现象。
- 显卡是否插好，可以通过重插、用橡皮或酒精擦拭显卡（包括其他板卡）的金手指部分来检查。
- 周围环境中是否有电磁干扰物存在。
- 对于偏色、抖动等故障现象，可通过改变显示器的方向和位置来检查故障现象能否消失。

（4）故障判断要点。

① 调整显示器。显示器各按钮可否调整，调整范围是否偏移显示器的规格要求。

② BIOS 配置调整。

- BIOS 的设置是否与当前使用的显卡类型或显示器连接的位置匹配。
- 对于不支持自动分配显示内存的集成显卡，需检查 BIOS 中显示内存的大小是否符合应用的需要。

③ 检查显示器/卡的驱动。

- 显示器/卡的驱动程序是否与显示设备匹配、版本是否恰当。
- 是否加载了合适的 DirectX 驱动（包括主板驱动）。

④ 显示属性、资源的检查。

- 在设备管理器中检查是否有其他设备或显卡有资源冲突的情况。
- 显示属性的设置是否恰当，不正确的显示器类型、刷新速率、分辨率和颜色深度等，会引起重影、模糊、花屏、抖动，甚至黑屏的现象。

⑤ 操作系统配置与应用检查。

- 显卡的技术规格或显示驱动的功能是否支持应用的需要。
- 是否存在其他软、硬件冲突。

⑥ 硬件检查。

- 当显示调整正常后，应逐个添加其他配件，以检查是何配件引起显示不正常。
- 通过更换不同型号的显卡或显示器，检查是否存在匹配问题。

- 通过更换相应的硬件检查是否由于硬件故障引起显示不正常(建议的更换顺序为显卡、内存、主板)。

3)端口与外设故障

端口与外设故障主要涉及串/并口、USB 端口、键盘、鼠标等设备的故障。

(1)可能的故障现象。

- 键盘工作不正常、功能键不起作用。
- 鼠标工作不正常。
- 不能打印或在某种操作系统下不能打印。
- 串口通信错误(如传输数据报错、丢数据、串口设备识别不到等)。
- 使用 USB 设备不正常。

(2)可能涉及的配件。装有相应端口的配件(如主板)、电源、连接电缆、BIOS 中的设置。

(3)维修前的准备。

① 准备相应端口的短路环测试工具。

② 准备测试程序 QA、AMI。

③ 准备相应的并口线、打印机线、串口线和 USB 线。

(4)环境检查。

① 连接及外观检查。

- 设备数据电缆接口是否与主机连接良好,针脚是否有弯曲、缺失、短接等现象。
- 对于一些品牌的 USB 硬盘,应向用户说明最好使用外接电源以使其更好的工作。
- 连接端口及相关控制电路有变形、变色现象,连接用的电缆是否与所要连接的设备匹配。

② 外设检查。

- 检查外接设备是否可加电(包括自带电源和从主机信号端口取电)。
- 如果外接设备有自检等功能,可先行检验其是否完好,也可将外接设备接至其他机器进行检测。

(5)故障判断要点。尽可能简化系统,无关的外设先去掉,然后进行如下端口设置检查。

① 检查主板 BIOS 设置是否正确,端口是否打开,工作模式是否正确。

② 检查系统中相应端口是否有资源冲突。

③ 对于串、并口等端口,需使用相应端口的专用短路环,配以相应的检测程序进行检查。如果检测有错误,则应更换相应的硬件。

④ 检查在一些应用软件中是否有不当的设置,导致一些外设在此应用下工作不正常。

⑤ 检查设备软件设置是否与实际使用的端口相对应。

⑥ USB 设备、驱动、应用软件的安装顺序要严格按照使用说明操作。

4)音视频类故障

音视频类故障指与多媒体播放、制作有关的软硬件故障。

（1）可能的故障现象。

① 播放 CD、VCD 或 DVD 等报错、死机。

② 播放多媒体软件时，有图像无声音或无图像有声音。

③ 播放声音时有杂音，声音异常、无声。

④ 声音过小或过大，且不能调节。

⑤ 不能录音，播放的录音杂音很大或声音较小。

⑥ 设备安装异常。

（2）可能涉及的配件。音视频板卡或设备、主板、内存、光驱、磁盘介质和机箱等。

（3）维修前的准备。

① 最新的设备驱动、补丁程序、主板 BIOS、最新的 DirectX，标准格式的音频文件（CD、WAV 文件），视频文件（VCD、DVD）。

② 熟悉多媒体应用软件的各项设置。

③ 了解出现故障前是否安装过新硬件、软件，是否重装过系统。

（4）环境检查。

① 电压是否稳定在允许的范围内（220V±10％）。

② 检查设备电源、数据线连接是否正确，插头是否完全插好，如音箱、视频盒的音/视频连线等；开关是否开启；音箱的音量是否调整到适当大小。

③ 检查周围使用环境，有无如空调、背投、大屏幕彩电、冰箱等大功率电器。

④ 检查主板 BIOS 设置是否被调整，应先将设置恢复出厂状态。

（5）故障判断要点。

① 对声音类故障（无声、噪声、单声道等），首先确认音箱是否有故障，方法为：可以将音箱连接到其他音源（如录音机、随身听）上，检测声音输出是否正常，此时可以判定音箱是否有故障。

② 检查是否由于未安装相应的插件或补丁，造成多媒体功能工作不正常。

③ 对多媒体播放、制作类故障，如果故障是在不同的播放器下或者播放不同的多媒体文件均复现，则应检查相关的系统设置（如声音设置、光驱属性设置、声卡驱动及设置）及硬件是否有故障。

④ 如果是在特定的播放器下才有故障，在其他播放器下正常，应从有问题的播放器软件着手，检查软件设置是否正确，是否能支持被播放文件的格式。可以重新安装或升级软件后，看故障是否排除。

⑤ 如果故障是在重装系统、更换板卡、用系统恢复盘恢复系统或使用一键恢复等情况下出现，应首先从板卡驱动安装入手检查，如驱动是否与相应设备匹配等。

⑥ 对于视频输入、输出相关的故障应首先检查视频应用软件采用的信号制式设定是否正确，即应该与信号源（如有线电视信号）、信号终端（电视等）采用相同的制式（中国地区普遍为 PAL 制式）。

⑦ 进行视频导入时，应注意视频导入软件和声卡的音频输入设置是否相符，如软件中音频输入为 MIC，则音频线应接声卡的 MIC 口，且声卡的音频输入设置为 MIC。

⑧ 当仅从光驱读取多媒体文件时出现故障，如播放 DVD/VCD 速度慢、不连贯等，先

检查光驱的传输模式,应设为 DMA 方式。

（6）软件检查。

① 检查有无第三方的软件干扰系统的音视频功能的正常使用。另外,杀毒软件也会引起播放 DVD/VCD 速度慢、不连贯。

② 检查系统中是否有病毒。

③ 声音/音频属性设置：检查音量的设定,是否使用数字音频等。

④ 视频设置：检查视频属性中的分辨率和色彩深度。

⑤ 检查 DirectX 的版本,安装最新的 DirectX。

⑥ 设备驱动检查：在 Windows 下系统的设备管理中,检查多媒体相关的设备（显卡、声卡和视频卡等）是否正常,即不应存在“?”或“!”标识,设备驱动文件应完整。必要时,可通过卸载驱动再重新安装或进行驱动升级。重新安装驱动仍不能排除故障,应考虑是否用更新的驱动版本进行驱动升级或安装补丁程序。

（7）硬件检查。

① 用内存检测程序检测内存部分是否有故障。

② 采用替换法检查与故障直接关联的板卡、设备。

③ 声音类的问题：声卡、音箱、主板上的音频接口跳线。

④ 显示类问题：显卡。

⑤ 视频输入、输出类问题：视频盒/卡。

⑥ 当仅从光驱读取多媒体文件时出现故障,在软件设置无效时,用替换法确定光驱是否有故障。

⑦ 对于有噪声问题,检查光驱的音频连线是否正确安装,音箱自身是否有问题,音箱电源适配器是否有故障及其他匹配问题等。

⑧ 检测硬盘、CPU、主板是否有故障。

5）兼容或配合性故障

兼容或配合性故障主要是由于用户追加第三方软、硬件设备而引起的。

（1）可能的故障现象。

① 加装用户的设备或应用后,系统死机或重启等。

② 所加装的设备不能正常工作。

③ 开发的应用程序不能正常工作。

（2）可能涉及的配件。影响第三方应用最多的是主板、CPU、内存、显卡及新型接口的外设。

（3）环境检查。

① 检查外加设备板卡等的制作工艺,对于工艺粗糙的板卡或设备,很容易引起黑屏、电源不工作、运行不稳定的现象。

② 检查追加的内存条是否与原内存条是同一型号。不同的型号一般会引起兼容问题,造成运行不稳定、死机等现象,还要注意修改 BIOS 中的设置。

③ 更新或追加的硬件,如 CPU、硬盘等的技术规格是否能与其他硬件兼容。过于新的硬件或规格较旧的硬件,都会与原有配置不兼容。

（4）故障判断要点。

① 开机后应首先检查新更新的或追加的硬件，在系统启动前出现的配置列表中能否出现。如果不能，应检查其安装及其技术规格。

② 如果造成无显、运行不稳定或死机等现象，应先去除更新或追加的硬件或设备，看系统是否恢复到正常的工作状态，并认真研读新设备、新硬件的技术手册，了解安装与配置方法。

③ 外加的设备如不能正常安装，应查看其技术手册了解正确的安装方法、技术要求等，并尽可能使用最新版本的驱动程序。

④ 检查新追加或更新设备与原有设备间是否存在不能共享资源的现象，即调开相应设备的资源检查故障是否消失，在不能调开时，可设法更换安装的插槽位置，或在 BIOS 中更改资源的分配方式。

⑤ 检查是否由于 BIOS 的原因造成了兼容性问题，这可通过更新 BIOS 来检查。

⑥ 查看追加的硬件上的路线设置是否恰当，并进行必要的设置修改。

⑦ 对于较旧的板卡或软件，应注意是否由于速度上的不匹配而引起工作不正常。

⑧ 检查原有的软、硬件是否存在性能不佳的情况，即通过更换硬件或屏蔽原有软件来检查。

6）黑屏类故障

黑屏类故障判断要点如下。

（1）检查主机电源工作是否正确。首先，通过查看主机机箱面板电源指示灯是否亮，以及电源风扇是否转动来确定主机系统有没有得到电源供应。其次，用万用表检查外部电压是否符合要求，电压过高或过低都可能引起主机电源发生过压或欠压电路的自动停机保护。另外，重要检查电源开关及复位键的质量以及它们与主板上连线的正确与否很重要，因为许多劣质机箱上的电源开关及复位键使用几次后便损坏，造成整机黑屏，无任何显示。若电源损坏，更换电源便可解决。

（2）检查显示器电源是否接好。显示器加电时有"嚓"的一声响，且显示器的电源指示灯亮，用户将手移动到显示器屏幕时有"咝咝"声，手背汗毛竖起。

（3）检查显示器信号线与显卡接触是否良好。若接口处有大量污垢、断针及其他损坏均会导致接触不良，显示器黑屏。

（4）检查显卡与主板接触是否良好。若显示器黑屏且主机内喇叭发出一长两短的蜂鸣声，则表明显卡与主板间的连接有问题，或显卡与显示器间的连接有问题，可重点检查其插槽接触是否良好，槽内是否有异物，将显卡换一个主板插槽进行测试，以此判断是否插槽有问题。

（5）检查显卡是否能正常工作。查看显卡上的芯片是否有烧焦、开裂的痕迹以及显卡上的散热风扇是否工作，散热性能是否良好。换一块工作正常的显卡，用以排除是否为显卡损坏。

（6）检查内存条与主板的接触是否良好，内存条的质量是否过硬。如果计算机启动时黑屏且主机发出连续的蜂鸣声，则多半表明内存条有问题，可重点检查内存和内存槽的安装接触情况，把内存条重新拔插一次，或者更换新的内存条。

（7）检查机箱内风扇是否转动。若机箱内散热风扇损坏，则会造成散热不良，严重者会造成 CPU 及其他部件损坏或计算机自动停机保护，并发出报警声。

（8）检查其他板卡（如声卡、解压卡、视频、捕捉卡）与主板的插槽是否良好以及驱动器信号线连接是否正确。这一点许多人往往容易忽视。一般认为，计算机黑屏是显示器部分出问题，与其他设备无关。实际上，因声卡等设备的安装不正确，导致系统初始化难以完成，特别是硬盘的数据线接口，也容易造成无显示的故障。

（9）检查 CPU 是否超频使用，CPU 与主板的接触是否良好，CPU 散热风扇是否完好。若超频使用导致黑屏，则把 CPU 跳回原频率就可以了。若接触不良，则需取下 CPU 重新安装，并使用优质大功率风扇给 CPU 散热。

（10）检查参数设置。检查 CMOS 参数设置是否正确，若 CMOS 参数设置不当而引起黑屏、计算机不启动，则需打开机箱，手动恢复 CMOS 默认设置。

2. 软故障

软故障一般是指由于操作不当、使用计算机软件而引起的故障，也包括因系统或系统参数的设置不当而出现的故障。软故障一般是可以恢复的，但一定要注意，某些情况下有些软故障也可以转化为硬故障。

常见的软故障有如下一些表现：

（1）当软件的版本与运行环境的配置不兼容时，造成软件不能运行、系统死机、文件丢失或被改动。

（2）两种或多种软件程序的运行环境、存取区域或工作地址等发生冲突，造成系统工作混乱等。

（3）由于误码操作而运行了具有破坏性的程序、不正确或不兼容的程序、磁盘操作程序、性能测试程序等使文件丢失、磁盘格式化等。

（4）计算机病毒引起的故障。

（5）基本的 CMOS 芯片设置、系统引导过程配置和系统命令配置的参数设置不正确或者没有设置，计算机也会产生操作故障。

3. 计算机死机

如果在工作时，因为死机导致来不及保存的文档丢失对工作是一大损失，因此要认清运行时死机的故障，从而排解故障，以免造成不必要的损失。

运行时死机是指使用 Windows 的过程中出现的死机情况。运行时出现死机通常是因为应用程序与操作系统之间存在冲突或一些应用程序本身就有 Bug 产生的。运行时死机会带来诸多的不便，下面就对运行中出现的死机现象加以说明。

（1）资源不足造成的死机。使用过程中打开应用程序过多，占用了大量的系统资源，致使在使用过程中出现的资源不足现象，因此在使用比较大型的应用软件时，最好少打开与本应用程序无关的软件。

（2）碎片太多造成的死机。如果硬盘的剩余空间太少，由于一些应用程序运行需要大量的内存，这样就需要虚拟内存，而虚拟内存是硬盘所赋予的，所以硬盘要有足够的剩余空间以满足虚拟内存的需求。还有就是要养成定期、定时整理硬盘的习惯。

（3）一些文件被覆盖而造成死机。在安装新的应用程序时出现一些文件覆盖提示，建议最好不对任何文件进行覆盖操作，否则可能造成运行一些应用出现死机现象。

（4）一些文件被删除而造成死机。在卸载一些应用程序时往往会出现对某些文件是否删除的提示，如果不是特别清楚该文件与其他文件有无关系的话，最好不要将其删除，否则可能造成运行某些应用程序因缺少某些文件而出现死机现象，甚至造成整个系统崩溃。

（5）程序运行后鼠标和键盘均无反应。应用程序运行后死机，说明该应用程序没有正常结束运行，一直占用着资源，而操作系统不清楚此情况。结束应用程序只有实施强制手段，即按 Ctrl＋Alt＋Delete 组合键结束任务即可。

（6）设置省电功能导致显示器黑屏死机。一般是由于在 BIOS 中将节能时间设置过短，或者是在屏幕保护程序中设置的时间太短。

（7）硬件超频造成运行死机。超频后计算机能够启动，说明超频是成功的，为什么运行会出现死机呢？一般是由于超频后硬件产生大量的热量无法及时地散发而造成的死机现象，所以往往超频的同时也要对散热装置进行合理的改善。

4. 死机故障分析

（1）开机后未进入桌面即死机，再次开机故障依旧。这种故障应当发生在为计算机内部清理积尘或者计算机经过远程运输搬运后，也可能是其他原因。当按下主机电源开关后，风扇转动，硬盘灯闪烁，显示器屏幕出现自检信息，但是没有多长时间就会自动关机或重启，也会表现为死机，键盘的所有按键失灵，甚至连电源开关也无效。这种情况多数都是因为长途搬运中振动造成显卡松动、CPU 的散热风扇脱落、内存条松动等，因为 CPU 过热或者是无法通过自检而死机。

这时需要打开机箱检查 CPU 风扇是否安装正确，是否有松动，显卡的金手指与显卡插槽是否接触紧密，内存条是否有松动等。最好的办法是在未死机前查看屏幕上的状态信息或者进入 BIOS 查看 PC Monitor Status 或 PC Health 之类的信息，检查 CPU 温度、风扇转速是否正常。

（2）第一次开机死机，第二次开机能够正常进入系统并使用正常。这类故障比较典型，在第一次开机时，根本不能通过自检就死机了，当按下复位键（Reset）后，计算机就能顺利通过自检并进入桌面操作，在其后的使用过程中一切正常。只是当关机时间比较长（如两三个小时或隔夜）就又会出现上述的故障现象。发生这类故障的可能部位有如下两处。

① 主机使用的开关电源性能不良，在冷态加电工作时，虽然＋5V、＋12V、＋3.3V 电压输出正常，但其输出不稳定，有一段时间的波动，这就导致主机检查到电源故障而出现死机或自动关机现象。

② 主板上的 CPU 周围的滤波电容有失容现象，导致 CPU 的供电电源质量下降，在刚开机时滤波系数太大而出现无法通过自检而死机，但第二次再启动时，因为有了第一次的充电恢复过程而能够提供相对比较稳定的电源供应，所以主机能够顺利启动并进入桌面操作。不过，这种故障会越来越严重，最后根本不能启动。

（3）第一次开机正常，但是不能立即重启计算机，重启后即死机，必须关机几分钟后才能再次启动。这种故障也比较常见，就是第一次开机正常，但是不能重启，一旦重启就死机了。必须拔掉主机电源插头 3～5 分钟,或者关机一两个小时才能再次开机。这种故障主要是因为开关电源的性能变差所致,一般更换新的电源后故障就能排除。

（4）在启动过程中死机。在启动过程中死机,一般都是因为系统文件丢失或损坏,也可能是系统信息配置错误,驱动程序安装错误等造成的。这属于软件方面的问题,需要进入安全模式检查"设备管理器"等方法排除。最简单的就是格式化并重装系统。

（5）进入桌面后死机。这种情况多数是因为 MSCONFIG 中加载的后台程序太多、太乱造成的,可以按前面介绍的逐一排除的方法解决。

（6）接入某外设时无法启动或启用该外设时死机。如果针式打印机的并口通信芯片损坏,当进行打印任务时,系统就会长时间无反应而死机。再就是刻字机,外置"猫"的通信接口损坏都可能导致主机死机现象。

（7）插入 USB 移动硬盘或 U 盘时死机。当使用大容量移动硬盘时,经常会导致一旦插入移动硬盘,主机就死机或重启,这是因为主机的 USB 接口的供电不足造成的。还有就是损坏的 U 盘在与主机连接后也可能导致主机死机。

一些 U 盘、数码相机、扫描仪,因为驱动程序的安装不正确或兼容性不好等原因,在与主机连接好后,不能正常工作,导致主机死机。

（8）在光驱中放入划得比较严重的光盘时,计算机长时间无反应。这种情况是因为光盘表面划伤严重或者是因为光驱的读盘能力下降严重,无法正常读取光盘中的数据,但光驱还能够发现光盘并读取部分数据而进入"死读"状态,单击光驱图标后系统无反应。只能强制退出光盘,在任务管理器中关闭光驱。

10.2.2　计算机故障的常用检测方法

1. 清洁法

对于使用环境较差或使用较长时间的计算机,应首先进行清洁。可用毛刷轻轻刷去主板、外设上的灰尘。如果灰尘已清洁掉或无灰尘,就进行下一步检查。另外,由于板卡上一些插卡或芯片采用插脚形式,所以震动、灰尘等其他原因常会造成引脚氧化,接触不良。可用橡皮擦擦去表面氧化层,重新插接好后,开机检查故障是否已被排除。

2. 直接观察法

直接观察法即"看、听、闻、摸"。

（1）"看"即观察系统板卡的插头、插座是否歪斜,电阻、电容引脚是否相碰,表面是否烧焦,芯片表面是否开裂,主板上的铜箔是否烧断。还要查看是否有异物掉进主板的元器件之间（造成短路）。也应查看板上是否有烧焦变色的地方,印刷电路板上的走线（铜箔）是否断裂等。

（2）"听"即监听电源风扇、软硬盘电机或寻道机构、显示器变压器等设备的工作声音是否正常。另外,系统发生短路故障时常常伴随着异常声响。监听可以及时发现一些事故隐患,帮助在事故发生时即时采取措施。

（3）"闻"即辨闻主机、板卡中是否有烧焦的气味,便于发现故障和确定短路所在处。

（4）"摸"即用手按压管座的活动芯片,查看芯片是否松动或接触不良。另外,在系统运行时,用手触摸或靠近 CPU、显示器、硬盘等设备的外壳,根据其温度可以判断设备运行是否正常；用手触摸一些芯片的表面，如果发烫，则该芯片已损坏。

3. 拔插法

计算机故障的产生原因很多，例如主板自身故障、I/O 总线故障、各种插卡故障均可导致系统运行不正常。采用拔插法是确定主板或 I/O 设备故障的简捷方法。该方法的具体操作是关机将插件板逐块拔出，每拔出一块板就开机观察机器运行状态。一旦拔出某块后主板运行正常，那么故障原因就是该插件板有故障或相应 I/O 总线插槽及负载有故障。若拔出所有插件板后，系统启动仍不正常，则故障很可能就在主板上。

拔插法的另一个含义是：一些芯片、板卡与插槽接触不良，将这些芯片、板卡拔出后再重新正确插入，便可解决因安装接触不良引起的计算机部件故障。

4. 交换法

将同型号插件板与总线方式一致、功能相同的插件板或同型号芯片相互交换，根据故障现象的变化情况判断故障所在处。此法多用于易拔插的维修环境，例如，如果内存自检出错，可交换相同的内存芯片或内存条来判断故障部位，无故障芯片之间进行交换，故障现象依旧，若交换后故障现象变化，则说明交换的芯片中有一块是坏的，可进一步通过逐块交换而确立部位。如果能找到相同型号的计算机部件或外设，那么使用交换法可以快速判定是否是元件本身的质量问题。

交换法也可以用于以下情况：没有相同型号的计算机部件或外设，但有相同类型的计算机主机，可以把计算机部件或外设插接到同型号的主机上判断其是否正常。

5. 最小系统法

最小系统是指从维修判断的角度看能使计算机开机或运行的最基本的硬件和软件环境。最小系统有下列两种形式。

(1) 硬件最小系统：由电源、主板和 CPU 组成。在这个系统中只有电源到主板的电源连接，主要通过声音来判断这一核心组成部分是否正常工作。

(2) 软件最小系统：由电源、主板、CPU、内存、显卡、显示器、键盘和硬盘组成。这个最小系统主要用来判断系统能否正常启动与运行。对于软件最小系统，有以下几点要说明：

① 硬盘中的软件环境，保留着原先的软件环境，只是在分析判断时，根据需要进行隔离，如卸载、屏蔽等。保留原有的软件环境，主要是用来分析判断应用软件方面的问题。

② 硬盘中的软件环境，只有一个基本的操作系统环境（可能是卸载掉所有应用软件，或是重新安装一个干净的操作系统），然后根据分析判断的需要，加载需要的应用。需要使用一个干净的操作系统环境，是要判断系统问题、软件冲突或软、硬件间的冲突问题。

③ 在软件最小系统下，可根据需要添加或更改适当的硬件。例如，判断启动故障时，由于硬盘不能启动，想检查一下能否从其他驱动器启动。这时可在软件最小系统下加入一个软驱或干脆用软驱替换硬盘来检查。又如，在判断音视频方面的故障时，应在软件最小系统中加入声卡；在判断网络问题时，就应在软件最小系统中加入网卡等。

最小系统法主要是判断在最基本的软、硬件环境中，系统是否能正常工作。如果不能正常工作，即可判定最基本的软、硬件配件有故障，从而快速定位故障点。

6. 比较法

运行两台或多台相同或相类似的计算机,根据正常计算机与故障计算机在执行相同操作时的不同表现,可以初步判断故障发生的部位。

7. 振动敲击法

用手指轻轻敲击机箱外壳,有可能发现因接触不良或虚焊造成的故障问题,然后可进一步检查故障点的位置并排除故障。

8. 升温降温法

人为升高计算机运行环境的温度,可以检验计算机各部件(尤其是 CPU)的耐高温情况,从而及早发现事故隐患。人为降低计算机运行环境的温度,如果计算机的故障出现率大大减少,则说明故障出在高温或不能耐高温的部件中。使用该方法可缩小故障诊断范围。

事实上,升温降温法采用的是故障促发原理,以制造故障出现的条件来促使故障频繁出现,从而观察和判断故障所在的位置。

9. 软件测试法

随着各种集成电路的广泛应用,焊接工艺越来越复杂。同时,随机的硬件技术资料较缺乏,仅靠硬件维修手段往往很难找出故障所在。而通过随机诊断程序、专用维修诊断卡及根据各种技术参数(如接口地址)自编专用诊断程序来辅助硬件维修,则可达到事半功倍之效。程序测试法的原理是用软件发送数据、命令,通过读线路状态及某个芯片(如寄存器)状态来识别故障部位。此法往往用于检查各种接口电路故障及具有地址参数的各种电路。但此法应用的前提是 CPU 及总线基本运行正常,能够运行有关诊断软件,能够运行安装在 I/O 总线插槽上的诊断卡等。编写的诊断程序应严格、全面、有针对性,能够让某些关键部位出现有规律的信号,能够对偶发故障进行反复测试及能显示记录出错情况。软件诊断法要求具备熟练编程技巧,熟悉各种诊断程序与诊断工具(如 Debug、DM 等),掌握各种地址参数(如各种 I/O 地址)以及电路组成原理等。尤其掌握各种接口单元正常状态的各种诊断参考值是有效运用软件诊断法的前提和基础。

10.2.3 计算机故障的分析流程

这里以一个典型的故障处理过程来讲解分析硬件故障的基本检测流程。

故障现象:计算机开机后无任何显示。

原因分析:计算机开机后无显示是一个常见的故障,但涉及多方面的因素。根据故障树分析的基本思想,可以按照以下步骤来分析故障的原因。

(1) 查看电源。

① 是否有电源,是否有电。

② 显示器电源开关是否打开。

③ 主机前面板上电源指示灯是否亮,电源风扇是否在运转。

若以上步骤检查完毕并符合要求,可以转入下一步的检查。

(2) 检查显示器。

显示器工作是否正常,若是一台正常工作的显示器可以省略此步骤。

若以上步骤检查完毕并且符合要求,可以转入下一步的检查。

(3) 检查主机外部连线。

① 检查主机与显示器的数据线连接是否正常。

② 检查键盘、鼠标的接口是否插反。

若以上步骤检查完毕并且符合要求,可以转入下一步的检查。

(4) 检查主机箱内部结构。打开主机箱的盖板,看主机内部结构是否发生异常。

① 看 CPU 散热风扇是否工作,以断定主板是否有电源进入。

② 若有主机自带的报警声,则按不同 BIOS 的报警声进行处理。

③ 若无报警声,首先查看内部系统自带的喇叭是否工作正常。

④ 对 CMOS 进行一次清零操作,看是否是由于 CMOS 设置错误而引起的故障。

⑤ 开机一段时间后,迅速关机,并及时取下 CPU,用手感觉 CPU 的表面温度,以判断 CPU 是否工作。

⑥ 用替换法检查主板是否正常工作。

根据以上的故障排除步骤,可对故障的部件进行更换或对相应的故障进行排除。

10.2.4 计算机的售后服务维修

硬件维护的售后服务人员在为用户排除计算机故障时,应按照下面的步骤实施维修。

(1) 了解情况。在维修前与用户沟通,了解故障发生前后的情况,进行初步的判断。如果能了解到故障发生前后尽可能详细的情况,将使现场维修效率及判断的准确性得到提高。根据用户反映的情况,应借助相关的分析判断方法初步判断故障部位,准备相应的维修备件和维修工具。

(2) 复现故障。在与用户充分沟通的情况下,确认用户所报修故障现象是否存在,并对所见现象进行初步的判断,确定下一步的操作,判断是否还有其他故障存在。

(3) 判断、维修。对所见的故障现象进行判断、定位,找出产生故障的原因,并进行修复的过程。在维修前,如果灰尘较多,或怀疑是灰尘引起的,应先除尘。在进行判断维修的过程中,应遵循维修判断的原则、方法和注意事项。

(4) 检查与用户确认。维修后必须进行检验,确认所复现或发现的故障现象是否完全被排除,且用户的计算机不存在其他可见的故障。计算机整机能正常运行,并请用户检查、试用和确认。

任务 10.3 数 据 恢 复

任务描述

在使用计算机时,由于误操作,可能会将本来有用的文件彻底删除,有时候甚至将磁盘格式化,这就导致数据的丢失,出现这种情况能否将数据恢复过来?

实施过程

1. 认识数据存储与恢复

为了管理存储,在硬盘分区、格式化后,格式化程序会根据分区大小,合理地将分区划分为目录文件的分配区和数据区。文件分配表内记录着每一个文件的属性、大小、在数据区的位置。对所有文件的操作都是根据文件分配表来进行的。文件分配表遭到破坏以后,系统将无法定位到文件,虽然每个文件的真实内容还是存放在数据区,但系统仍会认为文件已经不存在。

格式化操作和删除相似,都是对文件分配表的操作。删除是将所有文件都加上删除标志,格式化是将文件分配表清空,系统将认为硬盘分区上不存在任何内容。格式化操作并没有对数据区做任何操作,只是目录空了,但内容还在,因此借助数据恢复知识和相应工具,数据仍然能够被恢复回来。

当然,格式化后的硬盘并不是 100%能够恢复数据,有的情况磁盘打不开,需要格式化才能打开。如果数据重要,用户不要尝试格式化后再恢复,因为格式化本身就是对磁盘写入的过程。

2. 常用数据恢复软件

用于数据恢复的软件很多,主要有 Central Point 软件公司的 PC Tools、Easy Recovery、Final data2.0、R-Studio 和 Data Compass 等。

其中,Easy Recovery 是一个非常著名的老牌数据恢复软件,该软件功能非常强大。无论是误删除、格式化还是重新分区后的数据丢失,它都可以轻松解决,甚至可以不依靠分区表而按照簇来进行硬盘扫描,从而恢复数据。

3. 数据恢复需要的技能

数据恢复是一个技术含量比较高的行业,数据恢复技术人员需要具备汇编语言和软件应用的技能,还需要电子维修、机械维修以及硬盘技术。

(1) 软件应用和汇编语言基础。在数据恢复的案例中,软件问题约占70%的比例,技术人员需要具备对 DOS、Windows、Linux 以及 Mac 的操作系统以及数据结构的熟练掌握,需要对一些数据恢复工具和反汇编工具的熟练应用。

(2) 电子电路维修技能。在硬盘的故障中,电路故障约占10%的比例,比较常见的是电阻烧毁和芯片烧毁,技术人员应当具备一定的电子电路知识以及焊接技术。

(3) 机械维修技能。随着硬盘容量的增加,硬盘的结构也越来越复杂,磁头故障和电机故障日趋增多,开盘技术已经成为技术人员必须具备的技能。

(4) 硬盘固件维修技能。硬盘固件损坏也是造成数据丢失的一个重要原因,固件维修不当造成数据破坏的风险相对比较高,而固件级维修则需要比较专业的技能和丰富的经验。

4. Easy Recovery 数据恢复

对于一般的软件问题以及误操作造成的硬盘数据丢失,用户可以尝试使用 Easy Recovery 恢复被误删除或格式化的磁盘数据。用户可以从互联网下载共享版的软件。下面以从天空软件下载 Easy Recovery 共享版为例进行演示。

(1) 登录天空软件下载 Easy Recovery 共享版。

(2) 安装 Easy Recovery 共享版,如图 10.7 所示。如果要安装其他的可选插件,可以选中"设上网导航为首页"复选框,如图 10.8 所示。单击"下一步"按钮,出现图 10.9 所示的界面,Easy Recovery 共享版安装完成。

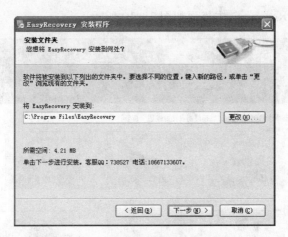

图 10.7 安装 Easy Recovery 界面

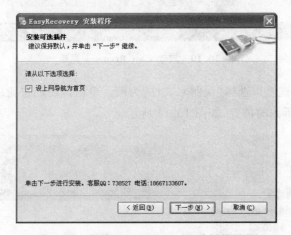

图 10.8 安装 Easy Recovery 可选插件界面

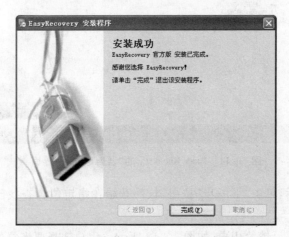

图 10.9 安装 Easy Recovery 完成界面

（3）启动 Easy Recovery，主界面如图 10.10 所示。

图 10.10　启动 Easy Recovery 界面

　　（4）选择功能，这里以选择"误删除文件"为例。单击该功能按钮后，提示用户选择要恢复的文件和目录所在的位置，如图 10.11 所示。

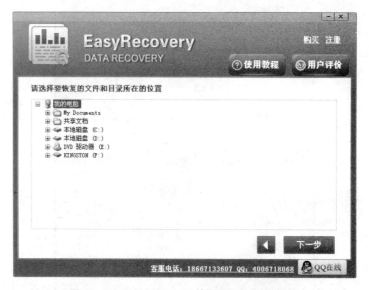

图 10.11　Easy Recovery 的"误删除文件"界面

　　（5）选择位置后，单击"下一步"按钮，软件开始在指定位置查找已经删除的文件，如图 10.12 所示。

　　（6）将扫描结果反馈给用户，如图 10.13 所示。用户选择要恢复的数据目录，然后单击"下一步"按钮。如果没有找到要恢复的数据，可以返回上一步，重新扫描。

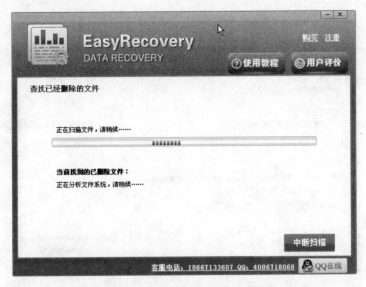

图 10.12　查找已经删除的文件界面

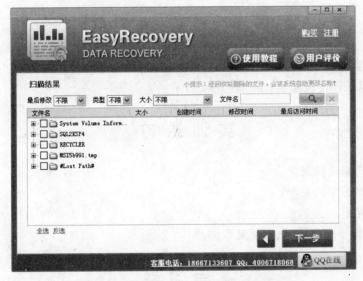

图 10.13　已经删除文件的扫描结果界面

　　(7) 提示用户选择恢复路径,如图 10.14 所示,用户指定一个目录来存放恢复出来的文件。默认情况下,扫描路径和恢复路径不要在同一个硬盘分区上。

　　(8) 数据恢复完成后,用户可以到指定的恢复目录下查看数据文件是否已经恢复,如果有问题,可以重新操作一次。

　　使用软件恢复被格式化的数据,恢复 U 盘存储卡数据,步骤与误删除文件的恢复类似,不再一一叙述。

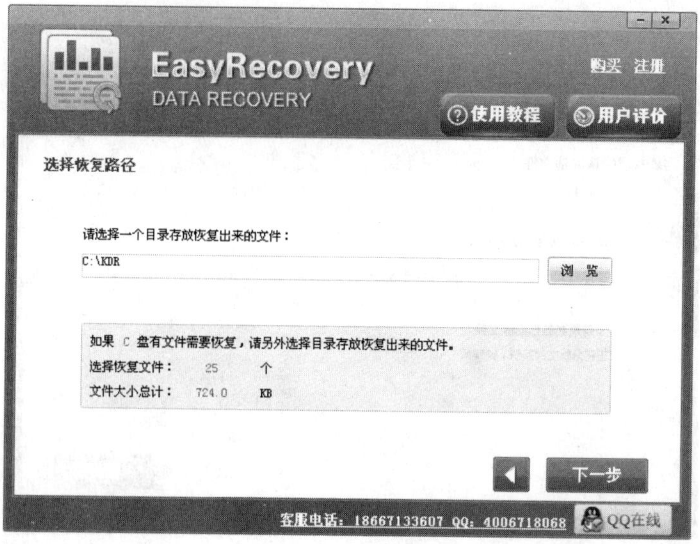

图 10.14　Easy Recovery 的"选择恢复路径"界面

项 目 小 结

本项目主要介绍了计算机硬件日常使用过程中,如何对硬件进行日常的保养和维护操作方法,以保证计算机能够长时间的正常工作。

实 训 练 习

(1) 清除机箱内的灰尘;

(2) 清除电源中的灰尘;

(3) 清洁光驱;

(4) 将 U 盘格式化,尝试恢复其数据。

课 后 习 题

(1) 计算机故障的常用检测方法有哪些?

(2) 如何恢复数据?

(3) 简述使用 Easy Recovery 恢复数据的步骤。

笔记本电脑保养维护

项目学习目标

- 笔记本电脑的特点及与一般台式计算机的差别；
- 笔记本电脑的节能方法；
- 笔记本电脑的使用注意事项。

案例情景

随着笔记本电脑的日益普及,正确使用与维护笔记本电脑成为重点。但由于其结构紧凑、集成度高、通用性和互换性差,使得笔记本电脑的维修变得比较困难。

项目需求

从正确使用与维护笔记本电脑出发,了解笔记本电脑的特点,掌握笔记本电脑的节能管理与重点部件的日常维护方法及注意事项,使用有效的方法能够排除一般的故障。

实施方案

(1) 了解笔记本电脑；
(2) 笔记本电脑节能设置；
(3) 排除笔记本电脑的一般故障；
(4) 笔记本电脑的日常维护保养。

任务 11.1   了解笔记本电脑

任务描述

通过笔记本电脑与台式机的比较,了解笔记本电脑的特点。

实施过程

(1) 了解笔记本电脑的特点；
(2) 如何进入笔记本电脑 BIOS。

世界上第一台笔记本电脑于 1985 年在日本东芝公司诞生,质量仅 7.6kg。从此,这种被称为"膝上型计算机"的计算机吸引了无数的计算机工作者为之奋斗。如今,随着计

图 11.1　笔记本电脑

算机技术的发展，笔记本电脑已风靡全球，如图 11.1 所示。

近年来，随着电子制造技术的不断提高和移动网络技术的不断完善，特别是大尺寸液晶显示器制造技术的进步，笔记本电脑性能在不断提高，而价格在不断下降，适应了人们日益增长的移动办公需要，越来越多高性能低价位的笔记本电脑走进了人们的生活，笔记本电脑的使用、维护维修知识也越来越受到人们的重视。但由于笔记本电脑在结构上与台式机有所不同，使得它的故障判断和部件更换、维修更加困难。加上目前各种笔记本电脑厂商的产品部件（除硬盘等少数组件）大部分不能通用，因此很少有用户自己能组装笔记本电脑。

11.1.1　笔记本电脑的特点

笔记本电脑之所以能迅速得到普及，其关键在于它与台式机相比，具有体积小、自重轻和便于携带等优势，更适合于移动式办公。就笔记本电脑的组成和原理而言，内部结构和台式机相差无几，笔记本电脑多采用全内置方式，光驱、硬盘和电池等以接口方式与主体相连，只是由于体积上的要求，各部件的集成度更高、结构设计更加紧凑、制造精密度更高。笔记本电脑的这些优点同时也带来新的问题，如内部需要加装电池、上网装置、散热困难、稳定性要求高等。但这些并没有阻止笔记本电脑的普及化进程，近年来它的市场份额迅速上升，已经对台式机构成了有力的挑战。

为了减少笔记本电脑的体积和质量，有时不得不牺牲其一定的性能和功能，把诸如光驱、软驱等部分部件置于机壳之外。

11.1.2　进入笔记本电脑 BIOS

与台式机一样，BIOS 是用于读取、保存和修改电脑基本信息的程序，用于调整、优化计算机配置和性能，只是笔记本电脑中的 BIOS 更为简洁专业。不同品牌的笔记本电脑，其设置调节内容也略有不同。现就部分常见品牌笔记本电脑的 BIOS 进入方法做一下简要介绍。

绝大部分的笔记本电脑是通过打开笔记本电脑的电源而进入 BIOS，BIOS 中的界面信息会显示出机器的基本配置。也有少量的笔记本电脑因为采用专用的 BIOS，没有信息显示页面，只能在 Windows 里面查看，这种通过非 BIOS 而获得的硬件信息可靠性要稍差一些。与大多数台式机采用 Del 进入 BIOS 的方式不同，目前笔记本电脑大多采用 Phoenix 的 BIOS，只要在开机启动出现厂商 LOGO 时按 F2 键即可进入。但也有部分笔记本电脑厂商更改了 Phoenix 的进入方式或者采用自己设计的 BIOS，这时进入方式就有所区别。常见品牌笔记本电脑的 BIOS 进入方式如下：

① Lenovo 笔记本，启动和重新启动时按 F2 键。

② Dell 笔记本，启动和重新启动时按 F2 键。

③ SONY 笔记本，启动和重新启动时按 F2 键。

④ HP 笔记本,启动和重新启动时按 F2 键。

⑤ Toshiba 笔记本,冷开机时按 Esc 键,然后按 F1 键。

⑥ Acer 笔记本,启动和重新启动时按 F2 键。

⑦ 清华同方笔记本,部分启动时按 Ctrl+Alt+S 组合键,部分启动和重新启动时按 F2 键。

可见,绝大多数国产(包括台湾品牌)和外国品牌进入 BIOS 的方法都是启动和重新启动时按 F2 键。进入 BIOS 之后,它们的界面、操作内容和设置方法与台式机也基本相同。

任务 11.2　笔记本电脑的节能设置与电源管理

任务描述

笔记本电脑的电池电量有限,在不使用外接电源的情况下,可以通过节能设置与电源管理降低笔记本电脑的功耗,延长电池的使用时间。

实施过程

(1) 了解笔记本电脑的电池;

(2) 了解笔记本电脑的节能技术;

(3) 笔记本电脑的节能设置;

(4) 笔记本电脑的电源管理。

向笔记本电脑提供电能的方式有两种:一是由外接市电电源提供电能,二是由内部的电池提供电能。电池是笔记本电脑实现移动办公的重要保障,所以笔记本电脑性能的高低与电池的优劣、节能技术和方法密不可分。要想让笔记本电脑有更长的工作时间,就必须对电能的利用进行有效的管理。虽然台式机中也有电源管理问题,但由于它是外接交流电源供电,节能问题就显得不那么重要。

11.2.1　笔记本电脑电池

笔记本电脑使用的电池主要有三种:镍镉(Ni-Cd)电池、镍氢(Ni-H)电池、锂(Li)电池,如图 11.2 所示。镍镉电池由于体积大、自重大、电容量小、寿命短、有记忆效应等缺点,目前已基本被淘汰;镍氢电池具有较好的性价比和较大的功率,同时是一种最环保的电池,易于回收再利用,对环境的破坏最小。但与锂电池相比,镍氢电池也存在着充电时

图 11.2　笔记本电脑电池

间长、自重较大、容量较锂电池小,电池持续放电时间短等缺点。随着锂电池制造技术的发展,目前多数笔记本电脑均采用锂电池,它具有体积小、自重轻、电容量大、安全、高效、方便等优点。锂电池一般可以连续使用3～6小时。

但锂电池也有价格高、充放电次数少等缺点。目前锂电池的充放电次数只有400～600次,经过特殊改进的产品也不过800多次。而镍氢电池的充电次数能够达到700次以上,某些质量好的产品充放电可达1200次之多,所以镍氢电池要比锂电池长寿,而且镍氢电池的价格也要比锂电池低很多。因此有一些笔记本电脑仍然在使用镍氢电池。

11.2.2　笔记本电脑的节能新技术

随着笔记本电脑配置和接口的不断完善,其外设也越来越多,对电能的需求和消耗也越来越大。然而电池的容量有限,如果不增加电池的容量,其可使用的时间将减少,这种情形下节能技术就显得非常重要。

1. Intel SpeedStep 技术

SpeedStep 是 Intel CPU 使用的一种技术,它可使笔记本电脑定制为高性能计算。当笔记本电脑连接到 AC 输出口时,移动式计算机能够运行最为复杂的商业和互联网应用,而且速度可以达到台式机系统的水平。当采用电池供电时,它根据 CPU 的负荷决定其工作频率,即在 CPU 工作负荷低时,通过降低 CPU 的主频降低 CPU 的功耗,从而降低能耗,延长电池寿命。当然,也可以通过手动设置重新将处理器频率调整到最高。

第二代 SpeedStep 技术称为 Enhanced Intel SpeedStep 技术,增加了自动模式、超强性能模式和电池优化性能模式等。Enhanced SpeedStep 技术则可以根据 CPU 的负荷情况在两种性能模式之间实时进行电压和频率的动态切换,也就是说可以在电池驱动时根据 CPU 负荷情况自动切换到最高工作频率和电压,也可以在接 AC 电源时根据 CPU 负荷情况自动切换到最低工作频率和电压。

第三代 SpeedStep(Improved Enhanced SpeedStep)技术尽管仍只有两种基本工作模式,但同时还具有多种中间模式,支持多种频率速度与电压设置(由 CPU 的电压调整机制来控制),根据 CPU 当时负荷的强度自动切换工作模式。

2. AMD Power Now 技术

这种电源管理技术是 AMD 公司专门针对其 AMD 系列芯片而设计的,它会按不同应用程序的需要,调高或调低处理器的电压和主频,使处理器更能切合实际应用的需要,从而延长笔记本电脑电池的使用时间,并延长电池的寿命。

这种技术提供的工作模式有三种:自动模式(系统监察应用程序,并在需要时做出调整)、高效能模式(处理器以最高主频和电压运行)和省电模式(处理器以最低主频及电压运行,可延长电池的使用时间)。

3. LongRun 技术

LongRun 技术是全美达 Transmeta 公司研制出的电源管理技术,该技术的特点是提供给处理器的是刚好够用的电压,因此耗电量少。其原理是利用程序监察 CPU 是否闲置,如果处于闲置状态就将电压和主频降低,以节省能耗。

以上三种 CPU 节能技术的工作原理大同小异,都是在 CPU 闲置时尽量减少耗电,差别则主要集中在三种技术的工作模式数量、耗电量及对实际性能的影响方面。Intel 公司的 SpeedStep 技术提供了 4 种工作模式，但工作模式的数量并不是越多越好。因为由一种模式转至另一种模式需要花费一定的时间，而且转换模式也会消耗 CPU 的资源，所以工作模式的数量应该是够用为好。

耗电量方面，三种节电技术均表示在正常状态下可使 CPU 保持在 2W 以下的低耗电量。其中，全美达 Transmeta 公司采用 LongRun 技术的 CPU 的耗电量最低为 0.1W，显得非常突出，但其性能远远不如 AMD 和 Intel 的同档次的 CPU。

11.2.3　笔记本电脑的节能设置与电源管理

上述 CPU 节电技术通常是基于 CPU 内部支持及相关电源管理芯片的支持，并结合相应软件共同完成其节电功能。另外，笔记本电脑的节电方法还远不止 CPU 节电一种，还可以对外设接口、硬盘、光驱、软驱、LCD 的使用进行合理控制，以达到节约电能的目的。节能设置有两种途径：一种是可以在计算机的 BIOS 设置程序中配置节能方式；另一种是在操作系统中进行节能设置。在实际设置时，Windows 系统中的节能设置应该优先于 BIOS 中的设置。

1. BIOS 中的节能设置

在 CMOS 设置界面中大都有一项 Power Savings，其中可以选择 Maxi-mum Battery Life 和 Maximum Performance 等多个选项。Maximum Battery Life 是缺省的节能模式设置。笔记本电脑的节能模式有几种状态，如 Idle Mode 空闲模式、Standby Mode 待命（等待）模式、Suspend Mode 悬挂（休眠）模式。笔记本电脑上的这些设置之所以能够调节电能消耗，主要是在计算机进入节能状态后，适时地关闭一些不需使用的系统设备。如在等待状态时，关闭显示器和硬盘；进入休眠状态后，除了关闭显示器和硬盘外，还可以将内存中的内容保存到硬盘，整个计算机系统基本维系关闭状态，一旦激活或重新启动计算机，桌面将精确恢复到休眠前的状态。在 CMOS 中的节能设置主要是设置由 Idle Mode 进入 Standby Mode 的 Standby Timeout 的时间，设置由 Standby Mode 进入 Suspend Mode 的 Suspend Timeout 的时间。笔记本电脑使用 Phoenix BIOS 的居多。不同的 BIOS 节能设置可能有些不同，应该认真阅读屏幕提示。

2. Windows 中的节能设置

对于一般用户来说，在 Windows 系统中进行节能管理可能操作更简单明了一些。Windows 的帮助文件中，在"管理硬件和软件"条目下有两项与笔记本电脑节能有关的内容："管理能耗"和"使用便携机"中的"管理便携机上的电源"。具体方法如下：

在 Windows 的"控制面板"中单击"电源"选项，就可以打开"电源管理属性"对话框。在"电源管理属性"对话框中，应该将"电源使用方案"设置为"便携/袖珍式"，并合理安排"系统等待"、"关闭监视器"、"关闭硬盘"等选项。不同的计算机能操纵的选项会有一些差异，新出厂的计算机和最新的软件会多一些可操作的选项，详细的设置应该根据计算机本身的功能和 Windows 帮助文件来进行。

3. 开启节能功能

要使 CPU 利用如前所述的 SpeedStep 技术、AMD 的 Power Now 等技术完成节电功能,只要在笔记本电脑 BIOS 中找到相应的选项并打开即可,默认状态下是开启(Enabled)的。如果没有开启(Disabled),只要进入 BIOS 将支持选项打开并设置为 Enabled 就可以了。

4. 其他节电措施

(1) 关闭不用的端口。可以在 BIOS 中设置,也可在"设备管理器"中将它禁用即可。

(2) 在使用电池时,尽量不使用外设,将外设连线拔掉。如打印机、外接显示器、摄像头或数码相机等。

(3) 避免使用内置的光驱,不要将 PCMCIA 卡一直插在计算机中,因为它也会消耗电力。

(4) 尽量使用简单的软件,以减少 CPU 和硬盘的工作。

(5) 使用笔记本电脑厂商的电源管理程序,而不是操作系统内置的,往往能更好地管理电源。可以选择电池使用的方式,如 Long Life(长时间)、Normal(正常)和 High Power(高电力)等。然后单击"详细信息",即可进行具体的设置。一般选择 Long Life,以取得最长的使用时间。

在笔记本电脑中,最耗电的部件是 CPU、硬盘和彩色液晶显示器。可以通过降低CPU 的运行频率、降低彩色液晶显示器的亮度和缩短关闭监视器所需的空闲时间、缩短硬盘的空闲时间来达到延长电池使用时间的目的。

任务 11.3　笔记本电脑的故障分析与处理

任务描述

能够运用笔记本电脑故障检测的一般原则和方法,并遵循笔记本电脑故障的分析流程,判断故障产生的原因及故障点,能够排除简单故障。

实施过程

(1) LCD 故障分析及处理;

(2) 电池故障分析及处理;

(3) 其他部件故障分析及处理。

由于笔记本电脑体积小、结构紧凑和部件通用性差等特点,给它的硬件维修带来一定困难。一般而言,笔记本电脑多数故障是由软件引起的,如系统参数设置、缺少驱动程序、对系统文件的误操作或各种病毒等,软件故障中大多与台式机大同小异。所以当笔记本电脑遇到问题时,首先要想到是否是软件问题,其次再考虑硬件故障问题。这里将重点讨论笔记本电脑特有故障,如电池故障、LCD 故障等,且以故障分析为主。对笔记本电脑进行拆装需要有一定的专业知识,特别是在保修期内不要轻易拆卸。

11.3.1　LCD 故障分析及处理

LCD 是笔记本电脑中较为昂贵的部件,它占整机费用的 30% 左右。它的故障主要来自于人们在使用时的不小心或偶然情况下造成的,如砸、压或摔等,其结果是屏幕面板破碎、内部背光灯管等部件损坏,显示出大量坏点、偏色,甚至完全没有图像。这类故障很难自行修理,通常交由专业维修人员处理。还有一种情况是由于显示屏的上端盖经常开合,造成显示屏与主机的连接信号线断裂,这种情况的维修相对比较容易,只要把断线接上或更换整条连接线就可修好,不需要太大的代价。如果液晶板本身损坏,则只有更换。除上述显示故障外,可能还会出现如下故障:

(1) 某些液晶单元常亮或常暗。

这种情况往往是控制液晶单元晶体管电路坏了,或者是液晶单元中的液晶失效。不管要显示的内容如何变换,这些点始终是常亮或常暗,即为"坏点"。这些"坏点"是无法修复的。一般情况下,少量坏点在笔记本电脑中的存在是正常的,只是多少的问题。如果笔记本电脑使用一段时间后,这些"坏点"会逐渐增多,如果不超出人们允许的忍耐范围,都属于正常现象。但这些"坏点"毕竟影响了 LCD 的质量,所以在选购笔记本电脑时要注意检查屏幕是否有这些瑕疵。

(2) LCD 黑屏

如果按 Power 键后,状态指示灯反复闪烁,但 LCD 屏幕不亮,这可能是下列情况引起的:电量是否正常、内存插接是否有问题。如果按 Power 键后,状态窗口有电池图标显示,机器有风扇转动声音,但不停止,这种情况可能是由于 CPU 接口松动所致,需重插CPU。如果 LCD 黑屏而主机工作正常,这有可能是主机与显示器的电源线或数据线脱落所致。如果屏幕有极微暗的显示,这有可能是显示屏的背光灯管或相应控制电路有问题,这就需要请专业技术人员打开机壳进行维修。如果屏幕无任何显示,机器内部也无任何动静,这说明机器的供电系统存在问题,如果是使用的内置电池,要检查电池是否有效地接入,如果是使用的外接整流电源,就检查外接电源插头是否插好,或者是整流器是否完好。

(3) LCD 白屏。

当开机后液晶显示屏除白色以外没有任何信息,这种故障说明背光源工作正常,而液晶板的扫描刷新电路没有工作。其原因有以下几种情况:液晶显示板上的行列扫描电路没有供给电源,输出给显示屏的数据有问题使得控制液晶的晶体管处于开通状态,LCD中的数模转换电路损坏使得输出为 0,没有行扫描的同步信号等。这些故障需打开 LCD,对其 LCD 硬件进行维修。

(4) 屏幕出现竖条。

这种故障可能是缺像素时钟脉冲或列扫描驱动电路有问题所致。同样需要对其硬件进行维修。

11.3.2　笔记本电脑电池故障分析及处理

笔记本电脑的很多故障都与电池有关,如无法开机、各部件工作不正常等。检查电池是否有问题很简单,当笔记本电脑无法开机或某个部件不能正常工作时,并且所有指示灯都不亮,这时将它的电池取下接上外接电源,开机后如果一切正常,说明电池确实有问题,否则寻找其他原因。

1. 笔记本电脑电池硬件维修

笔记本电脑电池由内部电路板及电池芯两部分组成,目前多数的笔记本电脑电池都以胶合方式来封装电池组,塑料粘合后,要使用外力破坏拆开,其塑料外壳肯定会损坏,且在拆开过程中可能会破坏内部电池芯或电路元件,造成更严重的损坏,所以一般无法维修。但早期有些笔记本电脑电池是以螺丝来封装,对于硬件方面的维修是可行的。

2. 笔记本电脑电池软件维修

电池组在使用一段时间后,它内部物质的机理和化学性能都要发生变化,有关电池的一些参数也随之改变,笔记本电脑主机就是通过对给电池设定的这些参数进行沟通的。如果这些参数一成不变,计算机就不能真实地了解电池的情况,当然电池就不能得到充分的利用。要让电池在安全状况下有效运作,笔记本电脑的电池在使用一定次数之后,就要对其进行一次自我校正,实际上就是改变电池的一些参数设定,让这些参数反映出电池的真实情况,使电池会自动调整至最佳状态。特别是有些误操作会把此参数搞乱,或是电池置放太久,有些参数与电池本身偏差太大,都要用执行校正程序的方法解决。

11.3.3 笔记本电脑其他故障及解决方法

(1)触控板无法使用。

可能有以下几种原因:手上是否有较多的汗水或太潮湿,因为过度的湿度会导致指标装置短路,因此需要保持触控板表面的清洁与干燥。另外,由于触控板能够感应到指尖的任何移动,如果用户将手放在触控板上,将会导致触控板的反应不良或动作缓慢,例如当打字或使用触控板时,如果有手部或腕部靠在触控板上,会导致触控板的反应不良或动作缓慢,因此,不要将手部或腕部靠在触控板上,只要把不应接触的部位松开,这一故障就会自然消失。

(2)笔记本电脑的温度过高。

笔记本电脑温度过高一般由下列原因引起:环境温度超过机器规定的温度使用范围(一般是 35℃~50℃);通风口被阻塞,风扇不能正常转动;某些需要依靠处理器的程序会导致笔记本电脑的温度升高;还有一种可能是某些低劣的笔记本电脑(如二手或经改造的笔记本电脑)使用了台式机的 CPU。

(3)有时外接鼠标不能使用。

出现这种故障可能有下列原因:一些 PS/2 接口的鼠标,有时与内置的 Touch pad 能同时使用,但有时不能同时使用。出现这种情况时,进入 BIOS 设置,选择 system 项中的 point device 设为 disable,可能就可以用了。

(4)光驱卡盘。

光驱卡盘可能是笔记本电脑放置不平而造成卡盘、CD 或 VCD 无法自动弹出等现象。只要将光驱放平即可。如果还不能解决,可以用较硬的长针类(如曲别针)插入紧急弹出孔并向里推进,把光盘退出。但是需要注意,此方法不可多用,因为容易损坏光驱。

(5)笔记本电脑进水。

笔记本电脑进水后,千万不可贸然开机,这会造成笔记本电脑内部短路,给笔记本电脑造成更严重的损坏。遇到此种情况,首先要立刻拆下笔记本电脑的电源线及电池,如有外接或抽取式的部件(如光驱、扩充内存)应一并取下,要用电吹风把各部分吹干,确保机器内部水分都蒸发掉,然后再开机。如果没有十分把握,最好还是将笔记本电脑送到专门的维修店检查一下。

任务 11.4　笔记本电脑各部件的维护保养

任务描述

笔记本电脑只有在合适的环境中工作,并且平时适当注意日常维护才能长时间正常运行,如何进行日常维护? 应注意什么问题呢?

实施过程

(1) 维护保养液晶显示屏;

(2) 维护保养电池;

(3) 其他部件的维护保养。

11.4.1　维护与保养液晶显示屏

笔记本电脑使用的 LCD 与台式机使用的 CRT 显示屏相比,具有体积小、质量轻、低功耗、无辐射、无眩晕等诸多优点,能有效地保护使用者的眼睛。但它的物理特性也决定了其在使用时多了一些需要额外注意的事项,如果使用不当,就会大大地缩短它的使用寿命。

(1) 尽量缩短显示时间,合理调节亮度。

LCD 与 CRT 相比,其使用寿命要短很多。由于液晶体本身不能发光,需要外部光源的照射才能显示内容。LCD 的显示光源一般来自于安装在其中的 U 形背光灯管,使用一段时间后,背光灯的亮度会逐渐下降,这便是显示变暗的根源。更严重的是长时间连续显示一些固定的内容时,某些 LCD 像素会因为过热而损坏,形成坏点。因此,长时间不使用计算机时,可通过键盘上的功能键暂时关闭液晶显示屏的电源,也可通过电源管理功能来设置一定时间让 LCD 自动关闭。这样,一方面可以节省电池的电能;另一方面还可以延长屏幕的寿命。另外,在用户可以接受的情况下,应尽可能降低 LCD 显示屏的亮度,以延长 LCD 的寿命。

(2) 开合 LCD 上盖用力要适当。

很多超轻薄笔记本为了降低整机质量,都会将 LCD 上盖做得很薄很软,这种情况下上盖开合的方法就显得十分重要。在开合液晶显示屏上盖时要用力均匀,切勿用力过大过猛,避免 LCD 及转动机构受损,或因长期开合方法不当而出现一边无法盖严的现象。也不要在键盘及显示屏之间放置任何物品,避免上盖玻璃或内部元件因重压而导致损坏。

(3) 切记勿压、挤、碰、摔、砸。

LCD 是由多层反光板、滤光板及保护膜组合而成,这些材料非常脆弱且极易破损,一旦对其施力过大便会对 LCD 造成不可修复的损坏,出现显示模糊、水波纹等现象,从而影响显示效果。严重者还会导致 LCD 破裂而报废。因此，请勿用尖锐的物品或硬物压、挤、碰、摔、砸屏幕的表面。

（4）保洁 LCD 屏幕。

由于计算机在运行时 LCD 屏幕会产生静电，其表面往往会吸附一些灰尘。此时用湿的专用擦拭软布轻轻擦拭即可，但要注意布料不要过于粗糙，否则会使屏幕伤痕累累。另外，软布一定要拧干，清洁过后将湿迹晾干即可。清洁液晶显示屏表面灰尘时不能用手指抹除灰尘以免留下指纹。当液晶屏上留下手指印或溅上油污时，就需要借助一些专用液晶屏清洁剂进行擦拭，这些专用液晶屏清洁剂在笔记本电脑专卖店或一些大电子市场可以买到。切记不要随便使用一些特性不明的化学清洁剂擦拭屏幕，避免含有腐蚀性的化学成分给屏幕造成伤害。

（5）保持环境的湿度。

注意不要让 LCD 受潮。发现有雾气，要用软布将其轻轻地擦去，然后才能打开电源。如果 LCD 已经受潮，就必须将 LCD 放置到较温暖且干燥的地方，以便让其中的水分蒸发掉。对受潮的 LCD 通电，可能导致液晶电极腐蚀，进而造成永久性损坏。

（6）请勿拆卸。

一般不要拆装 LCD。其一是拆装 LCD 这种精密的设备需要有一定的专业知识和技能，方法不当会造成 LCD 部件的永久性损坏；其二，即使在笔记本电脑关闭了很长时间以后，背景照明组件中依旧可能带有大约 1000V 的高压，这种高压能够导致严重的人身伤害，所以不要轻易拆卸或者更改 LCD 中的部件。

11.4.2 维护与保养电池

（1）与手机电池一样，新买的锂离子电池应先进行三次完全的充放电，以激活电池内部的化学物质，使电池处于最佳状态。要保证 1 个月之内电池有一次完全的放电，这样的完全放电能激发电池的活化性能，对电池的使用寿命起着关键的作用。同样，如果超过 3 个月没使用电池，那么在使用之前，也应对电池进行三次完全的充放电，以确保激活电池。

（2）当无外接电源的情况下，暂时又用不到 PCMCIA 插槽中的卡片，建议先将卡片移除以延长电池使用时间。

（3）电池最适宜的工作温度为 20℃～30℃，温度过高或过低都会降低电池的使用时间。

（4）有些笔记本电脑（特别是早期的笔记本电脑）在外接电源时需将电池移除，避免电池的过充现象，以延长电池寿命。但有些则不需要这样做，当电池充满之后，电池中的充电电路会自动关闭，所以不会发生过充的现象。

（5）当身边有可供利用交流电源时，不要怕麻烦，插上电源适配器而不要使用电池供电，这样当需要用电池时，以保证电池有充足的电量。但一旦使用了电池，就一定要把电池的电用完再充电。

（6）电池使用一定时间（一般 2～3 个月）后，应进行一次电池电力校正，以保持电池的活性，此项工作可以通过电池的初始化功能来完成，这一过程需要用数个小时才能完成。

（7）电池充电过程中勿拔下电源整流器。电池充满电后，切勿立即拔下又接上电源整流器，电池可能因此而受损。

（8）电池充电中使用的电源整流器，一定保证是笔记本电脑原配的电源整流器，切勿使用其他家用电源整流器，以免造成电池或其他部件损坏和电池爆炸事故。

（9）为了保证在移动办公中有充足的电量，可通过操作系统的电力显示功能检查电池电力。有的也可以取出电池，由电池上的电池指示灯读取电池电力。

11.4.3 其他部件的维护与保养

1. 键盘

可用小毛刷来清洁缝隙中的灰尘，也可使用清洁照相机镜头的高压喷气罐将灰尘吹出，或使用小型吸尘器来清除键盘上的灰尘和碎屑。

另外，在清洁表面时，可在软布上蘸上少量清洁剂，在关机的情况下轻轻擦拭键盘表面，一定不要在擦拭过程中把软布中的液体滴漏到键盘缝隙里面。

2. 硬盘

尽管笔记本电脑中的硬盘采取了一定防震措施，但它仍是笔记本电脑中最容易损坏的部分。在使用中尽量保持平稳状态，避免在容易晃动的地点，如运动中的汽车或其他交通工具上操作电脑。特别是在开关机时，硬盘轴承转速尚未稳定，若产生震动则容易造成坏道等永久性物理损坏，建议关机后等待约 10 秒钟后再移动计算机。

由于硬盘是靠磁性记忆信息的，所以要让硬盘远离磁性物质，如信用卡、音箱中的喇叭等物品，以免硬盘里的数据因被磁化而丢失。另外，为了提高磁盘存取效率，建议平均每月执行一次磁盘整理及扫描。

3. 光驱

光驱的激光头最怕灰尘，故光驱的维护保养主要是清除激光头上的灰尘。笔记本电脑的光驱做得很薄，光盘一般是卡在转轴上的，将光盘置入光驱时应双手并用，一只手托住光盘托盘，以防 CD 托盘变形或损坏，另一只手将 CD 盘卡入固定好。

光驱在计算机中是较易损耗的部件，笔记本电脑中的光驱一般是专用产品，如果光驱出现故障，更换光驱较为麻烦，且价格也较贵。因此要注意保护光驱。平时光盘不用时，最好把光盘取出，以免发生意外。

4. 触控板

触控板是感应式精密电子元件，请勿使用尖锐物品在触控面板上书写，也不要用力过大以免造成损坏。平时使用时务必保持双手清洁，以免弄脏表面发生游标乱跑现象。如不小心弄脏表面时，可将干净的软布沾湿一角轻轻擦拭触控板表面即可，请勿使用粗糙之物擦拭表面。

5. 散热

笔记本电脑的散热是各厂商非常重视的问题。由于笔记本电脑体积较小，它的机壳及各部件制造比较精细，装配也比较紧凑，相对台式机而言内部空间较小，给笔记本电脑的散热造成一定困难。一般而言，笔记本电脑制造厂商都是通过风扇、散热导管、大型散热片和散热孔等方式来降低运行时所产生的高温,为节省电力并避免噪音,笔记本电脑的风扇并非一直运转的,而是 CPU 达到一定温度时,风扇才会被启动。因此,笔记本电脑在使用中一定不要堵住散热孔而影响散热效果,一般散热孔都在机壳的底部或机身侧面某个部位。如果将笔记本电脑放置在柔软的物品上,如放在自己的双腿上、床上或沙发上,都有可能会堵住散热孔而降低散热效果,时间长了,工作不正常,甚至将机器烧毁。因此在使用笔记本电脑时,一定要将笔记本电脑放在一个通风良好的硬平面上。同时要经常清除笔记本电脑通风口尘土,使空气流动畅通,保证系统散热良好。

6. 整机清洁处理与保养

首先要关闭电源并移除外接电源线,拆除内接电池及所有的外接设备连接线。然后用小吸尘器将连接头、键盘缝隙等部位的灰尘吸除,再用略微沾湿的软布轻轻擦拭机壳表面。注意,千万不要将任何清洁剂滴入机器内部,以避免电路短路烧毁机器。最后,等待笔记本电脑完全干透才能开机使用。

使用时除了卫生条件外,由于笔记本电脑内部有各式各样的电子元器件和磁性器件,因此还要尽可能避开强电磁场或其他电子干扰信号。另外,也不能经常在阳光直射下工作,否则会使机壳褪色变形,甚至危及到液晶显示屏及其他部件。

7. 携笔记本电脑外出时应注意的问题

首先要关闭笔记本电脑电源开关,并拔掉所有连接线,然后将液晶显示屏上盖关上并确定上盖确实卡住定位。接下来要将笔记本电脑放入专用背袋内,以避免灰尘及碰撞情况发生,同时还应注意在笔记本电脑专用背袋内不要放置过多物品,特别是一些尖硬的物品,以避免挤压或划伤液晶显示器玻璃或其他部位。当然,携带笔记本电脑外出时,应查看一下电池电量显示,确保电池的电力充足以备移动办公之需。

项 目 小 结

本项目主要从正确使用与维护笔记本电脑出发,简要介绍了笔记本电脑的特点,重点介绍了笔记本电脑的节能管理与重点部件的日常维护方法及注意事项。最后简要说明一般故障的排除方法。

实 训 练 习

(1) 练习笔记本电脑的节能设置。
(2) 练习笔记本电脑的电源管理。

课 后 习 题

(1) 简述笔记本电脑的特点。
(2) 说明笔记本电脑电池的保养方法。